W0366979

johanna Verlag

Bibliografische Information der Deutschen Nationalbibliothek
Die Deutsche Nationalbibliothek verzeichnet diese Publikation in der Deutschen Nationalbibliografie; detaillierte bibliografische Daten sind im Internet über
http://dnb.d-nb.de abrufbar.

Prof. Dr. Michael Bernecker lehrt an der Hochschule Fresenius in Köln in den Fachgebieten Marktforschung und Allgemeine Betriebswirtschaftslehre. Er ist zudem Geschäftsführer des Deutschen Institut für Marketing in Köln.

www.michaelbernecker.de

1. Auflage erschienen bei Verlag Oldenbourg 1999 (WiSorium, ISBN 3-486-24764-6)
2. Auflage Dezember 2007
1. Nachdruck Januar 2008
2. Nachdruck November 2008
3. Auflage Mai 2009
4. Auflage April 2011

© Alle Rechte vorbehalten.
johanna Verlag, Köln
www.johanna-verlag.de

Das Werk einschließlich aller seiner Teile ist urheberrechtlich geschützt. Jede Verwertung außerhalb der engen Grenzen des Urheberrechtsgesetzes ist ohne Zustimmung des Verlages unzulässig und strafbar. Das gilt insbesondere für Vervielfältigungen, Übersetzungen, Mikroverfilmungen und die Einspeicherung und Verarbeitung in elektronischen Systemen.

Die Wiedergabe von Gebrauchsnamen, Handelsnamen, Warenbezeichnungen usw. in diesem Werk berechtigt auch ohne besondere Kennzeichnung nicht zu der Annahme, dass solche Namen im Sinne der Warenzeichen- und Markenschutz-Gesetzgebung als frei zu betrachten wären und daher von jedermann benutzt werden dürften.

Printed in Germany

ISBN 978-39377-6307-1

Michael Bernecker

Grundlagen der Betriebswirtschaftslehre

johanna Verlag

Vorwort

Die Betriebswirtschaftslehre hat in Theorie und Praxis in den letzten 50 Jahren eine bemerkenswerte Entwicklung vollzogen. Vor allem hat sich das Verständnis darüber gewandelt, welche Themenkomplexe unter dem Begriff der Allgemeinen Betriebswirtschaftslehre zusammenzufassen sind. Der Bogen wird dort regelmäßig von der klassischen Betrachtung, die eine eher bilanzielle, kostenrechnerische Darstellung beinhaltet, bis zu einer modernen umfassenden Managementlehre gespannt. Das vorliegende Grundlagenwerk geht jedoch auf beide Sichtweisen ein und beschreibt einen managementorientierten Ansatz, in dem die klassische, betriebswirtschaftliche Betrachtungsweise integriert wird.

Das Buch „Grundlagen der Betriebswirtschaftslehre“ richtet sich hauptsächlich an Studierende von Hochschulen und Akademien, die sich zielgerichtet auf Prüfungen im Grundstudium bzw. Hauptstudium vorbereiten möchten. Der grundlegende Stoff wird hier ohne unnötigen Ballast dargestellt und eignet sich daher sehr gut für das Bachelor-Studium.

Die vorliegende, vierte Auflage des Buches wurde vollständig überarbeitet und aktualisiert. Gleichzeitig wurden einige Fehler und Unklarheiten der letzten Auflage korrigiert. Ein ganz besonderer Dank für die zahlreichen Hinweise gilt hierbei der aufmerksamen Leserschaft sowie dem Kollegenkreis. Hervorzuheben sei an dieser Stelle Herr Dr. Carsten Wesselmann für seine umfangreichen Hinweise zur Überarbeitung.

Köln, im März 2011 — Michael Bernecker

Inhaltsverzeichnis

I. Einführung in die Betriebswirtschaftslehre

1. Grundbegriffe

In diesem Kapitel lernen Sie

- die grundlegenden Begriffe und Objekte der Betriebswirtschaftslehre,
- die Betriebswirtschaftslehre als Wissenschaft,
- den Unterschied von Betrieb und Unternehmung sowie
- diverse Betriebstypen kennen.

Zu den grundlegenden Begriffen der allgemeinen Betriebswirtschaftslehre gehören die Tätigkeit des Wirtschaftens, das daraus resultierende ökonomische Prinzip und das Untersuchungsobjekt Betrieb bzw. Unternehmen.

Die Tätigkeit des Wirtschaftens umfasst alle planvollen Handlungen der Bedürfnisbefriedigung der Menschen mittels knapper Güter unter Beachtung des ökonomischen Prinzips.

Ausgangspunkt des Wirtschaftens ist die Tatsache, dass der Mensch zunächst nach der Befriedigung seiner Bedürfnisse strebt. Diese Bedürfnisbefriedigung erfolgt mithilfe von unterschiedlichen Gütern und Dienstleistungen. Da die meisten Güter nicht in unendlichen Mengen vorhanden sind, müssen sie bewirtschaftet werden, um eine Verschwendung zu vermeiden. Die Bewirtschaftung erfolgt mithilfe des ökonomischen Prinzips, das sich wert- und mengenmäßig als Maximal- und Minimalprinzip formulieren läßt.

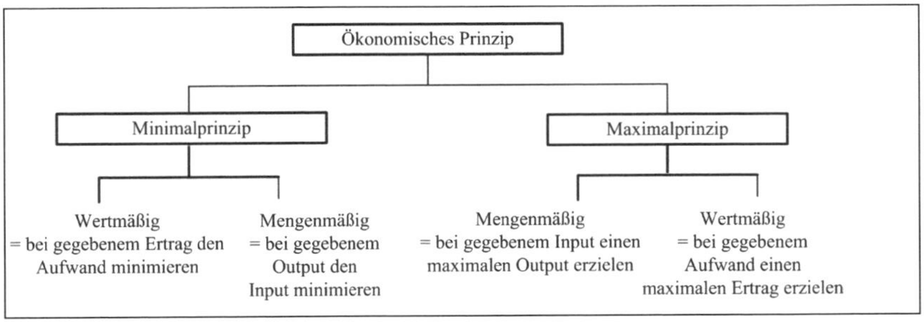

Abb. 1-1: Ausprägungen des ökonomischen Prinzips

Bei dem Minimalprinzip versucht man, ein gegebenes Ziel mit möglichst wenig Arbeitseinsatz zu realisieren. Beim Maximalprinzip versucht man, mit gegebenem Mitteleinsatz den Erfolg zu maximieren.

Die Wissenschaft, die sich mit diesen Tatbeständen auseinandersetzt, wird Wirtschaftswissenschaft genannt. Dabei stellt sie systematisiertes Wissen, positive Erkenntnisse, Theorien und Hypothesen dar, die mithilfe allgemeiner, logischer und spezieller Methoden gewonnen werden (Wöhe/Döring 2008).

Die Wirtschaftswissenschaften, insbesondere die hier betrachtete Betriebswirtschaftslehre, stellen kein isoliertes Theoriegebäude dar, sondern sind in das

Wissenschaftsumfeld einzuordnen. Teilt man die Wissenschaften nach ihrem Gegenstand ein, kommt man zu der Unterteilung der Ideal- und der Realwissenschaften. Realwissenschaften setzen sich mit real existierenden Phänomenen auseinander, während Idealwissenschaften theoretische Konstrukte in den Mittelpunkt der Betrachtung stellen. Die Mathematik und die Logik sind Idealwissenschaften. Naturwissenschaften beschäftigen sich mit dem Menschen an sich und anderen Teilen der Natur. Die Kulturwissenschaften, zu denen die Wirtschaftswissenschaften als Geisteswissenschaft gehören, setzen sich mit den Dingen, die der Mensch geschaffen hat, auseinander. Die Wirtschaftswissenschaften werden neben den Nachbarwissenschaften Psychologie, Rechtswissenschaften und der Soziologie eingeordnet.

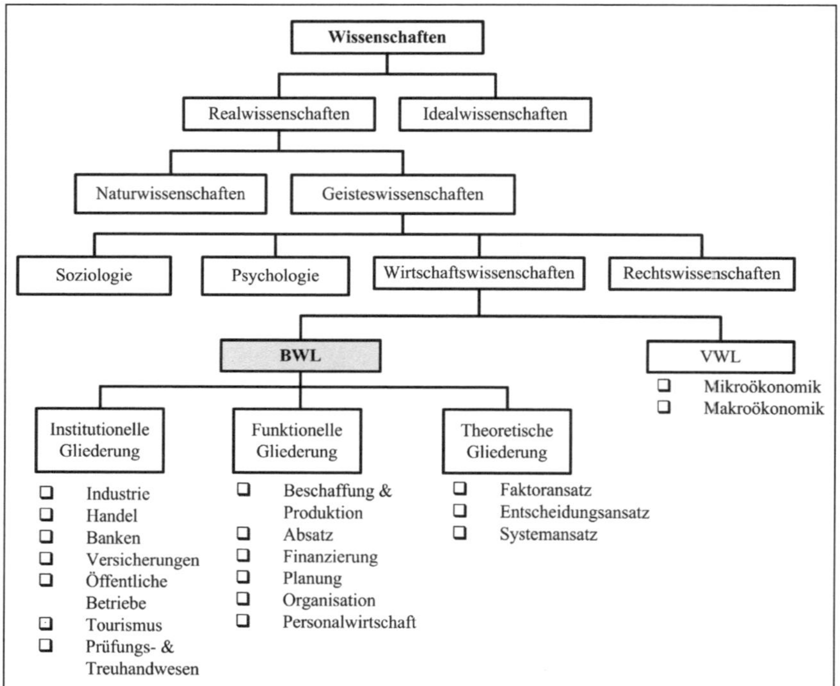

Abb. 1-2: Betriebswirtschaftslehre als Wissenschaft

Die Betriebswirtschaftslehre kann unterschiedlich strukturiert und systematisiert werden. Die geläufigste Unterteilung ist die institutionelle und die funktionelle Gliederung. Die Betriebswirtschaftslehre kann als theoretische oder als angewandte Wissenschaft betrieben werden und sie kann wertfrei oder wertend sein.

Bedeutend für die heutige Diskussion sind die unterschiedlichen Ausrichtungen der Betriebswirtschaftslehre. Vertreter dieser unterschiedlichen Richtungen haben auf einer gemeinsamen Basis bzw. in einem gemeinsamen Rahmen unterschiedliche Ausgestaltungen der Betriebswirtschaftslehre erarbeitet.

Der *faktortheoretische Ansatz* der Betriebswirtschaftslehre stellt die Kombination von Produktionsfaktoren in den Mittelpunkt der Betrachtung. Über den Begriff der Produktivitätsbeziehung zwischen Faktorinput und Faktoroutput werden die Produktion, der Absatz und die Finanzierung im Unternehmen charakterisiert. Abhängig vom determinierenden Engpass muss die Unternehmung die Produktivität in diesen Bereichen erhöhen. Als Begründer dieses Absatzes gilt Erich Gutenberg (1897-1984).

Der *entscheidungsorientierte Ansatz* der Betriebswirtschaftslehre stellt die Entscheidungen in den Mittelpunkt, mit denen betriebswirtschaftliche Ziele optimal realisiert werden. Formal baut dieser Ansatz auf der Entscheidungstheorie auf und muss demnach ein besonderes Augenmerk auf die betriebswirtschaftlichen Ziele, die Aktionsmöglichkeiten und die Möglichkeiten des Entscheiders in der Gegenwart und der Zukunft werfen. Als Hauptvertreter gilt Edmund Heinen (1919-1996).

Der *systemorientierte Ansatz* der Betriebswirtschaftslehre stellt den Betrieb als offenes kybernetisches System mit wesentlichen Zukunfseinflüssen dar und stellt die Zukunft und nicht die Gegenwart in den Mittelpunkt der Betrachtung. Der Betrieb wird als System mit einer großen Anzahl von interdependenten Subsystemen betrachtet, um im Sinne einer Kunstlehre die optimale Lösung für real existierende Probleme zu liefern. Als prägender Vertreter gilt Hans Ulrich (1919-1997).

Wesentliches Erkenntnisobjekt der Betriebswirtschaftslehre ist, unabhängig von der verfolgten Theorie, der ihr namensgebende Betrieb. Was nun einen Betrieb exakt ausmacht, welche Einzelwirtschaften als Betrieb zu verstehen sind und welche der zahlreichen Problemfelder zum Betrachtungsgegenstand der Betriebswirtschaftslehre zählen, ist bis heute strittig. Es existieren unterschiedliche Auffassungen, die hier nur kurz angerissen werden können. Gemein ist allen Auffassungen, dass es sich um eine Einzelwirtschaft handelt, in der die Kombination von Produktionsfaktoren mit dem Ziel der Fremdbedarfsdeckung vollzogen wird. Damit werden Haushalte, die auch Einzelwirtschaften darstellen, aber nicht der Fremdbedarfsdeckung dienen, ausgegrenzt.

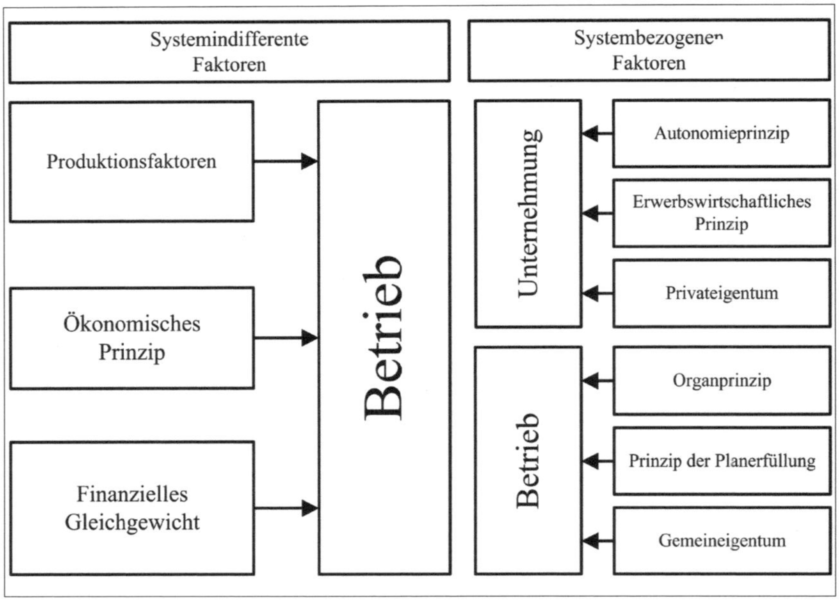

Abb. 1-3: Bestimmungsfaktoren des Betriebes

Nach *Gutenberg* wird der Betrieb von Faktoren beeinflusst, die sowohl abhängig als auch unabhängig vom umgebenden Wirtschaftssystem sind. Die unabhängigen, systemindifferenten Faktoren kennzeichnen einen Betrieb unabhängig davon, in welchem Wirtschaftssystem er sich befindet. Nach diesen Faktoren findet in einem Betrieb die Kombination von Produktionsfaktoren grundsätzlich nach dem ökonomischen Prinzip statt und als langfristige Existenzbedingung ist ein finanzielles Gleichgewicht zu beachten. Zieht man nun systembezogene Komponenten hinzu, kann im Rahmen eines marktwirtschaftlichen Systems die Unternehmung als Spezialfall des Betriebes charakterisiert werden. Für ein Unternehmen ist die freie Entscheidung, was, wann in welchen Mengen produziert wird, im Rahmen des Autonomieprinzips charakterisierend. Zusätzlich sind das erwerbswirtschaftliche Prinzip und das Prinzip des Privateigentums von Bedeutung.

Neben den Vorstellungen von *Gutenberg* gibt es auch die Interpretation, dass die Begriffe Betrieb und Unternehmen synonym verwendet werden können. Auch die Vorstellung, dass der Begriff Unternehmung den kaufmännischen Teil symbolisiert und der Betrieb die technische Einheit der Gesamtheit darstellt, ist anzutreffen.

Unabhängig von dem Verhältnis zwischen Betrieb und Unternehmung können Betriebe unterschiedlich systematisiert werden. Aus den zahlreichen Betriebstypologien werden nur einige wenige dargestellt:

Betriebstypen	Art der Leistung	Sachleistungsbetriebe	Rohstoffgewinnung
			Industriegüterherstellung
			Konsumgüterherstellung
		Dienstleistungsbetriebe	Banken
			Handel
			sonstige Dienstleistungen
			Versicherungen
	Art der Leistungs-erstellung	Verfahrensarten	technisch
			biologisch
			geistig
		Organisationsform der Leistungserstellung	funktionsorientiert
			materialflussorientiert
	Vorherrschen der Produktions-faktoren	arbeitsintensive Betriebe	
		anlagenintensive Betriebe	
		materialintensive Betriebe	
	Art des Eigentums	private Betriebe	
		öffentliche Betriebe	

Abb. 1-4: Betriebstypologien

Nach der Art des Eigentums können private und öffentliche Betriebe unterschieden werden. Berücksichtigt man den vorherrschenden Produktionsfaktor kommt es zu der Einordnung der arbeits-, anlagen- und materialintensiven Betriebe. Die eigentliche Leistungserstellung führt zu der Unterteilung nach der Organisationsform der Fertigung oder zu einer Einteilung gemäß der angewendeten Verfahrensarten. Zieht man die eigentliche Leistung heran, gelangt man zu der geläufigen Unterteilung nach den Wirtschaftszweigen, Sachleistungsbetriebe und Dienstleistungsbetriebe. Volkswirtschaftliche Ausführungen kommen bei der Anwendung dieses Kriteriums zu dem Primären-, Sekundären- und Tertiären Sektor.

Unabhängig von der Systematisierung und von dem real existierenden Wirtschaftssystem ist ein Betrieb über Beschaffungs- und Absatzmärkte mit seiner Umwelt verbunden. Die Produktionsfaktoren müssen auf den Faktormärkten beschaffen, im Unternehmen kombinier und als Sach- oder Dienstleistung abgesetzt werden. Diesem Güterstrom entgegengesetzt durchläuft ein Finanzstrom den Betrieb vom Absatzmarkt, in Form von Erlösen, zu den Beschaffungsmärkten, um wiederum für die beschafften Produktionsfaktoren zu zahlen. Die Koordination dieser Ströme gehört zu den elementaren Aufgaben der Betriebsführung, dem Management.

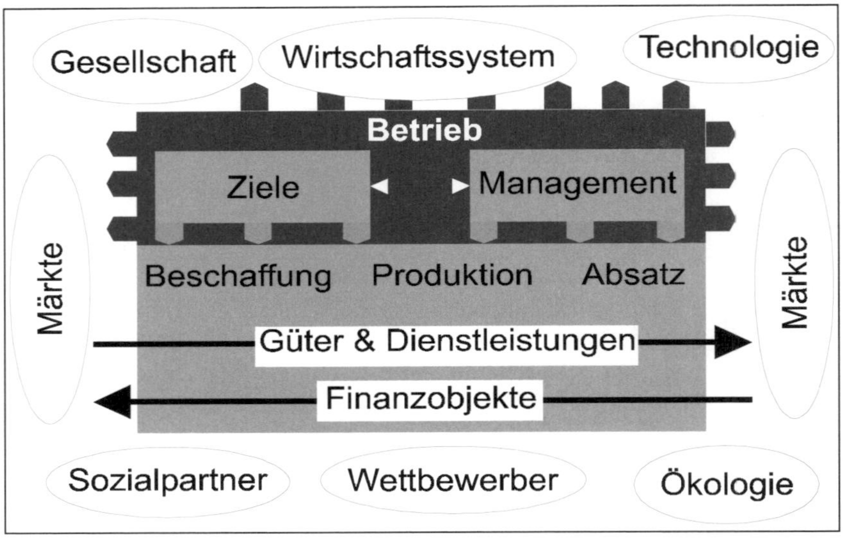

Abb. 1-5: Die Güter- und Finanzbewegungen im Betrieb

❶ *Begriffe zum Nachlesen*

Am Ende eines jeden Kapitels finden Sie nun einige Begriffe zum Nachlesen. Schlagen Sie diese Begriffe in Wirtschaftslexika und weiterführender Literatur nach, um so mit dem Umgang mit der Literatur und den grundlegenden Begriffen vertraut zu werden.

Wirtschaftliches Prinzip	Wissenschaft
Betriebswirtschaftslehre	Volkswirtschaftslehre
Systemansatz	Entscheidungstheorie
Faktorenansatz	Betrieb

❷ *Wiederholungsfragen*

Diese Aufgaben finden Sie im Folgenden hinter jedem Kapitel. Sie sollen Ihnen helfen, den zuvor dargestellten Stoff zu erarbeiten. Es handelt sich dabei häufig um Fragestellungen, wie sie auch in Prüfungen gestellt werden. Zu allen Aufgaben mit einem Verweis ☞ finden Sie im Anhang Lösungen.

1. Erläutern Sie das ökonomische Prinzip!
2. Ordnen Sie die Wirtschaftswissenschaften den allgemeinen Wissenschaften zu!
3. Unterscheiden Sie die Begriffe Betrieb und Unternehmung!
4. Welche Betriebstypologien können gebildet werden?
5. Skizzieren Sie das betriebliche System!

6. Nennen Sie die wesentlichen Unterschiede zwischen den Ihnen bekannten Ansätzen der Betriebswirtschaftslehre!

❸ *Literaturhinweise*

An dieser Stelle erhalten Sie nach jedem Kapitel eine kurze Literaturübersicht zur weiterführenden Lektüre. Es handelt sich dabei nicht um eine vollständige Auflistung der relevanten Literatur. Wiederholen Sie in einer der Quellen den vorgestellten Stoff, um die Literaturarbeit zu trainieren und Ihre Kenntnisse zu vervollständigen.

Gutenberg, E.: Die Unternehmung als Gegenstand betriebswirtschaftlicher Theorie, Berlin 1929, unv. Nachdruck Wiesbaden 1998.

Hopfenbeck, W.: Allgemeine Betriebswirtschaftslehre und Managementlehre, 14. Aufl. Landsberg a. L. 2002.

Olfert, K.; Rahn, H.J.: Lexikon der Betriebswirtschaftslehre, 6. Aufl. Ludwigshafen 2008.

Schierenbeck, H.: Grundzüge der Betriebswirtschaftslehre, 17. Aufl. München 2008.

Wöhe, G.; Döring, U.: Einführung in die Allgemeine Betriebswirtschaftslehre, 23. Aufl. München 2008.

2. Rechtsformen der privatwirtschaftlichen Betriebe

In diesem Kapitel lernen Sie

- was Rechtsformen sind,
- welche Rechtsformen existieren,
- welche Kriterien bei der Wahl der optimalen Rechtsform zu beachten sind und
- was Personen- und Kapitalgesellschaften sind.

Jede Unternehmung hat einen rechtlichen Rahmen, der als Rechtsform der Unternehmung (Unternehmensrechtsform) bezeichnet wird. Das Gesellschaftsrecht stellt dafür eine Reihe von Formalstrukturen zur Verfügung, die jeweils unterschiedliche Ausprägungen aufweisen. Die Wahl der Rechtsform kann in zwei Situationen auftauchen: Bei der Gründung und bei der Umfirmierung einer Unternehmung. Hierbei sind jeweils

- die Gestaltungsmöglichkeiten der Gesellschaftsverträge,
- die Haftungsverhältnisse,
- die Eigenkapitalausstattung und -beschaffung,
- die Geschäftsführungs-, Vertretungs- und Kontrollbefugnisse sowie
- die Gewinn- und Verlustbeteiligung zu betrachten.

Generell können die Rechtsformen in zwei Klassen unterteilt werden. Man unterscheidet, ob eine eigene rechtliche Selbständigkeit entsteht oder nicht. Daher können Personengesellschaften und Kapitalgesellschaften unterschieden werden, sowie die Einzelunternehmung und die nicht-kapitalistischen Körperschaften.

Rechtsformen	Kapitalgesellschaften	GmbH
		AG
		KGaA
		Ltd.
	Personengesellschaften	GbR
		OHG
		KG
		Stille Gesellschaft
		Partnerschaft
	nicht-kapitalistische Körperschaften	Verein
		Genossenschaft
		Stiftung
	Einzelunternehmung	

Abb. 1-6: Rechtsformen

2.1 Handelsregister

Das Handelsregister ist ein öffentliches Verzeichnis, in dem alle Kaufleute eines bestimmten Bezirks eingetragen sind. Wer ein Kaufmann ist und sich somit ins Handelsregister eintragen lassen muss, ist im Handelsgesetzbuch, §§ 1-3 HGB, definiert.

Das Handelsregister setzt sich aus zwei Abteilungen zusammen, Abteilung A und Abteilung B. In Abteilung A (HRA) werden Einzelunternehmen, Personengesellschaften und juristische Personen des Öffentlichen Rechts eingetragen. Abteilung B bleibt den Kapitalgesellschaften wie GmbH und AG vorbehalten.

Aktuelle Situation in Deutschland

In der deutschen Unternehmenslandschaft dominieren die Einzelunternehmungen, gefolgt von den Rechtsformen GmbH, KG sowie GmbH & Co.KG.

Unternehmen in Deutschland		
	Einzelunternehmen	2 253 131
	GmbH	973 790
	KG, GmbH & Co. KG	223 827
	OHG	27 984
	AG, KGaA	17 683
	Genossenschaften	8 222
	Eingetragene Vereine	385 338
	Sonstige	181 155
	Gesamt	**4 071 130**

Abb. 1-7: Unternehmen in Deutschland (Stand Februar 2009)

2.2 Einzelunternehmung

Diese Rechtsform besitzt keine rechtliche Selbständigkeit. Das Einzelunternehmen ist Vermögensbestandteil des Eigentümers. Die Gründung erfolgt formlos, nur der Vollkaufmann ist mit seiner Firma in das Handelsregister einzutragen. Zur Gründung ist kein Gesellschaftsvertrag nötig. Der Einzelkaufmann haftet mit seinem gesamten Unternehmens- und Privatvermögen. Eigenkapital kann in beliebiger Höhe eingebracht werden und wird durch die Vermögensverhältnisse des Unternehmers bestimmt. Die Ausstattung der Einzelunternehmungen mit Fremdkapital ist von Sicherheiten in ausreichenden Mengen abhängig. Gewinne und Verluste entfallen einzig und allein auf den Inhaber, dem auch zugleich die Geschäftsführung obliegt. Diese Rechtsform ist in Deutschland sehr häufig vertreten, da sie schnell und formlos gegründet werden kann. Sie hat aber den Nachteil der Vollhaftung und den beschränkten Zugang zum Kapitalmarkt.

2.3 Personengesellschaften

Personengesellschaften sind Rechtsformen, die keine eigene Rechtspersönlichkeit besitzen und deren Gesellschafter mindestens zwei natürliche Personen sind. Mindestens einer dieser Gesellschafter haftet persönlich und unbeschränkt. Zu den Personengesellschaften werden die Rechtsformen GbR (auch BGB-Gesellschaft), Stille Gesellschaft, KG, OHG und Partnerschaft gezählt.

GbR (auch BGB-Gesellschaft)

Die Gesellschaft bürgerlichen Rechtes (GbR) ist eine auf Vertrag beruhende, nicht rechtsfähige Personengesellschaft zur Förderung der Erreichung eines gemeinsamen Zwecks. Sie wird formlos durch Vertrag zwischen den Gesellschaftern gegründet und hat ihre Rechtsgrundlage in den §§ 705-740 BGB. Sie ist bis vor kurzer Zeit für einige Freiberufler (z.B. Rechtsanwälte) oft die einzig mögliche Rechtsform gewesen und wird auch von kleinen Gewerbetreibenden gerne gewählt, solange kein Handelsgeschäft vorliegt. Existieren keine besonderen Vereinbarungen, so teilen sich alle Gesellschafter gemeinschaftlich die Geschäftsführung, die Vertretungsmacht und die Gewinn- und Verlustbeteiligung im gleichen Verhältnis. Die Gesellschafter haften gemeinsam und mit ihrem gesamten Privat- und Gesellschaftsvermögen. Die Kapitalausstattung ist durch das Vermögen und das Kreditpotenzial der Gesellschafter beschränkt. Lässt sich eine GbR ins Handelsregister eintragen, wird sie automatisch zur OHG. Gleiches gilt für eine gewerbliche GbR ab einem bestimmten Umsatz.

Stille Gesellschaft

Die stille Gesellschaft ist eine Rechtsform, bei der sich eine Rechtsperson am Handelsgewerbe eines anderen beteiligt, indem er ihm eine in dessen Vermögen übergehende Einlage gegen die Einräumung einer Gewinnbeteiligung überlässt. Das Gesellschaftsverhältnis wird weder in der Firma zum Ausdruck gebracht, noch in das Handelsregister eingetragen. Die Gesellschaft entsteht durch Vertragsabschluss. Der stille Gesellschafter hat keine Geschäftsführungsbefugnisse, nimmt am Gewinn teil, muss aber Verluste nicht ausgleichen und haftet nicht.

Offene Handelsgesellschaft (OHG)

Die Offene Handelsgesellschaft (OHG) ist eine auf Handelsgeschäfte ausgerichtete Gesellschaft, bei der die Haftung gegenüber den Gläubigern nicht beschränkt ist. Die Rechtsgrundlage bilden die §§ 105-160 HGB und §§ 705-740 BGB. Die Gründung erfolgt durch mindestens zwei Gesellschafter und den Eintrag ins Handelsregister. Diese Personengesellschaft kann unter ihrer Firma Rechte und Eigentum erwerben, Verbindlichkeiten eingehen, vor Gericht klagen und verklagt werden. Die Kapitalausstattung der Gesellschaft wird durch die Kreditwürdigkeit der Gesellschafter und das Privatvermögen limitiert. Die Geschäftsführung wird durch alle Gesellschafter einzeln ausgeführt. Das eingebrachte Kapital wird zu 4% verzinst, sofern nicht im Vertrag etwas anderes vereinbart wurde. Verbleibende Gewinne werden nach der Zahl der Gesellschafter aufgeteilt. Privatentnahmen sind auf bis zu 4% der Kapitaleinlage beschränkt. Diese Rechtsform ist im Handel weit verbreitet, allerdings mit abnehmender Tendenz.

Kommanditgesellschaft (KG)
Die Kommanditgesellschaft (KG) ist eine auf den Betrieb eines Handelsgewerbes ausgerichtete Personengesellschaft. Sie stellt eine Art „Sonderform" gegenüber der OHG dar, da nur mindestens ein Gesellschafter den Gläubigern uneingeschränkt haftet. Neben diesen sogenannten Vollhaftern (Komplementären) ist die Haftung der Kommanditisten auf die Einlage in die KG beschränkt. Die Komplementäre sind in erster Linie die Unternehmer und die Kommanditisten sind primär die Anleger, die von der Geschäftsführung ausgeschlossen sind. Die Gründung erfolgt durch mindestens zwei Personen und durch den Eintrag ins Handelsregister. Die Rechtsgrundlage bilden die §§ 105-160 und 161-177 HGB sowie §§ 705-740 BGB. Die Kapitalsituation der KG birgt gegenüber den vorhergehenden Rechtsformen Vorteile, da eine beliebige Aufnahme von Kommanditisten mit ihrem Eigenkapital erfolgen kann. Die Auszahlung der Gewinne erfolgt zunächst analog zur OHG als Verzinsung von 4% der Kapitaleinlage. Verbleibende Anteile werden im angemessenen Verhältnis ausgeschüttet. Die Gesellschaft kann aufgelöst werden, endet aber nicht automatisch mit dem Tod eines Gesellschafters, da die Anteile auf die Erben übergehen.

Die **GmbH & Co. KG** stellt eine Sonderform der KG dar. Bei dieser Rechtsform wird der Komplementär durch eine juristische Person, eine GmbH, ersetzt. Damit bleiben die Vorteile der Personengesellschaft erhalten, die Haftung reduziert sich aber auf das Vermögen der GmbH, die lediglich 25.000 EURO Stammkapital aufweisen muss. In der Praxis tritt diese Gesellschaftsform recht häufig auf, da so der Vorteil der GmbH, die beschränkte Haftung, mit dem Vorteil der KG, der unkomplizierten Kapitalbeschaffung, kombiniert wird. Da es sich um eine Mischform handelt, muss sowohl das Recht der GmbH als auch das Recht der Kommanditgesellschaft angewendet werden. In der Vergangenheit gab es rechtliche Zweifel an der Zulässigkeit einer GmbH & Co. KG, da der Gläubigerschutz durch das Fehlen eines persönlich haftenden Gesellschafters unzureichend sei. Die Zulässigkeit steht jedoch außer Frage, nicht zuletzt durch die Tatsache, dass auch das private Vermögen einer natürlichen Person als Komplementär in der Regel nicht ausreicht, alle Gläubiger zu befriedigen. Bezüglich der Haftung steht also die GmbH einer natürlichen Person gleich, da sie mit ihrem Gesellschaftsvermögen unbeschränkt haftet.

Ähnlich der GmbH & Co. KG gibt es auch die **Ltd. & Co. KG**, eine Mischform aus der Limited company (Ltd.) und der KG. Hier fungiert ebenfalls eine beschränkt haftende Gesellschaft als Komplementär einer

Kommanditgesellschaft. Auf diese Weise werden die Vorteile der Limited-Gesellschaft mit den Vorteilen einer Kommanditgesellschaft kombiniert. Steuerlich wird die Gesellschaft in Deutschland wie die GmbH & Co. KG behandelt. Ein bekanntes Beispiel für diese Gesellschaftsform in Deutschland ist die Drogeriekette Müller.

Die rechtliche Zulässigkeit der Ltd. & Co. KG ist wie bei der GmbH & Co. KG seit einiger Zeit unbestritten, ebenso wie die Eintragungsfähigkeit ins deutsche Handelsregister.

Zu den Vorteilen dieser Mischform zählen unter anderem die günstigere steuerliche Behandlung und die Möglichkeit der Privatentnahmen. Jedoch werden diese Vorteile mit dem Nachteil erkauft, dass für die KG und die Ltd. getrennte Buchhaltungen und Jahresabschlüsse erstellt werden müssen.

Partnerschaft

Seit dem 01.07.1995 trat das Partnerschaftsgesellschaftsrecht (PartGG) in Kraft und lässt eine neue Personengesellschaft zu. Die Partnerschaft ist eine Gesellschaftsform, die für den Zusammenschluss freier Berufe wie z.B. Rechtsanwälte, Ärzte und Steuerberater geschaffen wurde. Die Partnerschaft übt kein Handelsgewerbe aus und Angehörige können nur natürliche Personen sein. Diese Rechtsform entsteht durch Vertrag und Anmeldung im Partnerschaftsregister. Alle Personenvereinigungen, die den Namen „Partnerschaft“ bzw. „und Partner“ führen, müssen seit dem 01.07.1997 im Register angemeldet sein oder einen Zusatz auf eine andere Rechtsform im Namen aufweisen. Die Partner haften neben dem Partnerschaftsvermögen als Gesamtschuldner.

	Gründung	Grundkapital	Haftung	Rechtsfähigkeit	HR-Eintrag	Rechtsgrundlage
Partnerschaft	schriftlicher Gesellschaftsvertrag (Partnerschafts-vertrag)	nicht notwendig	Vermögen der Partnerschaft, Partner haften persönlich	rechts- und parteifähig	Eintrag ins Partnerschafts-register	PartGG, BGB, HGB
KG	Gesellschaftsvertrag	nicht notwendig	Komplementäre haften auch mit Privatvermögen, Kommandidisten nur mit Einlage	rechts- und parteifähig	Eintragungspflicht, Wirkung deklaratorisch	HGB, BGB
OHG	grds. formloser Gesellschaftsvertrag	nicht notwendig	Vermögen der OHG, Gesellschafter haften persönlich	rechts- und parteifähig	Eintragungspflicht, Wirkung deklaratorisch oder konstitutiv	HGB, BGB
Stille Gesell-schaft	Entstehung durch formlosen Gesell-schaftsvertrag	nicht vorhanden	Stiller haftet grds. mit Einlage; vertraglich abdingbar	keine Rechtsfähigkeit	keine Eintragung möglich	HGB, BGB
GbR (BGB-Gesellschaft)	Entstehung durch Gesellschaftsvertrag, grds. formfrei	nicht notwendig	alle Gesellschafter haften persönlich und gesamtschuldnerisch (h. M.)	(Teil-)Rechts- und Parteifähigkeit	nicht notwendig	BGB
Einzelunter-nehmung	formlos	nicht notwendig	unbeschränkt und unmittelbar	rechts- und parteifähig	nur bei Vollkauf-mann notwendig	HGB

Abb. 1-8: Übersicht Personengesellschaften

2.4 Kapitalgesellschaften

Kapitalgesellschaften unterscheiden sich von den Personengesellschaften dadurch, dass eine eigene Rechtspersönlichkeit entsteht. Mithilfe der Kapitalgesellschaften ist die Trennung von Eigentum an einer Unternehmung und Geschäftsführung möglich. Eine Ausnahme bildet die Einmann-Gesellschaft.

Gesellschaft mit beschränkter Haftung (GmbH)

Die Gesellschaft mit beschränkter Haftung ist eine Kapitalgesellschaft mit eigener Rechtspersönlichkeit, die zu jedem gesetzlichen Zweck errichtet werden kann und bei der Geschäftsführung und Gesellschaftertätigkeit nicht zwangsläufig zusammenfallen. Sie entsteht bei Gründung durch Eintragung ins Handelsregister. Als Rechtsgrundlage dient das GmbH-Gesetz. Diese Gesellschaftsform ist als Kapitalgesellschaft abhängig von ihrem Stammkapital. Das Stammkapital muss mindestens 25.000 EUR betragen, von dem zur Errichtung mindestens die Hälfte eingezahlt sein muss. Die Gesellschafter können Stammeinlagen in einer Mindesthöhe von 100 EUR halten. Die Anteile werden nicht an der Börse gehandelt, sind aber übertragbar.

Die Kapitalausstattung kann durch eine Einlagenerhöhung oder die Aufnahme neuer Gesellschafter erfolgen. Die Fremdkapitalzufuhr ist durch die Haftungsbeschränkung gelegentlich problematisch. Die Gewinnverteilung erfolgt im Verhältnis der Stammeinlagen und die Haftung ist auf das Gesellschaftsvermögen beschränkt. Die GmbH ist die vorherrschende Rechtsform bei kleineren Unternehmen und hat den Vorteil der Haftungsbeschränkung, aber dadurch auch nur einen beschränkten Zugang zum Kapitalmarkt sowie eine doppelte Belastung durch Vermögens- und Gesellschaftssteuer.

Die Unternehmergesellschaft (haftungsbeschränkt) stellt keine eigene Rechtsform dar, sondern eine besondere Einstiegsvariante im Rahmen der GmbH. Sie wurde eingeführt im Zuge der Reform des Rechts der GmbH als existenzgründerfreundliche Variante der herkömmlichen GmbH. Die UG (haftungsbeschränkt) tritt als juristische Person auf, ist voll körperschaftssteuer- und gewerbesteuerpflichtig und muss ihren Jahresbericht veröffentlichen. Gegründet wird die UG (haftungsbeschränkt) wie die klassische GmbH. Es besteht die Möglichkeit eines vereinfachten Verfahrens zur Gründung, wenn die Gesellschaft maximal aus drei Gesellschaftern und einen Geschäftsführer besteht. Das Stammkapital der UG (haftungsbeschränkt) beträgt mindestens einen Euro. Bei einem Stammkapital über 24.999 Euro wird keine UG (haftungsbeschränkt) gegründet, sondern eine klassische GmbH. Das Stammkapital muss sofort bar und in voller Höhe eingezahlt werden, Teilleistungen sind nicht erlaubt. Die Gesellschafter der UG (haftungsbeschränkt) sind die Inhaber und haben das Entscheidungsrecht über alle wesentlichen Vorgänge innerhalb der Gesellschaft. Geschäftsführer darf nur eine natürliche, unbeschränkt geschäftsfähige Person sein. Die Führung der laufenden Geschäfte unterliegt dem Geschäftsführer. Jährlich müssen mindestens 25% des Jahresüberschusses in eine Rücklage eingestellt werden. Ein Kapitalerhöhu ngsbeschluss kann ab einer Einlage von 25.000 EUR gefasst werden. Die UG (haftungsbeschränkt) wird nie automatisch zu einer GmbH. Nach dem Kapitale rhöhungsbeschluss obliegt es der Gesellschaft, ihre Firmierung zu behalten oder eine GmbH zu werden.

Aktiengesellschaft (AG)
Auch bei der Aktiengesellschaft können die Gesellschafter Stammeinlagen erwerben. Diese Kapitalgesellschaft entsteht durch eine Einlage von mindestens 50.000 EUR. Es handelt sich um die typische Rechtsform für Großunternehmen. Die Gesellschafter sind anonym und durch ihre große Anzahl ähnelt die AG eher einem Verein als einer Personengesellschaft. Das Grundkapital ist in Aktien von mindestens 1 EUR Nennbetrag eingeteilt. Diese können an der Börse gehandelt werden. Die Haftung der Gesellschafter ist auf ihren Kapitalanteil beschränkt. Von den Gewinnen werden zunächst 5% als gesetzliche Rücklage einbehalten. Vom Restbetrag kann als freie Rücklage 50% gehalten werden und der Rest wird als Dividende an die Kapitalgeber ausgezahlt. Die Geschäftsführung obliegt dem Vorstand, der vom Aufsichtsrat bestellt wird. Die Aktionäre wählen den Aufsichtsrat als Kontrollorgan auf der Hauptversammlung. Die AG hat einen leichteren Zugang zum Kapitalmarkt und aufgrund des starken Anlegerschutzes auch eine hohe Kreditwürdigkeit. Die Rechtsgrundlage bildet das Aktiengesetz.

Eine Sonderstellung hat die Kommanditgesellschaft auf Aktien (KgaA), bei der eine juristische Person entsteht, die sämtliche Vorteile der AG nutzt und durch einen vollhaftenden Komplementär nochmals verbesserten Zugang zum Kapitalmarkt hat. Das Kommanditkapital ist in Aktien verbrieft und der Komplementär haftet unbeschränkt persönlich.

Societas Europea (SE)
Seit dem Jahresende 2004 ermöglicht die EU die Gründung von Gesellschaften mit nahezu einheitlichen Rechtsprinzipien. Die Europäische Gesellschaft (SE) ist eine Rechtsform ausschließlich für Aktiengesellschaften der Europäischen Union. Die Europäische Gesellschaft besitzt eine eigene Rechtspersönlichkeit. Das Mindestkapital beträgt 120.000 EUR und ist in Aktien zerlegt. Jeder Aktionär haftet nur bis zu der Höhe seines gezeichneten Kapitals. Die Aktien sind je nach nationalen Vorschriften übertragbar. Der Sitz muss in der EU liegen und kann innerhalb der Mitgliedsstaaten jederzeit verlegt werden. Die Geschäftsführung kann entweder dualistisch oder monistisch organisiert sein. Der Vorstand führt die Geschäfte bei dem dualistischen System und wird vom Aufsichtsrat kontrolliert. Dies ist vor allem in Deutschland häufig der Fall. Bei dem monistischen System übernimmt ein Verwaltungsorgan, das sogenannte Board of Directors, die Geschäftsführung, welches sich aus drei Verwaltungsräten inklusive geschäftsführendem Direktor in eigener Verantwortung zusammensetzt. Diese Art der Geschäftsführung ist vor allem in England zu finden. Die Europäische Gesellschaft hat insgesamt 25 verschiedene Ausprägungen, je nachdem in welchem Mitgliedsstaat sie ihren Sitz hat.

Der Gründung einer Europäischen Gesellschaft liegt seit dem 8. Oktober 2004 rechtskräftig, in Form der EG- Verordnung 2157/2001 über das Statut der Europäischen Gesellschaft (SE) vor. Ergänzt wird diese Verordnung durch die Richtlinie 2001/86/EG zur Ergänzung des Statuts der Europäischen Gesellschaft hinsichtlich der Beteiligung der Arbeitnehmer. Zusätzlich gibt es je nach Mitgliedsstaat gesonderte Vorschriften. Die Gründung einer Europäischen Gesellschaft kann auf vier verschiedene Weisen erfolgen.

Die Europäische Gesellschaft kann aus dem Zusammenschluss bestehender Gesellschaften aus mindestens zwei verschiedenen EU-Staaten oder durch die Gründung einer Holding-Gesellschaft entstehen. Auch bei der Holding-Gesellschaft müssen mindestens zwei der Gesellschaften eine Niederlassung in zwei verschiedenen EU-Mitgliedsstaaten haben oder mindestens seit zwei Jahren eine Tochtergesellschaft oder eine Zweigniederlassung in einem anderen Mitgliedstaat besitzen. Ebenfalls möglich ist die Gründung einer gemeinsamen Tochtergesellschaft durch mehrere Gesellschaften oder durch eine bereits bestehende SE sowie die Umwandlung einer nationalen Aktiengesellschaft in eine SE. Bei der Möglichkeit der Umwandlung gilt auch, dass die umzuwandelnde Aktiengesellschaft seit mindestens zwei Jahren eine Tochtergesellschaft in einem anderen Mitgliedsstaat der EU hat. Eine Zweigniederlassung reicht in diesem Fall nicht aus. Prominente Vertreter für eine erfolgreiche Umsetzung dieser Rechtform sind die Allianz SE und Conrad Elektronic SE.

Real Estate Investment Trusts (REIT)

Eine weitere Neuerung im deutschen Gesellschaftsrecht sind Real Estate Investment Trusts (REITs). Es handelt sich dabei um Kapitalgesellschaften, deren Zweck hauptsächlich im Immobilienbesitz und dessen Verwaltung bzw. Finanzierung besteht.

Diese Form einer Gesellschaft ist in den USA bereits seit 1960 zugelassen. Viele andere Länder haben im Laufe der Zeit ebenfalls REITs eingeführt. Die Rechtsform unterscheidet sich dabei von Land zu Land.

Im deutschen Recht werden die REITs als börsennotierte Aktiengesellschaften ausgestaltet sein („REIT AGs“).

REITs lassen sich auch nach ihrem Anlageschwerpunkt klassifizieren. So gibt es Equity-REITs, die überwiegend in Immobilien investieren, Mortgage-REITs, die vor allem in Immobilienkredite investieren und Hybrid REITs, die in beide Anlagen investieren können.

Real Estate Investement Trusts lassen sich auch als Mittel zum Outsourcing von Immobilien nutzen, indem die Gebäude veräußert und an die Börse gebracht werden. So lässt sich das in den Immobilien gebundene Kapital freisetzen.

Limited company (Ltd.)
Die zunehmende Globalisierung und Verschmelzung innerhalb der EU bringt es mit sich, dass auch in Deutschland neue Gesellschaftsformen auftreten.

Durch eine Entscheidung des Europäischen Gerichtshofs wurde klargestellt, dass Unternehmer auch Rechtsformen anderer Länder für ihre Unternehmen im Inland verwenden dürfen.

Durch ihre Vorteile gegenüber der deutschen GmbH hat die britische Limited company daraufhin auch in Deutschland Einzug gehalten. Seit einigen Jahren nimmt die Zahl der GmbH-Gründungen ab, wohingegen die Zahl der Limited-Gründungen stark zunimmt.

Die Limited company kann in verschiedenen Formen auftreten. Die Public Limited Company (PLC) ist ähnlich der deutschen AG, die Anteilsscheine werden einer breiten Öffentlichkeit ausgegeben. Große Unternehmen bedienen sich häufig dieser Gesellschaftsform.

In Deutschland verbreiteter ist dagegen die Private Limited Company by Shares (Ltd.), deren Anteile unter einem begrenzten Gesellschafterkreis aufgeteilt werden und die daher der deutschen GmbH oder der kleinen AG ähnelt.

Die Ltd. weist einige Vorteile gegenüber der GmbH auf. So verlangt sie ein einzuzahlendes Grundkapital von nur einem britischen Pfund, wohingegen die GmbH ein Stammkapital von 25.000 EUR erfordert, von dem mindestens die Hälfte eingezahlt werden muss. Darüber hinaus ist die Gründung deutlich schneller, oft schon innerhalb weniger Tage, und kostengünstiger möglich. Auch weitergehende Formalitäten wie Satzungsänderungen, Hinzunahme weiterer Gesellschafter oder die Löschung sind unkompliziert.

Allerdings bringt die Ltd. auch einige Nachteile mit sich. So muss die Gesellschaft über eine Adresse und einen Vertreter in Großbritannien verfügen. Eventuell kann es notwendig sein, sowohl in Deutschland als auch in Großbritannien eine Steuererklärung bzw. einen Jahresabschluss einzureichen. Auch weitere rechtliche Schwierigkeiten können sich ergeben, da der Unternehmer sowohl deutsches als auch britisches Recht beachten muss.

Durch die einfache Gründung und das geringe Stammkapital genießt die Ltd. in manchen Kreisen noch einen zweifelhaften Ruf. Einige Banken verweigerten in der Vergangenheit die Kredit- oder sogar Kontenvergabe. Dem steht jedoch die hohe Transparenz dieser Gesellschaftsform gegenüber. Gegen eine geringe Gebühr kann jedermann online eine komplette Firmenauskunft einsehen. Die Haftung bei vorsätzlichem Handeln und Strafdelikten wie Betrug kann wie bei der GmbH ohnehin nicht ausgeschlossen werden, sodass die Gefahr des Missbrauchs der Limited-Gesellschaftsform von vornherein beschränkt sein dürfte.

	Rechtsgrundlage	HR-Eintrag	Rechtsfähigkeit	Haftung	Grundkapital	Gründung
GmbH	GmbHG, HGB	Eintragungspflicht	voll rechts- und parteifähig, juristische Person	Haftung nur durch das Gesellschaftsvermögen, Gesellschafter haften nicht persönlich	25.000 €, mindestens zur Hälfte bei Gründung einzulegen	Gesellschaftsvertrag in notariell beurkundeter Form, ein Gründer genügt (Ein-Mann-GmbH)
AG	AktG	Eintragungspflicht, wirkt konstitutiv	voll rechts- und parteifähig, juristische Person	Haftung nur durch das Gesellschaftsvermögen, Gesellschafter haften nicht persönlich	50.000 € in Aktien	Gesellschaftsvertrag in notariell beurkundeter Form
Ltd.	HGB, GmbHG, einglisches Recht	Eintragungspflicht ins englische Handelsregister (Companies House), bei Tätigkeit in Deutschland muss eine Zweigstelle gegründet und im dt. HR eingetragen werden	voll rechts- und parteifähig, juristische Person	Haftung auf das Gesellschaftsvermögen beschränkt, Gesellschafter haften nicht persönlich	1 GBP	Gesellschaftssatzung, bestehend aus *Memorandum of Association* und *Articles of Association*, Eintrag ins *Companies House*
SE	EG Verordnung 2157 / 2001 + Richtlinie 2001 / 86 / EG	Eintragungspflicht	voll rechtsfähig, juristische Person	Aktionär haftet nur bis zur Höhe seines gezeichneten Kapitals, Haftung beschränkt durch das Gesellschaftsvermögen	120.000 €	Gesellschaftsvertrag in notariell beurkundeter Form
UG (haftungsbeschränkt)	GmbHG MoMiG	Eintragungspflicht	voll rechtsfähig, juristische Person	Gesellschafter haften nicht persönlich, Haftung beschränkt durch das Gesellschaftsvermögen	mindestens 1 €	notarieller Gesellschaftsvertrag

Abb. 1-9: Übersicht Kapitalgesellschaften

2.5 Nicht-kapitalistische Körperschaften

Zu den nicht-kapitalistischen Körperschaften zählen die eingetragene Genossenschaft, die Stiftung und der Verein.

Eingetragene Genossenschaft (e.G.)
Die eingetragene Genossenschaft stellt eine Personenvereinigung (Genossen) dar, die einen gemeinsamen Zweck verfolgen. Die e.G. ist zwar eine juristische Person, jedoch keine Kapitalgesellschaft und basiert auf dem Genossenschaftsgesetz.

Genossenschaften	Beschaffungs-genossenschaften	Dienstleistungsgenossenschaften
		Nutzungsgenossenschaften
		Kreditgenossenschaften
		Baugenossenschaften
		Warenbezugsgenossenschaften
	Verwertungs-genossenschaften	Landwirtschaftliche Absatzgenossenschaften
		Fischereigenossenschaften
		Verkehrsgenossenschaften
		Kreditgenossenschaften
		Absatzgenossenschaften

Abb. 1-10: Genossenschaften

Die Gründung erfolgt durch mindestens sieben Genossen. Sie bedarf der Eintragung ins Handelsregister und ist im Genossenschaftsregister beim Amtsgericht anzuzeigen. Der Eintritt in die Genossenschaft entsteht durch den Erwerb von Genossenschaftsanteilen. Die Geschäftsführung erfolgt durch Genossen und mindestens zwei Personen. Sie wird durch den Aufsichtsrat kontrolliert. Genossenschaften mit mehr als 3.000 Mitgliedern müssen eine Mitgliederversammlung abhalten, auf der jeder Genosse eine Stimme, unabhängig von seinen Anteilen, hat (Kopfstimmrecht). Für die Verbindlichkeiten haftet nur das Genossenschaftsvermögen. Der Gewinn wird in Form einer Dividende auf das Geschäftsguthaben gezahlt.

Stiftung
Stiftungen des privaten Rechts basieren auf den Grundlagen des BGB. Eine Stiftung wird vom Stifter mit Vermögen ausgestattet, der zugleich den Zweck auf Dauer festlegt und dabei volle Entscheidungsfreiheit hat. Weder natürliche noch juristische Personen besitzen Eigentums- oder Besitzrechte. Als nicht-kapitalistische Körperschaft handelt es sich bei der Stiftung nicht um einen Personenzusammenschluss, sondern sie erhält ihre Rechtsfähigkeit durch staatliche Genehmigung. Als Stiftungsorgan ist nur ein Vorstand vorgeschrieben, zusätzlich kann aber ein Kuratorium als Aufsichts- oder Verwaltungsorgan

eingerichtet werden. Es besteht keine Publizitätspflicht. Die Vorteile, wie die gesicherte Unternehmenskontinuität und die steuerfreie Übertragung von Vermögen, führten in den letzten Jahren zu einer großen zahlenmäßigen Zunahme dieser Rechtsform in Deutschland.

Verein

Der Verein ist eine Personengesellschaft, die auf gewisse Dauer einen gemeinsamen Zweck verfolgt. Der Verein erlangt Rechtsfähigkeit, sobald er im Vereinsregister eingetragen ist. Er basiert auf den §§ 21-79 BGB. Der rechtsfähige Verein muss eine Vereinssatzung haben und die Mitgliederversammlung muss einen Vorstand wählen. Die Haftung ist auf das Vereinsvermögen beschränkt.

Neben der Unterscheidung zwischen eingetragenem und nicht eingetragenem Verein unterscheidet man zwischen Idealverein und wirtschaftlichem Verein. Der Idealverein verfolgt einen Zweck, der nicht auf einen wirtschaftlichen Geschäftsbetrieb gerichtet ist, während der wirtschaftliche Verein gerade dieses Merkmal aufweist.

Im Jahr 2008 gab es 385.338 eingetragene Vereine in Deutschland. Neben den bekannten Sport- und Freizeitvereinen, die den Großteil der eingetragenen Vereine ausmachen, sind u.a. auch Parteien, Arbeitgeber- und Arbeitnehmerkoalitionen und Wirtschaftsverbände vereinsrechtlich organisiert.

❶ *Begriffe zum Nachlesen*

Rechtsformen	Grundkapital
Aktiengesellschaft	Verein
Kommanditgesellschaft	Genossenschaft
GmbH & Co. KG	SE
Stiftung	Komplementär
Offene Handelsgesellschaft	Handelsregister
Kommanditist	Partnerschaft
Gesellschaft mit beschränkter Haftung	Limited company

❷ *Wiederholungsfragen*

1. Unterscheiden Sie die Ihnen bekannten Rechtsformen der Unternehmung.
2. Was unterscheidet Kapitalgesellschaften von Personengesellschaften?
3. Welche Kriterien können zur Unterscheidung von Rechtsformen herangezogen werden?
4. Skizzieren Sie die Rechtsformen der GmbH und der AG.

5. Erläutern Sie den Unterschied zwischen einer Genossenschaft und einer GmbH.
6. Nennen Sie einige Genossenschaftsarten und praktische Beispiele aus Ihrem Umfeld.
7. Welche Vor- und Nachteile bietet eine Limited company gegenüber einer GmbH?
8. Was ist der Vorteil von Mischformen wie GmbH & Co. KG oder Ltd. & Co. KG? Welche Probleme können sich ergeben?
9. Recherchieren Sie im Internet, wie und in welchem Ausmaß die Limited company in anderen Ländern vertreten ist.

❸ *Literaturhinweise*

Eisenhardt, U.: Gesellschaftsrecht, 13. Aufl. München 2007.

Grunewald, B.: Gesellschaftsrecht, 7. Aufl. Tübingen 2008.

Hopfenbeck, W.: Allgemeine Betriebswirtschaftslehre und Managementlehre, 14. Aufl. Landsberg a. L. 2002.

Kübler, F; Assmann, D.: Gesellschaftsrecht, 6. Aufl. Heidelberg 2006.

Olfert, K.; Rahn, H.J.: Lexikon der Betriebswirtschaftslehre, 6. Aufl. Ludwigshafen 2008.

Römermann, V.: Private Limited Company in Deutschland, 1. Aufl. Bonn 2006.

Schierenbeck, H.: Grundzüge der Betriebswirtschaftslehre, 17. Aufl. München 2008.

Schmidt, K.: Gesellschaftsrecht, 4. Aufl. Köln 2002.

Wöhe, G.; Döring, U.: Einführung in die Allgemeine Betriebswirtschaftslehre, 23. Aufl. München 2008.

3. Standortbestimmung und Unternehmensverbindungen

In diesem Kapitel lernen Sie

- auf welchen Ebenen Standortbestimmungen durchzuführen sind,
- welche Aspekte bei der Wahl vorherrschen,
- was Unternehmenswachstum ausmacht und
- was Kooperationen und Konzentrationen darstellen.

Zu den konstituierenden Merkmalen der Unternehmung gehört weiterhin die Wahl des optimalen Standortes. Diese Entscheidung lässt sich in mehrere Stufen zerlegen. Zunächst muss die Entscheidung getroffen werden, in welchem Land die Betriebsstätte angesiedelt werden soll, innerhalb des Landes die Region und innerhalb der Region die Gemeinde oder Stadt. Die optimale Wahl wird bestimmt durch die Standortfaktoren, die einen limitierenden oder substitutionalen Charakter aufweisen können. Bei der Standortwahl können folgende Ausrichtungen erkannt werden (Schierenbeck 2008):

- *Materialorientierung* – Der Standort richtet sich nach den minimalen Beschaffungskosten (Grundstücke, Anlagen, Rohstoffe).
- *Arbeitsorientierung* – Standorte in Niedriglohn-Gebieten oder mit ausreichendem Arbeitskräfteangebot.
- *Abgabe- oder Subventionsorientierung* – Standorte, die besonders gefördert werden oder sich durch eine minimale Besteuerung auszeichnen.
- *Energieorientierung* – Standorte mit den benötigten Energievorkommen oder einem minimalen Energiepreis.
- *Verkehrsorientierung* – Betriebsstandorte mit sehr guter Anbindung an die Infrastruktur (Verkehrsknotenpunkte).
- *Absatzorientierung* – Der Standort richtet sich nach der Käuferverteilung oder den Standorten des Kunden.

Nach der Festlegung der Standortanforderungen und der Bestimmung alternativer Standorte ist die Standortwahl zu treffen, eventuell auch die Entscheidung über eine Standortspaltung. Anschließend ist periodisch eine Standortkontrolle unter Berücksichtigung der aktuellen und der zukünftigen Standortqualität durchzuführen.

In einer globalisierten Weltwirtschaft sind Unternehmen nicht mehr an nationale Grenzen gebunden, sondern streben nach einer internationalen Ausdehnung. Zieht man nationalstaatliche Grenzen zur Unterteilung heran, können sich lokale Anbieter zu regionalen und nationalen Unternehmen entwickeln. Sobald sie die nationalen Grenzen überschreiten und Standorte auf unterschiedlichen Kontinenten errichten, werden sie zu internationalen bzw. multinationalen Unternehmen.

Motive für diese Auslandsdiversifikation sind zahlreich:

- Absatzsicherung durch größere Marktnähe,
- Senkung der Lohn- und Lohnnebenkosten,
- Umgehung von Schutzzöllen,
- Realisierung von Globalisierungsvorteilen,
- Investitionsförderung der Gastgeberländer sowie
- die Abkopplung von Devisenkursschwankungen.

Das Wachstum kann mit zahlreichen Vor- und Nachteilen verbunden sein:

Vorteile	Nachteile / Probleme
▪ verbesserter Zugang zu den internationalen Faktormärkten ▪ Möglichkeiten der internationalen Produktspezialisierung ▪ Ausnutzung der Erfahrungskurveneffekte ▪ Minimierung der internationalen Steuerbelastung	▪ Berücksichtigung unterschiedlicher nationaler Rechtsvorschriften ▪ mögliches Niveaugefälle in der Faktoren- und Prozessqualität ▪ steigende Anforderungen an das Managementsystem ▪ steigende Koordinationsprobleme ▪ interkulturelles Management

Abb. 1-11: Vor- und Nachteile der Internationalisierung

Das Wachstum der Unternehmungen kann aus eigener Kraft erfolgen oder über Unternehmenskooperationen und Konzentrationsprozesse.

Unternehmenskonzentrationen können dazu führen, dass in der letzten Konsequenz eine Unterordnung der zusammengeschlossenen Unternehmen unter eine einheitliche Leitung erfolgt. Unternehmenskooperationen stellen dagegen eine freiwillige Zusammenarbeit von rechtlich selbständigen Unternehmen dar, mit dem Ziel einerseits eine grundsätzliche Unabhängigkeit zu sichern und andererseits Vorteile aus der Zusammenarbeit zu ziehen.

Kartelle sind Zusammenschlüsse auf vertraglicher Basis, bei denen wettbewerbsbeschränkende Effekte auftreten. Das Gesetz gegen Wettbewerbsbeschränkungen (GWG) regelt in Deutschland zunächst einmal das generelle Kartellverbot und zugehörige Ausnahmefälle. Anmeldepflichtige Kartelle sind den Kartellbehörden zu melden. Dies sind Konditionenkartelle, technische Rationalisierungskartelle, Exportkartelle, Spezialisierungskartelle und Normungskartelle. Genehmigungspflichtig sind Krisenkartelle, wirtschaftliche Rationalisierungskartelle und Export- und Importkartelle. Grundsätzlich verboten sind Preiskartelle, Quotenkartelle und Gebietskartelle.

Arbeitsgemeinschaften und Unternehmensverbände sind Interessensgemeinschaften, die keine wettbewerbsrechtliche Relevanz haben. Wenn zum

Zweck der Kooperation eine neue Gesellschaft gegründet wird, handelt es sich um ein Joint Venture. Treten mehrere Unternehmen als einheitlicher Anbieter auf, handelt es sich um ein Konsortium. Konsortien sind häufig im Großanlagenbau anzutreffen.

Bei den Unternehmenskonzentrationen können unterschiedliche Fälle differenziert werden. Falls sich ein Unternehmen an einem anderen beteiligt, spricht man von einer Kapitalbeteiligung. Wenn diese im Austausch erfolgt, handelt es sich um eine wechselseitige Beteiligung. Diese kann zu einem Konzern führen, wenn die Fusion der Unternehmen zu einer einheitlichen Leitung führt.

Unternehmens-zusammenschlüsse	Konzentration	Gleichordnungskonzerne
		Unterordnungskonzerne
		abhängige und herrschende Unternehmen
		Kapitalbeteiligungen
	Kooperation	Interessengemeinschaft
		Arbeitsgemeinschaft
		Konsortien
		Kartelle
		Unternehmensverbände

Abb. 1-12: Unternehmenszusammenschlüsse

Mit Unternehmensverbindungen werden zahlreiche Ziele verfolgt:

- Erhöhung der Wirtschaftlichkeit, der Leistungserstellung und der Verwaltung,
- Erhöhung der Wettbewerbsfähigkeit an den Beschaffungs- und Absatzmärkten,
- gemeinsame Nutzung von Ressourcen,
- Sicherung des Bestandes der Unternehmungen,
- Verminderung von Risiken des Wirtschaftsprozesses,
- Schaffung einer Machtposition, um Interessen besser durchzusetzen,
- Normierung und Typisierungen im Produktionsbereich, um Rationalisierungspotenziale aufzubauen.

❶ *Begriffe zum Nachlesen*

Kartell	Kooperation
Joint Venture	Unternehmensverbindungen
Konzentration	Standortfaktoren
Standortwahl	Globalisierung
Fusion	Konzern
Verband	Konsortium
Internationalisierung	Rationalisierung

❷ *Wiederholungsfragen*

1. Aus welchen Gründen könnte sich ein unternehmerisches Wachstum ins Ausland lohnen?
2. Wachstum kann durch Unternehmenszusammenschlüsse erfolgen. Kennzeichnen Sie unterschiedliche Arten.
3. Warum kommen Unternehmensverbindungen zustande? Nennen Sie verschiedene Ziele.
4. Beschreiben Sie vier Faktoren, die für die Standortwahl eines Unternehmens von Bedeutung sind.
5. Sie sind beauftragt

   (a) für ein Industrieunternehmen und

   (b) für einen Lebensmittelsupermarkt

   einen geeigneten Standort zu finden. Erläutern Sie, welche drei Faktoren hierbei jeweils eine besondere Rolle spielen.

❸ *Literaturhinweise*

Hopfenbeck, W.: Allgemeine Betriebswirtschaftslehre und Managementlehre, 14. Aufl. Landsberg a. L. 2002.

Wöhe, G.; Döring, U.: Einführung in die Allgemeine Betriebswirtschaftslehre, 23. Aufl. München 2008.

Schierenbeck, H.: Grundzüge der Betriebswirtschaftslehre, 17. Aufl. München 2008.

II. Betriebliches Management

1. Unternehmensziele

In diesem Kapitel lernen Sie

- was Ziele sind,
- welche Zielarten unterschieden werden können,
- wie Zielsysteme zustande kommen und
- welche Anforderungen an Zielsysteme zu stellen sind.

Im Verständnis der entscheidungsorientierten Betriebswirtschaftslehre stehen Ziele am Anfang aller Erörterungen betriebswirtschaftlicher Sachverhalte. Ausgehend von den bereits allgemein geschilderten Zielen des ökonomischen Prinzips entstehen innerhalb der Unternehmung zahlreiche weitere Ziele.

1.1 Zielarten

Ein Ziel ist eine Aussage mit normativem Charakter, die einen gewünschten, zukünftigen Zustand der Realität beschreibt. Ziele lassen sich nach vielfältigen Kriterien unterscheiden.

Unternehmensziele	Bedeutung	Hauptziele	
		Nebenziele	
	Fristigkeit	kurzfristige Ziele	
		mittelfristige Ziele	
		langfristige Ziele	
	Ausrichtung	monetäre Ziele	
		nicht-monetäre Ziele	soziale Ziele
			ökologische Ziele
	Formalisierungsgrad	Formalziele	
		Sachziele	
	Hierarchieebene	Oberziele	
		Unterziele	

Abb. 2-1: Unterscheidungsmöglichkeiten für Unternehmensziele

Nach dem Formalisierungsgrad werden *Formalziele* und *Sachziele* unterschieden. Formalziele sind nicht auf konkrete Leistungsbereiche ausgerichtet, sondern sind Erfolgsziele. Sachziele sind Leistungsziele, die auf Funktionsbereiche ausgerichtet sind (Beschaffungs-, Produktions- oder Absatzziele).

Die hierarchische Anordnung der Ziele führt zur Unterteilung in Ober- und Unterziele. *Oberziele* werden von der Unternehmensleitung und *Unterziele* von den nachgeordneten Bereichen oder Abteilungen gebildet. *Hauptziele* sind besonders bedeutende Ziele, während *Nebenziele* hinter diesen zurückstehen. Nach der Fristigkeit werden kurz-, mittel- und langfristige Ziele unterschieden.

Kurzfristige Ziele haben einen Zeithorizont von bis zu einem Jahr, mittelfristige Ziele liegen zwischen einem und vier Jahren und langfristige Ziele sind auf mehr als vier Jahre ausgerichtet.

Nach Ausrichtung der Ziele werden monetäre Ziele formuliert, wie zum Beispiel ein Gewinn- oder ein Umsatzziel. Ökonomische Ziele betreffen häufig die Existenz der Unternehmung und werden daher auch oft als Existenzbedingungen formuliert. Die bekanntesten drei sind: Rentabilität, Liquidität und Wachstum. Soziale Ziele, als nicht-monetäre Ziele, können zum Beispiel die Arbeitssicherheit, eine gerechte Entlohnung oder Themen wie die Mitbestimmung umfassen. Seit Mitte der 80er Jahre rücken auch ökologische Ziele in den Vordergrund. Dazu zählen Ziele wie die Vermeidung von Abfall oder die Erhöhung der Recyclingquoten.

Ziele spielen eine zentrale Rolle im Führungsprozess bzw. im unternehmerischen Steuerungsprozess. Ohne explizit oder implizit vorgegebene Ziele sind Probleme nicht wahrnehmbar und beschreibbar, können Lösungsalternativen nicht gefunden werden, sind rationale Entscheidungen nicht möglich. Ohne Ziele ist eine Unternehmung nicht zu führen. Auch die Effizienz der Führung hängt wesentlich von der Qualität der Ziele ab. Damit stellt sich die Frage, welche Ziele verfolgt werden, wie Ziele systematisch gewonnen werden können und welche Anforderungen sie erfüllen sollten.

1.2 Anforderungen an ein Zielsystem

Da in der Praxis gleichzeitig mehrere Ziele und Pläne verfolgt werden, spricht man immer von einem Zielsystem, das folgende Anforderungen zu erfüllen hat:

1. Realistik	Die Ziele sollten erreichbar sein.
2. Operationalität	Die Ziele sollten hinreichend präzise bestimmt sein, d.h. nach Zielinhalt, -ausmaß, Zeitbezug und Zuständigkeit so genau wie möglich und notwendig definiert werden.
3. Ordnung	Die Beziehung der Ziele zueinander sowie ihr unterschiedliches Gewicht sollten klar definiert sein (Zielhierarchien und Prioritäten). Engpassfaktoren sollten beachtet werden.
4. Konsistenz	Die Ziele sollten widerspruchsfrei und aufeinander abgestimmt sein.
5. Aktualität	Das Zielsystem sollte die tatsächlich verfolgten Ziele nach dem aktuellen Stand wiedergeben.
6. Vollständigkeit	Alle wichtigen Ziele sollten berücksichtigt werden.

7. Durchsetzbarkeit	Die Ziele sollten im Inhalt, Ausmaß, organisatorischer Verteilung, Zeitbezug usw. so beschaffen sein, dass die für die Zielerreichung zuständigen Instanzen sich mit den Zielen identifizieren bzw. diese mindestens akzeptieren.
8. Organisations-kongruenz	Kongruenz von Zielsystem und Organisationsstruktur insoweit, dass ▪ alle wichtigen Ziele durch Organisationseinheiten abgedeckt sind und umgekehrt, ▪ das Zielsystem nicht gegen organisatorische Gegebenheiten verstößt und ▪ Ziele so gebildet werden, dass eine eindeutige und klare Zuordnung zu den Organisationseinheiten möglich ist.
9. Transparenz und Überprüfbarkeit	Das Zielsystem sollte übersichtlich, verständlich, einheitlich gegliedert und überprüfbar sein.

Abb. 2-2: Anforderungen an das Zielsystem

Nach diesem Anforderungssystem ist es gut nachvollziehbar, dass Zielsysteme nicht über Nacht entstehen, sondern das Ergebnis eines Zielbildungsprozesses sind, der im nächsten Schritt analysiert wird.

1.3 Zielbildungsprozess

Die einzelnen Prozessstufen der Entwicklung von Zielen (eines Zielsystems) lassen sich in logischer Anordnung wie folgt beschreiben:

1. Zielsuche: Das Problem besteht darin, die „richtigen" Ziele zu finden. Diese Suche nach möglichen Zielen ist ein kreativer Prozess, bei dem es vor allem auf die Quantität der Ideen ankommt, da die Selektion der tatsächlich verfolgten Ziele in weiteren Planungsstufen geschieht.

2. Operationalisierung von Zielen: Voraussetzung für die Steuerungseignung und Kontrollierbarkeit der Ziele ist, dass sie in ihren wesentlichen Bestimmungselementen hinreichend präzise formuliert sind. Die Operationalisierung kann sich dabei auf folgende Bestimmungsmerkmale der Ziele erstrecken:

- Zielinhalt (-richtung)
- Zielausmaß (-betrag)
- Zieltermin (-zeitraum)
- Nebenbedingung der Zielerreichung
- Zuständigkeitsträger

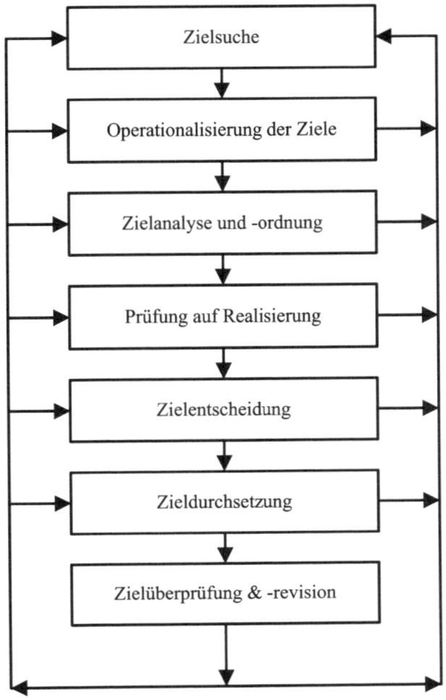

Abb. 2-3: Zielbildungsprozess

3. Zielanalyse und -ordnung: Da ein Zielsystem aus mehreren Zielen besteht, muss auch immer eine Zielanalyse und -ordnung durchgeführt werden. Dabei stößt man schnell auf das Problem der Zielbeziehungen. Hierbei sind vier verschiedene Arten zu unterscheiden. Es können zum einen Mittel-Zweck-Beziehungen sein: Die Erreichung eines untergeordneten Zieles ist Mittel zur Erreichung eines übergeordneten Zieles. Zum anderen sind auch definitionslogische Beziehungen vorhanden. Wenn z.B. GEWINN = UMSATZ - KOSTEN definiert ist, so ergeben sich definitionslogisch die Merkmalskomponenten UMSATZ und KOSTEN als Unterziele der definierten Größe GEWINN. Eine dritte Art von Zielbeziehungen stellen Prioritäten dar. Sie drücken eine Rangfolge der Wichtigkeit oder Dringlichkeit der Ziele (auf gleicher Ebene der Zielhierarchie) aus. Eine vierte Möglichkeit stellen Zielwirksamkeitsbeziehungen dar. Diese drücken aus, ob Maßnahmen zur Erreichung eines Zieles gleichzeitig Auswirkungen auf die Verwirklichung anderer Ziele haben. Dabei werden wiederum folgende Fälle unterschieden: Komplementäre Ziele als Ziele, deren Erreichung zugleich die Erreichung eines anderen Zieles fördert. Konkurrierend sind Ziele dann, wenn die Verwirklichung eines Zieles die Abnahme des Zielerreichungsgrades eines anderen Zieles zur Folge hat. Und neutrale Zielbeziehungen treten auf, wenn die Verfolgung des einen Zieles keinerlei Auswirkungen auf das andere hat. Grafisch lassen sich die drei Zielbeziehungen mit Hilfe der Zielerreichungsgrade Z_1 und Z_2 darstellen.

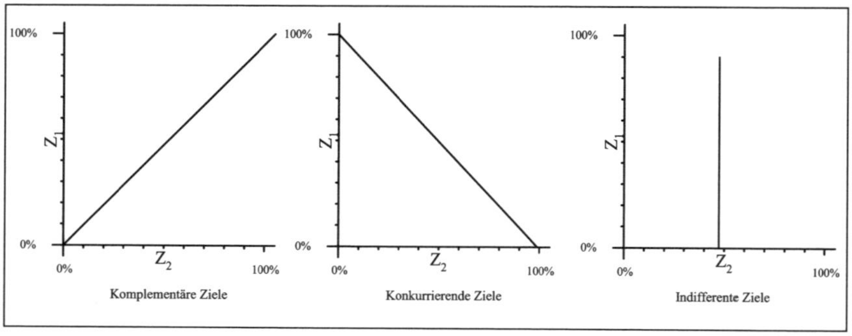

Abb. 2-4: Zielbeziehungen

4. Prüfung auf Realisierbarkeit: Sind die Ziele realisierbar? Dazu zählt zunächst eine realistische Einschätzung bei der Operationalisierung des angestrebten Zielerreichungsgrades sowie die Beantwortung folgender Fragen: Sind die benötigten Ressourcen verfügbar? Reichen das Leistungspotenzial und die organisatorische Kompetenz aus, um die Maßnahme zeitgerecht zu realisieren? Sind die einzelnen Ziele miteinander verträglich oder treten Zielkonflikte auf?

5. Zielentscheidung: Sofern noch Zielalternativen vorhanden sind, ist abschließend in diesem Schritt eine Entscheidung über die zur Verwirklichung vorgesehenen Ziele zu treffen.

6. Durchsetzung: In diesem Schritt wird das ermittelte Zielsystem im Unternehmen bekanntgegeben bzw. in den einzelnen Unternehmensbereichen durchgesetzt.

7. Zielüberprüfung und -revision: Ziele müssen periodisch überprüft, überarbeitet und gegebenenfalls korrigiert bzw. aktualisiert werden.

1.4 Praxisorientierte Zielsysteme

In der praktischen Umsetzung in Unternehmen sind regelmäßig komplexe Zielsysteme zu identifizieren. Eine weite Verbreitung weisen das sogenannte ROI-Schema, der EFQM Ansatz sowie die Balanced Scorecard auf:

ROI-Schema

Das ROI-Schema (ROI = Return on Investment) ist ein hierarchisch strukturiertes Kennzahlensystem, das auf der Basis des Oberzieles „Gesamtkapitalrendite" weitere Kennzahlen strukturiert und damit verschiedene Unternehmensziele quantitativ darstellbar macht. Durch die hierarchische und logische Strukturierung der Kennzahlen lassen sich einzelne unternehmerische Entscheidungen auf verschiedene Unternehmensziele ausrichten.

Das DuPont-Schema ist lediglich auf ökonomische Ziele des Unternehmens ausgerichtet. Bei der Entwicklung im Jahre 1912 spielten bei der Unternehmenssteuerung soziale und ökologische Ziele noch keine Rolle. Durch die klare und strukturierte Darstellung lässt sich dieses Kennzahlensystem jedoch sehr gut für die Steuerung von Unternehmensaktivtäten nutzen und damit eine konkrete Zielausrichtung garantieren.

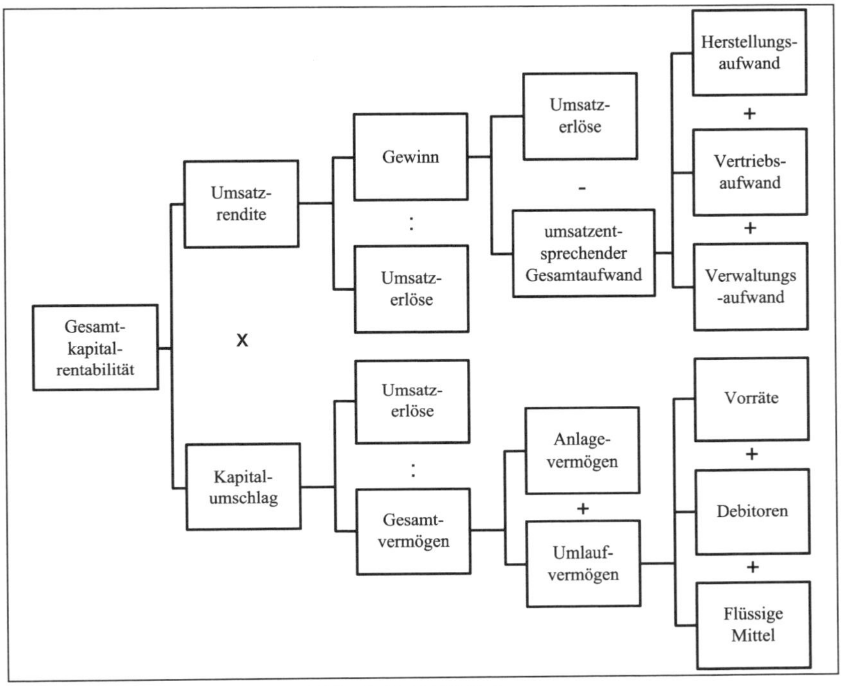

Abb. 2-5: ROI-Schema

EFQM-Modell

Das EFQM-Modell ist ein Steuerungsansatz, der aus dem Qualitätsmanagement stammt, entwickelt von der European Foundation for Quality Management (EFQM). Der Ansatz ermöglicht eine ganzheitliche Sicht auf Unternehmen und umfasst Ziele aus dem Bereich der Ergebnissteuerung (Mitarbeiter-, Kundenzufriedenheit usw.) und dem Bereich der grundlegenden Prozesse (Führung, Politik & Strategie, Prozesse usw.). Durch die kontinuierliche Beachtung lassen sich somit Unternehmensziele aus dem ökonomischen, sozialen und ökologischen Kontext abbilden.

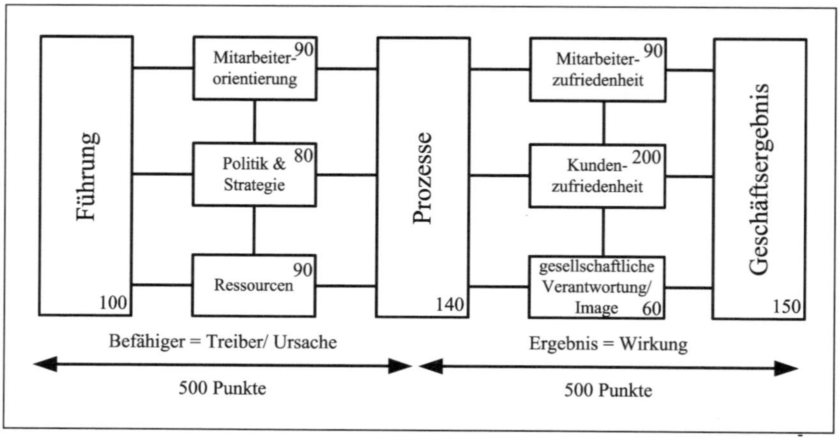

Abb. 2-6: EFQM-Modell

Balanced Scorecard

Die Balanced Scorecard (BSC) ist ein strategisches Steuerungsinstrument, das es erlaubt, Unternehmen mit Hilfe von mehreren, auch nicht ökonomische Kennzahlen zu führen. Das Instrument wurde Anfang der 1990er Jahre durch die Amerikaner Kaplan und Norten entwickelt.

Die Grundidee der Balanced Scorecard ist es, der Unternehmensleitung ein Kennzahleninstrumentarium zur Verfügung zu stellen, das über monetäre Kennzahlen hinausgeht und mit dem es möglich ist, ein Unternehmen ganzheitlich zu führen.

Die BSC liefert einen konzeptionellen Denkrahmen, der in jedem Unternehmen spezifisch auszugestalten ist. Damit ist die BSC unternehmensspezifisch anpassbar. Auf der Basis der Unternehmensvision und der strategischen Ausrichtung des Unternehmens kann die BSC dabei helfen, konkrete Ziele zu formulieren und Kennzahlen zu bestimmen, mit denen die Zielerreichung gemessen werden soll. Vorgaben werden definierbar und Maßnahmen, mit denen die Ziele erreicht werden sollen, bestimmbar.

Im Kern wird die BSC auf vier Bereiche ausgerichtet:

1. Kundenperspektive: „Wie sollen wir gegenüber unseren Kunden auftreten, um unsere Vision zu verwirklichen?“
2. Lernen und Entwicklung: „Wie können wir unsere Veränderungs- und Wachstumspotenziale fördern, um unsere Vision zu verwirklichen?“
3. Interner Geschäftsprozess: „In welchen Geschäftsprozessen müssen wir die Besten sein, um unsere Teilhaber und Kunden zu befriedigen?“
4. Finanziell: „Wie sollen wir gegenüber Teilhabern auftreten, um finanzielle Erfolge zu haben?“

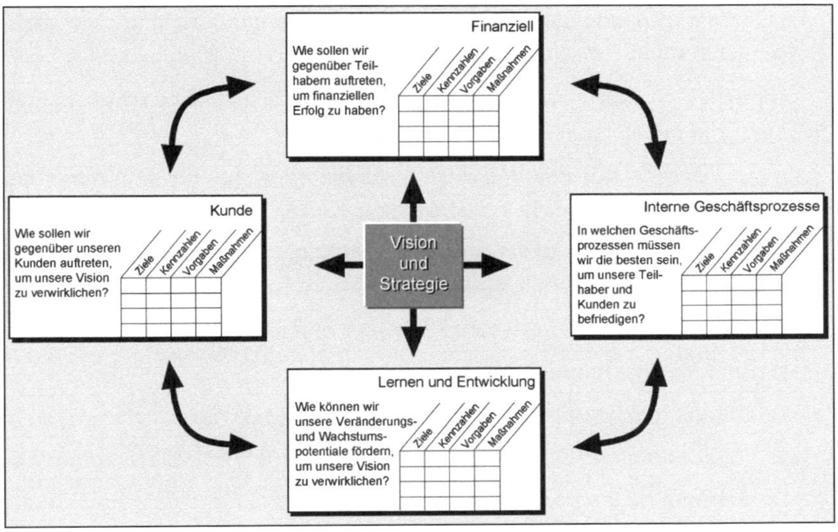

Abb. 2-7: Balanced Scorecard (Kaplan/Norton 1997)

Die BSC ist ein unternehmensspezifisches Steuerungsinstrument, das es erlaubt, die Unternehmenssteuerung auf einige wenige Kennzahlen zu reduzieren. Damit ist aber auch das Kernproblem der BSC formuliert. Welches sind die richtigen Kennzahlen? Der Grundgedanke der BSC ist nicht wesentlich neu. Aber alleine die Auseinandersetzung mit den Kerndimensionen leitet, bei einer konsequenten Umsetzung, den Fokus vieler Unternehmensbereiche auf die Kernprozesse und Erfolgsfaktoren eines Unternehmens.

❶ *Begriffe zum Nachlesen*

Ziele	Zielbildungsprozess
Zielbeziehungen	Zielkonflikte
Zielsystem	ROI-Schema
Balanced Scorecard	EFQM-Modell

❷ *Wiederholungsfragen*

1. Zählen Sie jeweils drei monetäre und nicht-monetäre Unternehmensziele auf.
2. Skizzieren Sie kurz Zustandekommen und mögliche Inhalte eines betrieblichen Zielsystems.
3. Voraussetzung für die Eignung von Unternehmenszielen zur Steuerung des Wirtschaftsprozesses ist, dass sie in ihren wesentlichen Bestimmungselementen, Zielinhalt, Zielmaßgröße, Zielerreichungsgrad

und Zeitbezug hinreichend präzise formuliert sind. Erläutern Sie diese Elemente stichwortartig am Beispiel des Zieles „Umsatzsteigerung“.

4. Beurteilen Sie die nachfolgenden Aussagen. Kennzeichnen Sie richtige Aussagen mit (R) und falsche Aussagen mit (F).
   a) Ein Beispiel für eine mögliche Zielkonkurrenz ist die Intensivierung des Kundendienstes bei gleichzeitiger Kostenreduktion. ( )
   b) Zielindifferenz bedeutet, dass die Erfüllung einer Zielsetzung keinen Einfluss auf die Erfüllung einer anderen Zielsetzung hat. ( )
   c) Ziele sind nicht-definierbare Zustände der Zukunft. ( )
   d) Ziele werden intuitiv gebildet. ( )
   e) Lediglich ökonomische Ziele sind relevant für die Unternehmung. ( )
   f) Eine Zielkonzeption sollte nur soziale und ökologische Ziele umfassen. ( )

   ☞ **vgl. Lösungshinweise**
5. Nennen Sie die an ein Zielsystem zu stellenden Anforderungen.
6. Stellen Sie folgende totale Zielbeziehung grafisch dar (bei linearem Verlauf der Zielbeziehungsfunktion): Z1 = Grad der Zielerreichung in % von Z1; Z2 = Grad der Zielerreichung in % von Z2

   a) komplementäre Zielbeziehungsfunktion

   b) konkurrierende Zielbeziehungsfunktion

   c) neutrale Zielbeziehungsfunktion

   und nennen Sie für die genannten Zielbeziehungen je ein Beispiel.

❸ *Literaturhinweise*

Hopfenbeck, W.: Allgemeine Betriebswirtschafts- und Managementlehre, 14. Aufl. Landsberg a. L. 2002.

Kaplan, R.; Norton, D.: Balanced Scorecard, Strategien erfolgreich umsetzen, Stuttgart 1997.

Schierenbeck, H.: Grundzüge der Betriebswirtschaftslehre, 17. Aufl. München 2008.

Schmidt, R.B.: Wirtschaftslehre der Unternehmung, Bd. 1: Grundlagen und Zielsetzung, 2. Aufl. Stuttgart 1977.

Staehle, W.H.: Management. Eine verhaltenswissenschaftliche Einführung, 9. Aufl. München 2009.

2. Managementfunktionen

In diesem Kapitel lernen Sie

- was Management bedeutet,
- die Funktionen des Managements sowie
- die Begriffe Planung, Führung und Organisation kennen.

2.1 Begriff und Merkmale des Managements

Der Wirtschaftsprozess der Unternehmung bedarf einer Lenkung auf die zuvor beschriebenen Ziele. Die hierfür erforderlichen Lenkungs- und Steuerungsimpulse machen den Kern dessen aus, was als Unternehmensführung oder Management bezeichnet wird. Dabei kann der Begriff Management auf zwei unterschiedliche Weisen verwendet werden. Zum einen ist Management als Funktion und zum anderen als Institution zu verstehen.

Als Institution beinhaltet das Management alle Aufgaben- und Funktionsträger, die Entscheidungs- und Anordnungskompetenz haben. Je nach Stellung in der Unternehmenshierarchie lassen sich grundsätzlich drei Managementebenen unterscheiden:

Top-Management	Middle-Management	Lower-Management
Oberste Unternehmens-leitung: Vorstand, Geschäftsführer	Mittlere Führungsebene: Werksleiter, Abteilungs-direktoren	Untere Führungsebene: Büroleiter, Werkmeister

Abb. 2-8: Managementarten

Als Funktion umfasst das Management im weitesten Sinne alle zur Steuerung einer Unternehmung notwendigen Aufgaben. Allgemein, in der Literatur aber leider nicht konsistent, werden hierunter die Funktionen Planung, Führung, Organisation und Kontrolle subsumiert.

2.2 Planung

In diesem Kapitel lernen Sie

- was Planung ist,
- welche Prozessstufen der Planungsprozess umfasst und
- welche Aufgaben die Planung zu erfüllen hat.

Zunächst soll der Planungsbegriff möglichst genau definiert und charakterisiert werden: Planung ist ein systematisch-methodischer Prozess der Erkenntnis und Lösung von Zukunftsproblemen (Wild 1982).

Diese Definition lässt sich wie folgt charakterisieren:

- Planung ist der Versuch einer zieladäquaten Beherrschung zukünftigen Geschehens.

- Planung ist stets zukunftsbezogen und beruht demnach auf Prognosen, die mehr oder weniger unsicher sind.
- Planung ist rational, da im Gegensatz zum rein intuitiven Handeln oder der sogenannten Ad-hoc-Entscheidung ein bewusstes, zielgerichtetes Denken und methodisch-systematisches Vorgehen dominieren.
- Planung ist ein komplexer, mehrstufiger Denk- und Informationsprozess ohne definitiven Beginn und Abschluss, der aus den oben genannten Teilprozessen besteht.

Der Planungsbegriff kann unterschiedlich weit gefasst werden und die Definitionsversuche knüpfen meistens am Managementzyklus von Wild an. Planung im engeren Sinne umfasst sämtliche Prozessstufen vor einer Entscheidung, wodurch Planung auch als Entscheidungsvorbereitung interpretiert werden kann. Weitere Definitionen umfassen sämtliche Prozessstufen des Zyklus.

Mit dieser Hervorhebung der prozessualen Dimension der Planung sollte klar sein, dass diese Entscheidungen keine punktuellen Wahlakte sind, sondern das Ergebnis eines logischen Prozesses. Die Abbildung 2-9 zeigt den bereits zitierten Managementzyklus, dessen Phasenfolge den Grundaufbau von Managemententscheidungen formal beschreibt.

Zielbildung: Der Prozess der Zielbildung wurde schon im vorhergehenden Kapitel ausführlich beschrieben. Es handelt sich hierbei um eine Prozessstufe von allergrößter Wichtigkeit, da sich über ihre Vorkopplungen der gesamte Unternehmensprozess determiniert.

Problemanalyse: Die Aufgabe der Problemanalyse besteht darin, das „richtige" Problem zu erkennen und für die spätere Lösung aufzubereiten. Dazu gehört die Zerlegung, Abgrenzung und Strukturierung des Problems, die Feststellung der Lösungsbedingungen, die Detailanalyse der Problemursache und das Aufzeigen von Ansatzpunkten für die folgende Suche nach Problemlösungsalternativen. Dabei lässt sich ein Problem allgemein als eine Abweichung der angestrebten Soll-Zustände (Planziele) von der gegenwärtigen oder zukünftigen Realität beschreiben.

Alternativensuche: Der Problemerkenntnis nachgelagert ist die Alternativensuche, in der es darum geht, solche Handlungsmöglichkeiten zu finden und inhaltlich zu präzisieren, die geeignet erscheinen, das erkannte Problem zu lösen.

Prognosen: Der Alternativensuche schließt sich die Prognose an. In diesem Schritt werden sogenannte Wirkungsprognosen erstellt, die der Frage nachgehen, welche Konsequenzen bei der Verwirklichung der verschiedenen Handlungsalternativen (unter gleichzeitiger Geltung bestimmter Randbedingungen) zu erwarten sind.

Bewertung: Die Aussagen über die Auswirkungen der geprüften Handlungsalternativen werden im Rahmen der Bewertungsphase auf ihre Zielwirksamkeit hin verglichen. Dazu werden schrittweise die zugrundeliegenden Ziele in Bewertungskriterien umgesetzt, deren relative Bedeutung zueinander festgelegt, die Skalen zur Messung von Zielwirksamkeitsunterschieden ausgewählt sowie schließlich die Bewertung selbst durchgeführt.

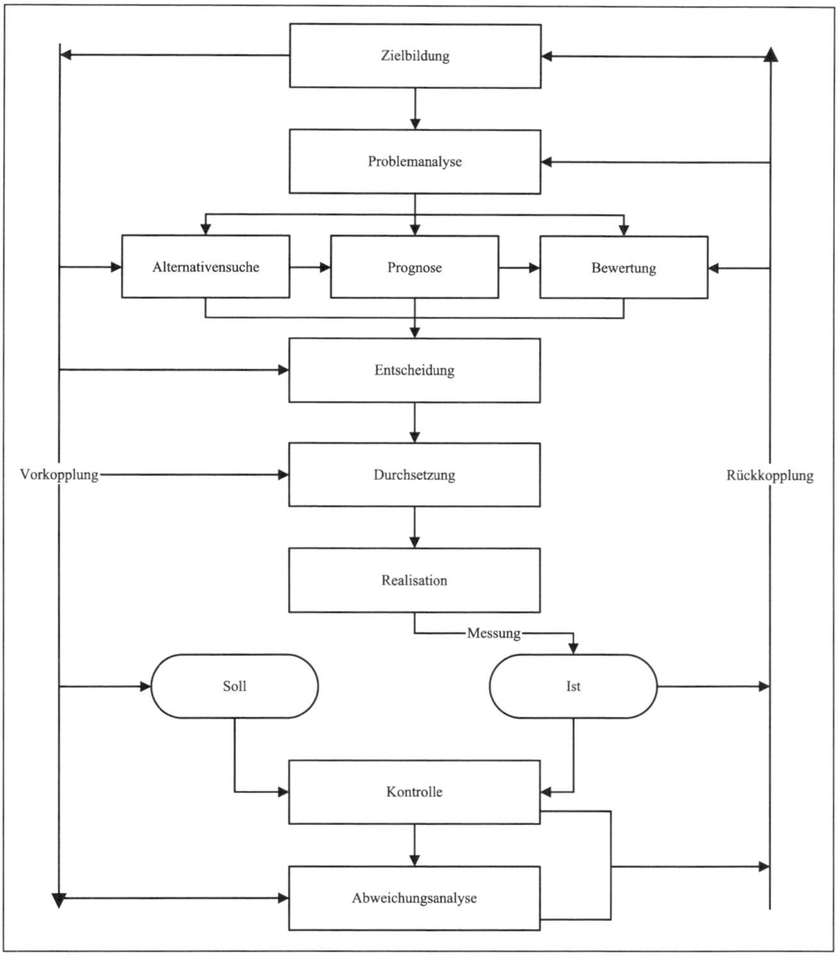

Abb. 2-9: Phasenstruktur des Managementzyklus

Entscheidung: Der Planung, die mit der Phase der Bewertung ihren Abschluss findet, folgt die endgültige Auswahl der Problemlösungsvorschläge. Die Positionierung der Entscheidung an das Ende der Planung schließt dabei natürlich nicht aus, dass zahlreiche Vorentscheidungen schon im Zuge der Planungsphasen getroffen werden müssen.

Durchsetzung/Realisation: Der Entscheidung folgt die Durchsetzung der beschlossenen Maßnahmen. Sie tritt als eigenständiger Problemkreis immer dann auf, wenn es vor allem um die Minimierung von etwaigen Durchsetzungsschwierigkeiten geht. Als ein herausragendes Instrument hierfür wird im Allgemeinen die (vorherige) Einbeziehung, der von den Entscheidungen dann später betroffenen Personen und Gruppen, in den Prozess der Planung und Entscheidungsfindung angesehen.

Kontrolle: Der Durchsetzung und Realisation folgt die Kontrolle. Sie dient als Bindeglied zu nachfolgenden Prozessen und zugleich als deren Impulsgeber. Dabei beinhaltet die Kontrolle nicht nur einen Soll-Ist-Vergleich, sondern schließt auch die Abweichungsanalyse ein, in der die Ursachen für etwaige Soll-Ist-Abweichungen untersucht werden. Die Überlegungen zeigen den engen Zusammenhang zwischen Planung und Kontrolle, der auch bewirkt, dass die Kontrolle neben der Planung zu den Hauptfunktionen des Managements zählt. Denn „Planung ohne Kontrolle ist sinnlos, Kontrolle ohne Planung unmöglich" (Wild 1982).

Dieser Managementzyklus des Gesamtunternehmens weist ineinander geschachtelte, untergeordnete Managementzyklen für die Organisationseinheiten verschiedener Stufen (Ranghöhe) auf. Betrachtet man den Phasenzusammenhang näher, so sind folgende Feststellungen zu treffen:

Sämtliche auftretende Phasen bilden oder enthalten zielbezogene Aktivitäten. Die verfolgten Ziele sind daher die zentralen Leitgrößen des Managementzyklus. So ist z.B. die Problemerkenntnis als Vergleich von Zielsetzung (=gewinngerichteter Soll-Zustand) und Ist-Zustand ohne Ziele ebensowenig möglich wie die Alternativensuche, Bewertung, Entscheidung und Kontrolle als nachträglicher Soll-Ist bzw. Ziel-Ergebnis-Vergleich.

1. Mit Ausnahme der Kontrolle, der Abweichungsanalyse und der Lageanalyse (im Rahmen der Problemerkenntnis) sind alle Phasen zukunftsgerichtet.
2. Sämtliche Phasen (mit Ausnahme der Realisation, die keine Führungsphase, sondern Gegenstand der Führung ist) stellen reine Informationsprozesse dar.
3. Die Phasengliederung gibt eine logisch-genetische Folge von Teilprozessen wieder, die nicht immer linear, sondern eher zyklisch ablaufen. So sind z.B. Ziele Voraussetzung für die Problemerkenntnis und damit auch für die Planung, andererseits werden die Ziele selbst oft erst in der Planung konkretisiert, geordnet, ausgewählt, verändert und fortgeschrieben, sodass Rückläufe im Phasenschema unvermeidlich sind.
4. Die hier dargestellte Phasenfolge kann als Makrostruktur des Führungsprozesses bezeichnet werden, die sich als Mikrostruktur innerhalb der einzelnen Phasen teilweise oder vollständig wiederholt. Dies bedeutet, dass sich jede Phase wieder in Unterphasen zerlegen lässt (= Mikrostruktur),

die einen formal gleichen Aufbau wie das Gesamtschema (= Makrostruktur) aufweisen.

Die Planung sollte niemals als Selbstzweck erfolgen, sondern hat einige Funktionen zu erfüllen (Wild 1982):

Erfolgssicherung bzw. Effizienzsteigerung	Das Risiko von Fehlentscheidungen soll gemindert und die Erfolgswahrscheinlichkeit, gesetzte Ziele zu erreichen, vergrößert werden. Es sollen zudem auch Chancen und Erfolgspotenziale aufgedeckt und kalkulierbar gemacht werden.
Risikoerkenntnis und -reduzierung	Nur wer sich mit der Zukunft beschäftigt, kann deren Risiken erkennen.
Flexibilitätserhöhung	Zukünftige Handlungsspielräume werden ausgelotet und somit Anpassungsmöglichkeiten geschaffen. Planung trägt dazu bei, künftige Spielräume antizipativ zu sichern.
Komplexitäts-reduktion	Pläne legen zukünftiges Handeln fest, regeln das Verhalten und schließen damit andere Handlungsmöglichkeiten, bestimmte Zustände oder Ereignisse aus. Durch diese Selektion wird Einfluss auf die Varietät möglicher Zustände und Ereignisse genommen und die Komplexität absorbiert oder reduziert. Planung führt aber auch zu einem höheren Ordnungsgrad sozialer Systeme, da sie eine Stabilisierung von Verhaltenserwartungen bewirkt.
Synergieeffekte	Da zwischen einzelnen Maßnahmen und Entscheidungen Zusammenhänge (Interdependenzen) bestehen, ist eine Koordination aufgrund übergeordneter Ziele notwendig. Durch Planung werden Einzelentscheidungen in einen längerfristigen oder sachlich umfassenderen Gesamtplan integriert und somit die Zielerreichung gesichert bzw. der Zielerreichungsgrad gesteigert.

Abb. 2-10: Funktionen der Planung

❶ *Begriffe zum Nachlesen*

Management	Planung	Planungsprozess
Kontrolle	Problemanalyse	Entscheidung
Bewertung	Prognose	Alternativensuche
Zielsuche	Planungsfunktionen	

❷ *Wiederholungsfragen*

1. Definieren und charakterisieren Sie den Begriff der Planung.
2. Zeichnen Sie die Prozessstufen der Planung nach Wild.
3. Erläutern Sie den Managementzyklus nach Wild.
4. Nennen und erläutern Sie die Aufgaben der Planung.
5. Charakterisieren Sie den Planungsprozess mit Hilfe eines Beispiels.

❸ *Literaturhinweise*

Hopfenbeck, W.: Allgemeine Betriebswirtschafts- und Managementlehre, 14. Aufl. Landsberg a. L. 2002.

Schierenbeck, H.: Grundzüge der Betriebswirtschaftslehre, 17. Aufl. München 2008.

Staehle, W.H.: Management. Eine verhaltenswissenschaftliche Einführung, 9. Aufl. München 2009.

Wild, J.: Grundlagen der Unternehmensplanung. 4. Aufl. Reinbek bei Hamburg 1982.

2.3 Führung

In diesem Kapitel lernen Sie

- was unter Führung zu verstehen ist,
- welche Führungsstile unterschieden werden können und
- unterschiedliche Führungsstile und -modelle kennen.

Jeder, der eine Führungsrolle ausübt, setzt unter Berücksichtigung seiner Menschenkenntnis bestimmte Führungsmittel ein, um andere Menschen zu einem bestimmten Verhalten und Handeln zu veranlassen. Der in einer Organisationseinheit ausgeübte Führungsstil wirkt sich direkt auf die Einstellung der Mitarbeiter und ihr Verhalten aus.

Führung liegt dann vor, wenn:

- mindestens zwei Personen existieren: *Führer* und *Geführter*;
- eine soziale *Interaktion* stattfindet, die asymmetrisch verläuft, d.h. die Willensdurchsetzung weitgehend einseitig aufgrund der Machtverhältnisse erfolgt;
- beim Führenden *Führungsabsicht* und beim Geführten *Führungsakzeptanz* besteht;
- die Führung *zielorientiert* erfolgt: bestimmte Ergebnisse erreicht, bestimmte Aufgaben erfüllt werden sollen;
- Wirksamkeit der Führung bezüglich *Verhaltensauslösung und -steuerung* vorliegt;
- die Willensdurchsetzung durch spezifische Aktivitäten der *Information, Instruktion, Entscheidung, Motivation und Konfliktlösung* erfolgt;
- im Führungsprozess eine *Ausbildung von Rollen* (Verhaltenserwartungen), *Werten* und *Normen* stattfindet;
- die Interaktion dynamisch ist, d.h. sich permanent entwickelt und Veränderungseinflüssen unterschiedlichster Art ausgesetzt ist.

Die Führungsforschung hat sich ausgehend vom allgemeinen Führungsbegriff in unterschiedliche Richtungen entwickelt, wobei sich die Eigenschafts-, Verhaltens- und Situationsansätze herausgebildet haben:

Die sogenannten *Eigenschaftsansätze* (trait approach, personality approach) zielen darauf ab, Erkenntnisse darüber zu gewinnen, welche persönlichen Eigenschaften Führer gegenüber Geführten und erfolgreiche Führer gegenüber weniger erfolgreichen Führern auszeichnen. Hierzu liegt eine Fülle von empirischen Untersuchungen und Eigenschaftsbeschreibungen vor, die vor allem in den USA durchgeführt wurden.

Die daran anschließenden *Verhaltensansätze* betrachten nicht mehr die Person und die Eigenschaften des Führers, sondern sein Verhalten. Zentrale

Forschungsfragen sind bei dieser Gruppe von Untersuchungen: Wie kann man Führungsverhalten beschreiben? Und welches Verhalten führt zum Erfolg??

Da Verhaltensweisen und Eigenschaften nicht in allen Situationen die gleiche Effizienz aufweisen, haben sich die sogenannten *Situationsansätze* entwikkelt. Mit den Situationsansätzen wird die grundlegende Vorstellung aufgegeben, dass es möglich sei, generell gültige Gesetze in Aussagesystemen über menschliches Verhalten festzustellen. Diese Gesetzmäßigkeiten sind problematisch, da sie zumeist eindeutige (oft einfache) Kausalrelationen unterstellen, die jedoch der Komplexität realen menschlichen Handelns nicht gerecht werden. Situationsansätze sind von dem Anliegen geprägt, statt genereller, kausaler Erklärungssysteme bescheidenere, situationsbezogene Hypothesen zu erarbeiten. Die Situationsansätze gehen übereinstimmend davon aus, dass es ein einziges, in allen Situationen erfolgreiches Führungshandeln nicht gibt, dass Führung vielmehr ein offenbar vielen Situationsfaktoren unterliegender Prozess ist.

Auf der Basis dieser drei Gruppen von Führungsansätzen werden nun die Führungsstiltypologie von Tannenbaum und Schmidt sowie das Verhaltensgitter von Blake und Mouton vorgestellt.

Die Art und Weise, wie Führungskräfte sich verhalten, d.h. ihre Führungsfunktionen ausüben, wird als *Führungsstil* bezeichnet. Es handelt sich dabei um ein zeitlich überdauerndes und in Bezug auf bestimmte Situationen konsistentes Führungsverhalten von Vorgesetzten gegenüber Angestellten. Das Führungsstilkontinuum von *Tannenbaum/Schmidt* wird in Abb. 2-10 dargestellt.

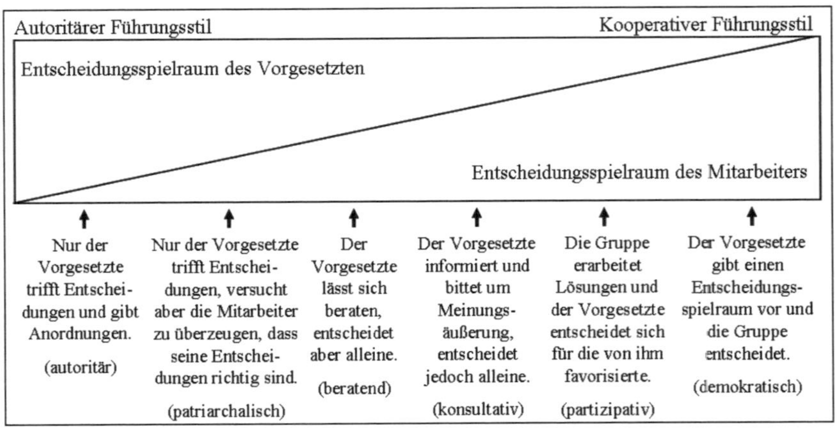

Abb. 2-11: Führungsstilkontinuum nach Tannenbaum/Schmidt

Der autoritäre Führungsstil ist durch eine eindeutige hierarchische Position von Vorgesetztem und Untergebenem charakterisiert. Der Vorgesetzte trifft alle Entscheidungen alleine und erteilt den Untergebenen Anordnungen.

Die Anwendung dieses Führungsstils unterstellt ein Intelligenzgefälle zwischen Vorgesetztem und Untergebenem sowie einen größeren Sachverstand bei der übergeordneten Instanz. Die Entscheidungsfindung ist schnell, muss aber nicht optimal sein, hat keine motivatorischen Aspekte und beschränkt die Entwicklungsfähigkeiten der Mitarbeiter.

Beim kooperativen Führungsstil werden die betrieblichen Aktivitäten im Zusammenwirken von Vorgesetztem und Mitarbeitern gestaltet. Die Mitarbeiter sind an den Entscheidungen beteiligt und werden vom Vorgesetzten mit den notwendigen Informationen versorgt. Dadurch können Entscheidungen länger dauern, sind aber oftmals leichter durchzusetzen und durch die Nutzung zahlreicher Informationsquellen qualitativ hochwertiger.

Der Führungsansatz von *Blake/Mouton* ist nicht eindimensional wie der vorhergehende, sondern teilt das Führungsproblem in die Komponenten Aufgabenorientierung und Mitarbeiterorientierung. Beide Dimensionen werden durch eine neunstufige Skala dargestellt. Durch Kombination ergeben sich 81 Felder, die die Autoren als faktisch mögliche kennzeichnen. Einer eingehenden Untersuchung unterziehen sie jedoch nur die vier Eckfelder und das Mittelfeld des Gitters. Gleichwohl wird – als normative Komponente des Konzeptes – vereinfacht der 9.9-Stil als universell effizient empfohlen.

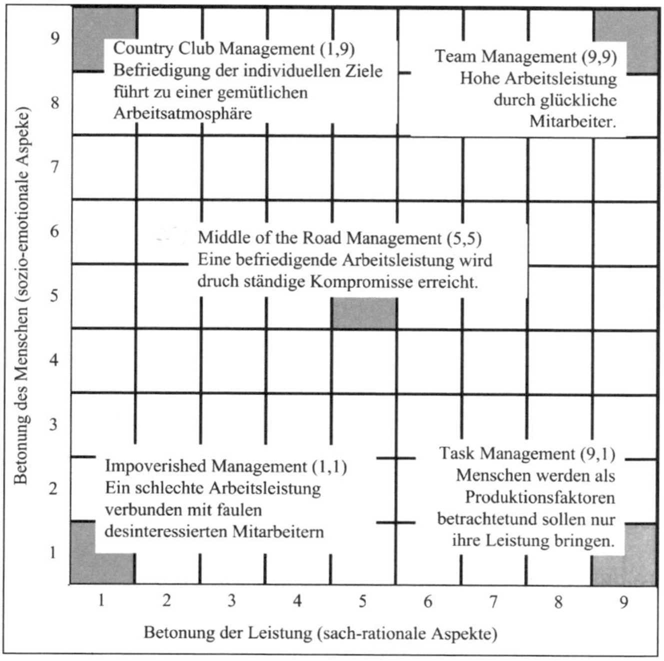

Abb. 2-12: Verhaltensgitter von Blake/Mouton

➊ *Begriffe zum Nachlesen*

Führung
autoritärer Führungsstil
kooperativer Führungsstil
Eigenschaftsansätze
Situationsansätze
Führungsstil
Verhaltensgitter
Führungsstiltypologie
Verhaltensansätze

➋ *Wiederholungsfragen*

1. Definieren und charakterisieren Sie den Begriff der Führung.
2. Erläutern Sie unterschiedliche Forschungsansätze der Führungslehre.
3. Skizzieren Sie das Führungsstilkontinuum von Tannenbaum/Schmidt.
4. Benennen Sie die Führungsstile aus dem Verhaltensgitter von Blake/ Mouton.

➌ *Literaturhinweise*

Berthel, J.: Personalmanagement, 9. Aufl. Stuttgart 2010.

Hopfenbeck, W.: Allgemeine Betriebswirtschafts- und Managementlehre, 14. Aufl. Landsberg a. L. 2002.

Olfert, K.; Rahn, H.J.: Lexikon der Betriebswirtschaftslehre, 6. Aufl. Ludwigshafen 2008.

Schierenbeck, H.: Grundzüge der Betriebswirtschaftslehre, 17. Aufl. München 2008.

Scholz, C.: Personalmanagement, 6. Aufl. München 2010.

Staehle, W.H.: Management. Eine verhaltenswissenschaftliche Einführung, 9. Aufl. München 2009.

2.4 Organisation

In diesem Kapitel lernen Sie

- das Begriffspaar Organisation und Disposition,
- das Begriffspaar Aufbau- und Ablauforganisation,
- das Analyse-Synthese-Konzept und
- den Organisationsprozess kennen.

Neben der zuvor vorgestellten Planungstätigkeit gehört die Organisationsfunktion zu den Kernaufgaben des Managements. *Organisation* ist als das Strukturieren von Daueraufgaben zu sehen. Alle Tätigkeiten, die sich wiederholen und dauernd auftreten, sollen organisiert werden. Der Gegenbegriff dazu ist die *Disposition*. Disposition als Funktion kennzeichnet Einzelanweisungen, die für nicht-repetitive Tätigkeiten getroffen werden und an den Stellen auftreten, wo eine Organisation nicht vorhanden ist.

Die Hauptaufgabe der Organisation ist es, Unternehmensgeschehen in eine bestimmte Ordnung zu bringen und bestimmte Regelungen einzuführen. Organisieren heißt also auch das Festlegen von Regeln, nach denen sich das Handeln vollziehen soll. Diese Regelbarkeit hängt von der Gleichartigkeit und der Wiederholbarkeit der betrieblichen Prozesse ab. So besagt das Substitutionsgesetz nach Gutenberg, dass überall da, wo betriebliche Vorgänge ein verhältnismäßig hohes Maß an Gleichartigkeit und Periodizität aufweisen, die Tendenz wirksam wird, fallweise Regelungen durch generelle Regelungen zu ersetzen. Dieses Gesetz ist also eine Beschreibung einer beobachteten Gesetzmäßigkeit und keine normative Handlungsempfehlung.

Als ein Resultat aus dem Substitutionsgesetz folgt das Prinzip des organisatiorischen Gleichgewichts. Dieses beinhaltet die Notwendigkeit des Ausgleichs zwischen stabilen (aber unelastischen, allgemeinen) Regelungen und instabilen (aber elastischen) Regelungen. Das impliziert die Schaffung einer Ausgewogenheit zwischen dem Prinzip der Stabilität, welches empfiehlt, genug Regelungen zu schaffen, um Störungen zu vermeiden, und dem Prinzip der Elastizität, also nicht zu viele Regelungen zu schaffen, damit Flexibilität erhalten bleibt.

Organisation ist eine Grundvoraussetzung für stark arbeitsteilige Systeme, in denen wiederholende Prozesse auftreten. Ohne Organisation können keine stabilen großbetrieblichen Wirtschaftsformen gebildet werden. Die Führung von Betrieben und Unternehmen wird erleichtert und es treten Rationalisierungseffekte auf. Die Elastizität der Unternehmung nimmt allerdings ab und es kann zu einer Erstarrung (Bürokratisierung) des Unternehmens kommen. Das Management muss daher eine Abwägung der Positionen Organisation und Disposition durchführen, um so einen optimalen Organisationsgrad zu ermitteln.

Die ausführende Tätigkeit des Organisierens kann am besten mit dem *Analyse-Synthese-Konzept* von Kosiol erläutert werden. Zunächst ist die allgemeine Ausgangssituation zu analysieren und in ihre Teilschritte zu zerlegen, um dann in einem weiteren Schritt unter Beachtung von Menschen, Sachmitteln und Informationen organisatorische Einheiten zu bilden. Dadurch werden die kleinsten organisatorischen Einheiten, die Stellen, geschaffen. Ihnen werden die Sachmittel zugeordnet und der Informationsfluss zwischen den Stellen wird geregelt.

Diese eigentlichen Tätigkeiten des Organisierens werden in die Teilschritte *Aufbau- und Ablauforganisation* unterschieden. Aufbauorganisationen werden als Bestandsphänomene, Ablauforganisationen als Prozeßphänomene angesehen. Beide Seiten der Organisation sind miteinander verbunden und unverzichtbar. Im Rahmen der Aufbauorganisation stehen Fragen der Strukturierung von Aufgaben und Stellen, der Einsatz von Sachmitteln und der Verbindung der Einheiten im Vordergrund. Ablauforganisatorische Beziehungen regeln die Prozesse des Unternehmens in Raum und Zeit. Sämtliche organisatorischen Tätigkeiten treten bei Neuorganisationen und bei Reorganisationen auf. Jedesmal wird ein *Organisationsprozess* ausgelöst, der wie folgt abgebildet werden kann:

Organisationsprozess					
Vorstudie	Hauptstudie	Teilstudien	Systembau	Einführung	Erhaltung

Abb. 2-13: Organisationsprozess

➊ *Begriffe zum Nachlesen*

Organisation
Aufbauorganisation
Organisationsprozess
Disposition
Ablauforganisation
Analyse-Synthese-Konzept

➋ *Wiederholungsfragen*

1. Definieren Sie die Begriffe Aufbau- und Ablauforganisation.
2. Erläutern Sie den Unterschied zwischen Aufbau- und Ablauforganisation.
3. Warum muss das Management einen optimalen Organisationsgrad anstreben?
4. Zeigen Sie kurz den idealtypischen Organisationsprozess.
5. Erläutern Sie den Unterschied zwischen Organisation und Disposition.

6. Erläutern Sie das Substitutionsgesetz der Organisation und die Prinzipien des organisatorischen Gleichgewichts.
7. Erläutern Sie den Begriff Organisation und gehen Sie dabei insbesondere auf Aufbau- und Ablauforganisation und deren Teilprozesse ein.

❸ *Literaturhinweise*

Schierenbeck, H.: Grundzüge der Betriebswirtschaftslehre, 17. Aufl. München 2008.

Schreyögg, G.: Organisation, 4. Aufl. Wiesbaden 2003.

Seidel, E.; Redel, W.: Führungsorganisation, 2. Aufl. München 1994.

3. Managementsysteme

Ein Managementsystem ist die Gesamtheit von Instrumentarien, Regeln, Institutionen und Prozesse, mit denen Managementfunktionen erfüllt werden (Wild 1982). Aus den zuvor genannten Funktionen wird ein System mit folgenden Komponenten:

Elemente eines Managementsystems	Planungs- und Kontrollsystem
	Organisationssystem
	Personal-(Führungs)-System
	Informationssystem

Abb. 2-14: Elemente eines Managementsystems

3.1 Planungs- und Kontrollsysteme

In diesem Kapitel lernen Sie,

- was ein Planungs- und Kontrollsystem ist,
- welche Prinzipien bei der Realisierung zu beachten sind und
- was man unter strategischer und operativer Planung versteht.

Ein Planungs- und Kontrollsystem ist in Anlehnung an Wild eine Gesamtheit von Teilplanungen, die zur Erfüllung bestimmter Planungs- und Kontrollfunktionen nach einheitlichen Prinzipien aufgestellt und miteinander verknüpft werden.

In der Unternehmenspraxis hat sich ein System der hierarchischen Unternehmensplanung durchgesetzt. Dabei wird das gesamte Unternehmen in das Planungs- und Kontrollsystem integriert. Die Charakterisierung eines Planungs- und Kontrollsystems erfolgt durch den Umfang der integrierten Teilpläne, die betriebswirtschaftlichen Dimensionen, den Detaillierungsgrad und die zeitliche Reichweite der Pläne.

Zur hierarchischen Koordination lassen sich gemeinhin drei Koordinierungsverfahren unterscheiden:

- das retrograde Planungsverfahren,
- das progressive Planungsverfahren und
- das Gegenstromverfahren.

Das *retrograde Planungsverfahren* (Top-Down-Planung) verläuft hierarchisch von oben nach unten. Von der Führungsspitze werden die obersten Unternehmensziele festgelegt, die generelle Unternehmenspolitik sowie die übergeordneten Rahmenpläne fixiert. Nachgeordnete Ebenen konkretisieren die globalen Vorgaben für ihre Zuständigkeitsbereiche in detaillierten Teilplänen.

Bei der *progressiven Planung* (Bottom-Up-Planung) erfolgt die Entwicklung der Pläne von unten nach oben. Zunächst stellen die einzelnen Abteilungen Detailpläne auf. Die übergeordneten Instanzen fassen diese zusammen, koordinieren sie und reichen sie ihrerseits weiter, bis sie an der Unternehmensspitze schließlich zu einem Gesamtplan geformt werden.

Das *Gegenstromverfahren* ist eine Kombination der beiden vorhergehenden Varianten. Zunächst werden vorläufige Oberziele gesteckt, die von oben nach unten zunehmend konkretisiert und detailliert werden. Ist die unterste Planungsebene erreicht, setzt ein progressiver Rücklauf ein, in dem die nachfolgenden Pläne schrittweise koordiniert werden. Wenn der Rücklauf vollständig beendet ist, trifft die Unternehmensleitung eine endgültige Entscheidung über das Gesamtsystem der Pläne.

Diese Gesamtplanung kann simultan oder sukzessiv erfolgen. Die *Simultanplanung* ist ein Verfahren zur Berücksichtigung aller unternehmerischen Zusammenhänge in einem Totalmodell. Bei der *sukzessiven Planung* erfolgt die Abstimmung der Teilpläne kontinuierlich in mehreren Schritten.

Planungs- und Kontrollsysteme sollten als eine *revolvierende Planung* erfolgen, bei der kurzfristige Pläne mit einer höheren Detailiertheit als langfristige Pläne realisiert werden und in festen, regelmäßigen Abständen überprüft, konkretisiert, geändert und fortgeschrieben werden.

Entstehen mehrere Alternativpläne für einzelne Sachverhalte und Zeitperioden spricht man von der *flexiblen Planung*, die der Unsicherheitsreduktion der Zukunft dient.

Im Rahmen eines Planungs- und Kontrollsystems entstehen immer auch *Budgets* für einzelne Unternehmensteilbereiche. Sie stellen Zielgrößen dar und erfüllen eine Reihe von Funktionen. Die Budgetierungsfunktionen lassen sich kurz zusammenfassen als:

- Planungsfunktion,
- Koordinationsfunktion,
- Bewilligungsfunktion,
- Motivationsfunktion und
- Kontrollfunktion.

Ein wesentliches Planungsprinzip ist die Dominanz der *strategischen Planung*. Die strategische Planung dominiert alle nachfolgenden Planungsebenen, sie hat Zielcharakter für die nachgeordneten Planungsebenen. Im Mittelpunkt steht die Entwicklung von Unternehmensstrategien, die auf die Erreichung formulierter Unternehmensziele ausgerichtet ist. Sie ist langfristig, auf das gesamte Unternehmen, global und weitgehend qualitativ ausgerichtet und dient der Schaffung von Kosten- und Erfolgspotenzialen, um die Überlebenschancen der Unternehmung zu sichern. Die strategische Planung ist das Bindeglied zwischen formulierter Unternehmenspolitik und operativer Planung.

Die der strategischen Planung nachgeordnete *operative Planung* kann wie folgt beschrieben werden:

- Die innerhalb der strategischen Planung formulierten Ziele werden auf die einzelnen Teilbereiche umgesetzt.
- Der Schwerpunkt liegt bei den unternehmerischen Funktionsbereichen, die alle integriert werden.
- Es liegt ein kurz- bis mittelfristiger Planungshorizont und ein eher nach innen gerichtetes Informationsbedürfnis vor.
- Der Zielaspekt der Wirtschaftsplanung stützt sich auf Kennzahlensysteme und das betriebliche Rechnungswesen.

Oft wird zwischen der Ebene der strategischen Planung und der Ebene der operativen Planung noch die Ebene der taktischen Planung eingeführt. Diese Ebene soll eine bessere Abstimmung zwischen den beiden genannten Planungsebenen bewirken sowie eine schnellere Rückkoppelung ermöglichen.

❶ *Begriffe zum Nachlesen*

Strategische Planung
Retrogrades Planungsverfahren
Gegenstromverfahren
Revolvierende Planung
Sukzessive Planung
Operative Planung
Progressive Planung
Taktische Planung
Flexible Planung

❷ *Wiederholungsfragen*

1. Definieren Sie Planungs- und Kontrollsystem.
2. Welche hierarchischen Koordinierungsverfahren kennen Sie?
3. Erläutern Sie mit eigenen Worten die Begriffe strategische Planung, operative Planung, retrograde Planung und flexible Planung.
4. Erläutern Sie den Unterschied zwischen der strategischen und der operativen Planung.

❸ *Literaturhinweise*

Schierenbeck, H.: Grundzüge der Betriebswirtschaftslehre, 17. Aufl. München 2008.

Staehle, W.H.: Management. Eine verhaltenswissenschaftliche Einführung, 9. Aufl. München 2009.

3.2 Organisationssysteme

In diesem Kapitel lernen Sie

- die Elemente von Organisationssystemen,
- Linien- und Matrixorganisationen,
- Funktionale- und Spartenorganisation und
- unterschiedliche Koordinationsinstrumente kennen.

Die theoretischen Grundlagen für ein Organisationssystem liefern die verschiedenen Ansätze der Organisationstheorie. Von Bedeutung sind

1. der bürokratisch-soziologische Ansatz (Max Weber),
2. der Ansatz der traditionellen betriebswirtschaftlichen Organisationslehre (Erich Kosiol),
3. der Ansatz der neoklassischen Organisationslehre (Likert, McGregor),
4. die entscheidungs- und systemtheoretischen Ansätze.

Da keiner dieser Ansätze, für sich allein genommen, alles Notwendige vollständig abdeckt, ist in neuerer Zeit ein situativer Ansatz entwickelt worden, der die brauchbaren Elemente der einzelnen Ansätze vereinigt. Dieses Konzept arbeitet mit fünf Hauptdimensionen, die die wichtigsten Aspekte von Organisationsstrukturen umfassen. Dabei handelt es sich um die Begriffe Spezialisierung, Koordination, Leitungssysteme, Entscheidungsdelegation und Formalisierung.

3.2.1 Spezialisierung

Spezialisierung im Unternehmen ist gleichzusetzen mit artmäßiger Arbeitsteilung, bei der Teilaufgaben unterschiedlicher Art mehr oder weniger ausschließlich von verschiedenen Organisationseinheiten (Stellen, Abteilungen) wahrgenommen werden. Unterschiede in der Spezialisierung zeigen sich in Art und Umfang der Spezialisierung. Mithilfe des Kriteriums der Spezialisierungsart lassen sich die folgenden idealtypischen Organisationsformen unterscheiden:

Funktionale Organisation

Die funktionale Organisation ist dadurch gekennzeichnet, dass die Gliederung auf der zweiten Hierarchieebene nach dem Funktions- oder Verrichtungsprinzip erfolgt. Die einzelnen Abteilungen sind hierbei Spezialisten für bestimmte Funktionen wie z.B. Beschaffung, Produktion, Absatz, Forschung und Entwicklung.

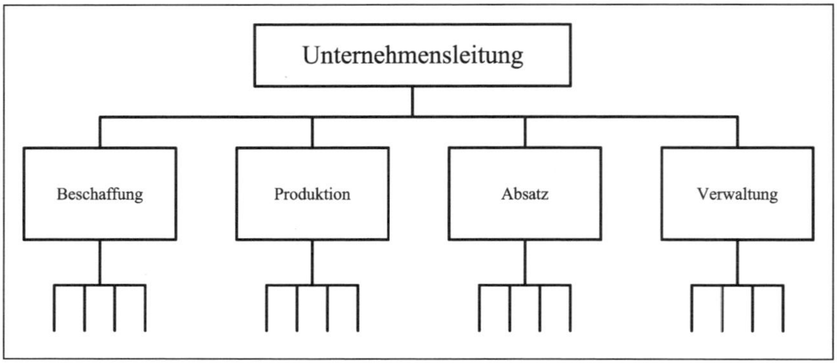

Abb. 2-15: Funktionale Organisation

Die Vorteile einer solchen Organisationsform sind die aus der Spezialisierung resultierenden Standardisierung und Routinisierung der Arbeitsprozesse. Problematisch erscheint, dass sich die einzelnen funktionalen Einheiten zu sehr an ihrem Abteilungsziel orientieren und aufgrund der Arbeitsteilung der Koordinationsaufwand zu stark ansteigt, sodass Probleme bei der Zurechnung von Gewinnen und Verlusten entstehen.

Divisionale Organisation (Spartenorganisation)

Bei der divisionalen Organisationsstruktur wird unterhalb der Unternehmensleitung das Unternehmen nach Objekten gegliedert. Als Objekte kommen Kunden, Regionen, Produkte oder Projekte in Frage. Hierbei erfolgt die Koordination der Funktionen wie Beschaffung, Absatz, Fertigung etc. innerhalb der einzelnen Objektbereiche (Sparten).

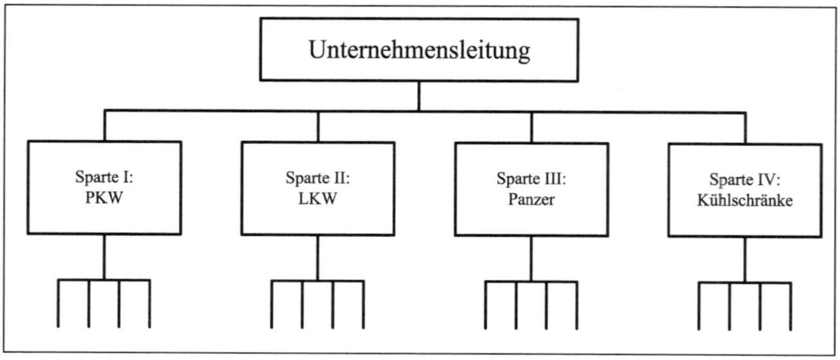

Abb. 2-16: Divisionale Organisationsstruktur

Als wesentliche Vorteile sind hier die transparente Struktur, die klare Trennung der Verantwortlichkeiten, eine erleichterte Erfolgszurechnung und eine integrierte und problemorientiertere Entscheidungsfindung zu nennen. Die Flexibilität der Gesamtunternehmung wird erhöht und die wesentlichen Erfolgsfaktoren kleiner und mittelständiger Unternehmen können im Großunternehmen genutzt werden. Als potenzielle Problembereiche stehen den genannten Vorteilen ein größerer Bedarf an qualifiziertem Personal, aufwendigere Koordinationsmechanismen sowie zahlreiche Mehraufwendungen bezogen auf die Funktionsbereiche gegenüber.

Die Spartenorganisation ist auch unter den Varianten Cost-Center, Profit-Center und Investment-Center zu finden. *Cost-Center* sind organisatorische Teileinheiten, die für ihre Kosten verantwortlich sind. *Profit-Center* weisen die Differenz aus den Kosten und den Erlösen aus und sind für diesen Profit verantwortlich. *Investment-Center* stellen eine Weiterentwicklung der Profit-Center dar. Der erzielte Profit kann von den einzelnen Sparten in Eigenverantwortung investiert werden.

Matrixorganisation

Bei der Matrixorganisation werden zwei verschiedene Strukturierungsprinzipien parallel verwendet; so wird eine nach Funktionen vertikal gegliederte Organisation von einer objektorientierten, horizontalen Organisation überlagert. Der Objektmanager koordiniert hierbei sämtliche für sein Objekt zu berücksichtigenden Funktionen, während der Funktionsbereichsleiter für alle Objekte die von seinem Bereich ausgeübten Funktionen koordiniert.

Die Vorteile einer Matrixorganisation sind die Schnelligkeit der Organisation bei der Objektabwicklung, die Flexibilität hinsichtlich sich verändernder Umweltentwicklungen und eine bessere Ausnutzung der in der Organisation vorhandenen Informationen und Begabungen. Die Nachteile einer solchen Organisationsstruktur sind Abstimmungs- und Kompetenzprobleme zwischen den einzelnen Objektmanagern sowie zwischen Objektmanagern und Funktionsbereichsleitern. Die Verwendung von mehr als zwei Strukturierungskriterien führt zu Tensormodellen, für die die zuvor gemachten Aussagen in noch stärkerem Maße gelten.

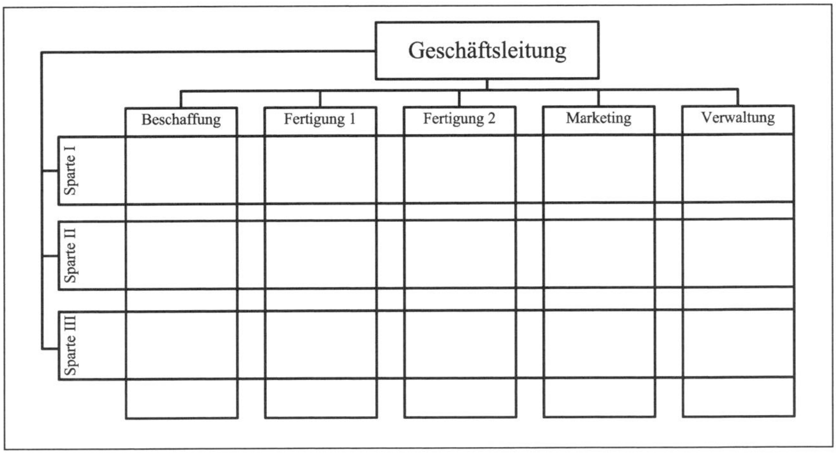

Abb. 2-17: Matrixorganisation

3.2.2 Koordination

Neben der Spezialisierung ist der Begriff der Koordination als organisatorischer Grundsachverhalt zu nennen. Unter Koordination wird die Abstimmung einzelner Entscheidungen auf ein gemeinsames Ziel hin verstanden.

Durch Abteilungsbildung werden Stellen mit großen Interdependenzen von den übrigen Leistungseinheiten abgekoppelt und damit die Anzahl der Koordinationsbeziehungen reduziert, wobei allerdings die Notwendigkeit besteht, zwischen abteilungsübergreifenden und abteilungsinternen Koordinationsaufgaben zu unterscheiden (Schierenbeck 2008).

Dadurch, dass spezielle Leitungsstellen für die Wahrnehmung von Koordinationsaufgaben eingerichtet werden, können Spezialisierungsvorteile genutzt und der Aufwand verringert werden. Die Koordination zwischen den einzelnen Organisationseinheiten kann durch eine Vielzahl von organisatorischen Regelungen realisiert werden.

Bei der Koordination durch persönliche Weisungen erfolgt die Kommunikation nur persönlich und direkt von oben nach unten. Bei der Koordination durch Selbstabstimmung erfolgt sie innerhalb von teilautonomen Gruppen nach vorgegebenen Regeln. Pläne bzw. Budgets stellen systematische Soll-Vorgaben dar, die die Abstimmung der Aktivitäten steuern. Mithilfe von Programmen werden Handlungsvorschriften, Handbücher und generelle Verfahrensrichtlinien zur Koordination eingeführt.

Koordination von Organisations-einheiten	durch Budgets
	durch persönliche Weisungen
	durch Programme
	durch Selbstabstimmung

Abb. 2-18: Koordination von Organisationseinheiten

3.2.3 Leitungssysteme

Leitungssysteme regeln die Beziehungen zwischen Vorgesetzten und weisungsgebundenen Mitarbeitern. Solche Regelungen sind notwendig, damit jeder Vorgesetzter weiß, wem er Anweisungen erteilen darf und jeder Mitarbeiter weiß, von wem er Anweisungen entgegenzunehmen hat. Diese Regelungen werden in Stellenbeschreibungen festgelegt und umfassen Entscheidungs- und Weisungsbefugnisse sowie Aufsichts- und Kontrollpflichten. Dabei interessieren die Struktur sowie die Tiefe und Breite des Leitungssystems. Die Realisierung der Leitungssysteme führt zu den Idealformen Einliniensystem und Mehrliniensystem sowie zu den Weiterentwicklungen Stabliniensystem und Matrixorganisation.

Einliniensystem

Das Einliniensystem ist in der Realität sehr häufig anzutreffen. Bei dieser Organisationsform hat jeder Mitarbeiter nur einen Vorgesetzten, der ihm gegenüber weisungsbefugt ist (Prinzip der Einheitlichkeit der Auftragserteilung). Im Rahmen des Systems führen eindeutige Linien von oben nach unten und umgekehrt. Dieser Dienstweg muss bei der Kommunikation eingehalten werden. Das erfordert, dass gleichrangige Stufen über die gemeinsam übergeordnete Linienstelle (Instanz) miteinander in Verbindung treten, damit diese informiert ist.

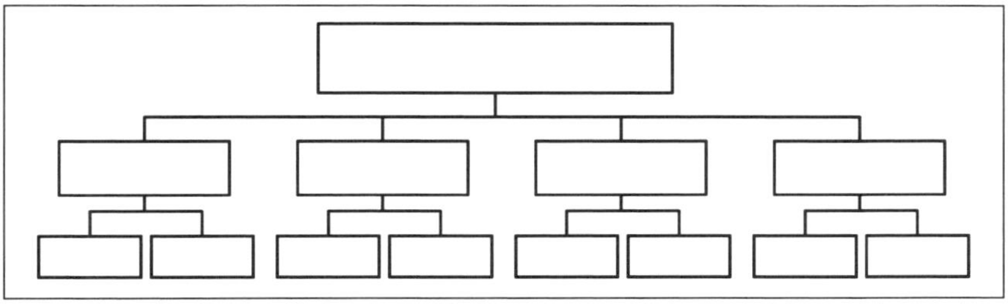

Abb. 2-19: Einliniensystem

Als Vorteil ist die Einheitlichkeit der Auftragserteilung, die genaue Kompetenzabgrenzung, der klare, übersichtliche Dienstweg und der gute Informationsstand der Mitarbeiter zu sehen. Nachteilig wirken sich insbesondere in Großunternehmen die langen Dienstwege sowie die häufig auftretende Überlastung der oberen Führungsebenen aus. Aufgrund der Nachteile findet man das Einliniensystem meistens in kleinen und mittleren Firmen, wo die Nachteile nicht so sehr ins Gewicht fallen.

Mehrliniensystem

Das Mehrliniensystem geht auf das Funktionsmeisterprinzip Taylors zurück. Es sieht vor, dass die Weisungsbefugnis in sachlicher und personeller Hinsicht geteilt wird. Der Untergebene erhält Anweisungen von mehreren nach sachlichen Gesichtspunkten gebildeten und mit entsprechend qualifizierten Personen besetzten Führungsstellen (Spezialisten).

Von besonderem Vorteil ist die Tatsache, dass die Informationswege sehr kurz sind und das relevantes Expertenwissen genutzt wird. Problematisch erscheint der Verzicht auf das Prinzip der einheitlichen Auftragserteilung. Zusätzlich können Koordinationsprobleme und Kompetenzstreitigkeiten auftreten. Das Mehrliniensystem ist allenfalls noch in betrieblichen Teilbereichen anzutreffen, da häufig die Idealtypen des Ein- und Mehrliniensystems miteinander kombiniert werden.

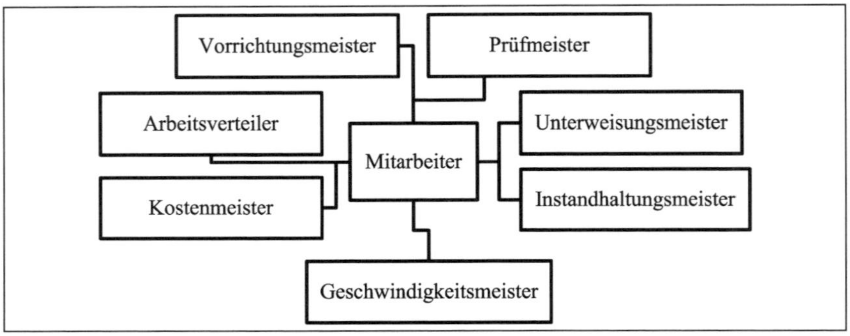

Abb. 2-20: Funktionensystem

Stabliniensystem

Um die Nachteile der beiden bisher betrachteten Systeme weitgehend auszuschalten, deren Vorteile jedoch nutzen zu können, entwickelte man das Stabliniensystem. Grundlage ist zunächst das Einliniensystem, wodurch die Einheitlichkeit der Auftragserteilung gewährleistet ist. Den Spezialisierungsvorteil erreicht man dadurch, dass einzelnen Instanzen (Linienstellen) qualifizierte Stabsstellen zugeordnet werden.

Stabsstellen beraten und unterstützen Linienstellen, entwickeln selbständig entscheidungsreife Vorschläge oder geben Entscheidungshilfen, haben jedoch nicht das Recht, Anordnungen zu erteilen. Die *Linienstellen* sind die eigentlichen Entscheidungsträger. Linienstellen werden meistens nach den Funktionen (Verrichtungen) des Betriebes gebildet, während Stabsstellen für Spezialgebiete, z.B. Organisation, Planung, Revision, Marketing, Personalwesen, eingerichtet werden.

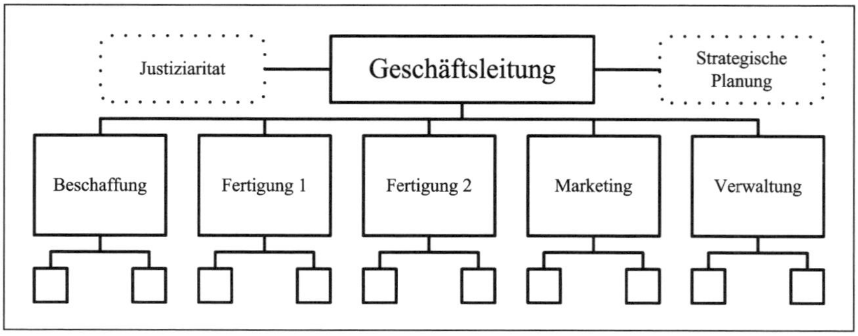

Abb. 2-21: Stabliniensystem

Die Vorteile des Einliniensystems bleiben bestehen, Entscheidungen werden durch die Beratung verbessert und die Linienstellen werden entlastet. Allerdings treten schnell höhere Kosten und Koordinationsprobleme auf.

3.2.4 Entscheidungsdelegation

Mit den Ausführungen zum Leitungssystem eines Unternehmens ist der Begriff der Delegation eng verbunden. Unter Entscheidungsdelegation wird die umfangmäßige Verteilung der Entscheidungsbefugnisse in einer Hierarchie verstanden. Eine solche Delegation beinhaltet die Zuweisung von Aufgaben, die Vorgabe von erwarteten Ergebnissen, die Ausstattung mit den zur Aufgabenerfüllung notwendigen Rechten sowie die Zuweisung von Verantwortung. Dabei werden folgende Prinzipien als wichtig angesehen: das Kongruenzprinzip, das Operationalitätsprinzip, das Minimalebenen-Prinzip sowie das Prinzip des Management by Exception.

3.2.5 Formalisierung

Als letzte Dimension ist die Formalisierung zu nennen. Unter Formalisierung versteht man den Umfang und die Art der schriftlichen Fixierung der organisatorischen Grundlagen eines Unternehmens in Regeln, Organigrammen, Schaubildern, Stellenbeschreibungen oder Handbüchern. Grundsätzlich kann der Aspekt der Formalisierung in drei Dimensionen aufgesplittet werden, und zwar in die Strukturformalisierung, die Informationsformalisierung und die Leistungsdokumentation.

❶ *Begriffe zum Nachlesen*

Management
Mehrliniensystem
Matrixorganisation
Formalisierungsgrad
Einliniensystem
Stabliniensystem
Entscheidungsdelegation

❷ *Wiederholungsfragen*

1. Stellen Sie die Leitungssysteme Einlinien-, Mehrlinien- und Stabliniensystem dar.
2. Stellen Sie die Matrixorganisation dar.
3. Welche Kriterien können zur Gliederung eines Unternehmens herangezogen werden?
4. Definieren Sie Koordination und zeigen Sie, mit welchen Mitteln eine Koordination von Einheiten erreicht werden kann.
5. Erläutern Sie den Unterschied zwischen einer Linien- und einer Stabsstelle.
6. Erläutern Sie das Prinzip der Einheitlichkeit der Auftragserteilung mit eigenen Worten.
7. Erläutern Sie das Prinzip des Funktionsmeisters nach Taylor und erläutern sie das Funktionalsystem in der Verwaltung an einem Beispiel.

8. Stellen Sie als Vergleich Vor- und Nachteile des Einlinien- und Mehrliniensystems gegenüber.
9. Stellen Sie die Vor- und Nachteile der einzelnen Weisungsysteme einander gegenüber.
10. Das Stabliniensystem vereinigt Merkmale des Einlinien- und Mehrliniensystems in sich. Worin besteht diese Synthese?
11. Gute Vorschläge von Stabsstellen können von Leitungsstellen blockiert werden. Versuchen Sie, mit eigenen Worten diese Behauptung zu begründen.

❸ *Literaturhinweise*

Bühner, R.: Betriebswirtschaftliche Organisationslehre, 10. Aufl. München 2004.

Jung, H.: Allgemeine Betriebswirtschaftslehre, 12. Aufl. München 2010.

Schierenbeck, H.: Grundzüge der Betriebswirtschaftslehre, 17. Aufl. München 2008.

Seidel, E.; Redel, W.: Führungsorganisation, 2. Aufl. München 1994.

Wöhe, G.; Döring, U.: Einführung in die Allgemeine Betriebswirtschaftslehre, 23. Aufl. München 2008.

3.3 Personal-(Führungs-)system

In diesem Kapitel lernen Sie

- was Motive sind,
- welche Führungskonzepte existieren,
- wie Anreizsysteme funktionieren und
- welche Entlohnungsformen bekannt sind.

Als sehr wichtiger Bestandteil des Managementsystems ist das Personal-(Führungs-)System zu betrachten. Aufgrund der besonderen Bedeutung der menschlichen Arbeitsleistung im Unternehmensprozess sind häufig die Hauptprobleme eines Managementsystems im Führungsbereich zu suchen.

Ein Führungssystem umfasst die Komponenten

- Konstituierende Führungsprinzipien,
- Motivations- und Anreizkonzept und
- Personalentwicklung.

Zunächst wird ein Führungssystem durch die allgemeinen Wertvorstellungen des Managements geprägt. Wesentlich für alle Aktionen und Verhaltensweisen ist dabei die Art und Weise, wie der einzelne Mitarbeiter betrachtet wird. Vertreter eines technologisch-klassischen Ansatzes instrumentalisieren den Mitarbeiter und betrachten ihn lediglich als Produktionsfaktor, der durch geeignete Maßnahmen in seinem Verhalten lenkbar ist. Soziale Prozesse werden nicht erkannt bzw. negiert und als einziges Motivationskonzept kommt die Entlohnung in Frage.

Vertreter des Human-Relations-Ansatzes berücksichtigen soziale Faktoren, wie z.B. das Verhalten der Menschen am Arbeitsplatz und ihre Zugehörigkeit zu bestimmten Gruppen. Die persönlichen Erwartungen, Wünsche und Fähigkeiten der Mitarbeiter rücken stärker in den Mittelpunkt der Betrachtung.

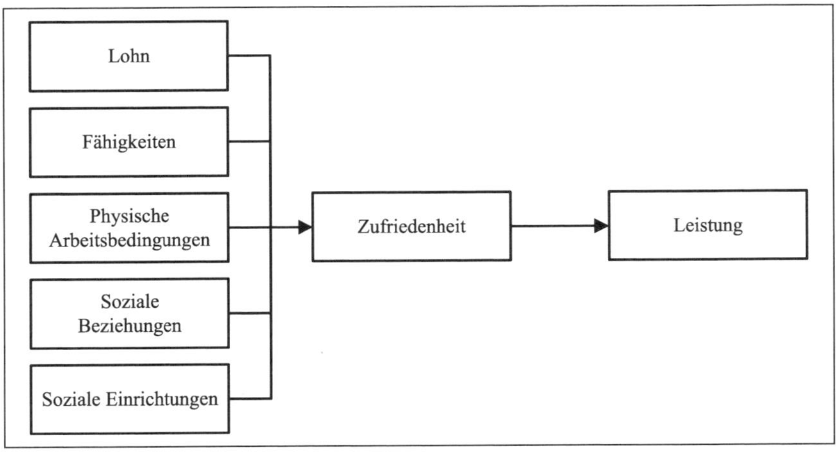

Abb. 2-22: Leistungsdeterminanten im Human-Relations-Ansatz

Human-Ressource-Ansätze berücksichtigen den Menschen als kreatives, verantwortungsvolles Individuum, das sinnvolle Ziele mitformulieren möchte. Der Human-Ressource-Ansatz ist ein Systemansatz, der Strategie- und Strukturentscheidungen berücksichtigt.

Berücksichtigt man die moderneren Führungsprinzipien muss ein Motivations- und Anreizsystem installiert werden. Die Motivation umfasst alle Gegebenheiten im Menschen sowie dessen Umfeld, die ihn zu einem bestimmten Verhalten bewegen. Die Motivation kann unterteilt werden in:

- *Intrinsische Motivation*: Tätigkeiten, die von innen heraus, um ihrer selbst Willen motiviert sind. Die Motivation ist kognitiv und affektiv bestimmt.
- *Extrinsische Motivation*: Tätigkeiten, die nicht um ihrer selbst Willen ausgeübt werden, z.B. für Geld, Anerkennung oder dem Entgehen einer Strafe.

Beide Motive schließen sich nicht notwendigerweise gegenseitig aus.

Im Mittelpunkt der Motivations- und Anreizsysteme steht der Lohn. Von besonderer Wichtigkeit ist dabei die relative Lohnhöhe, also die Höhe eines Lohnes im Verhältnis zu anderen Löhnen. Im Wesentlichen sind bei der Festlegung der Lohnhöhe folgende Faktoren zu beachten:

1. die physischen und psychischen Arbeitsanforderungen,
2. die Qualität und Quantität der Arbeitsergebnisse,
3. soziale Einflussgrößen wie Lebensalter, Familienstand, kulturelles Existenzminimum usw.

Diese Faktoren sind Ausgangspunkt für drei Grundprobleme der betrieblichen Entlohnungspolitik. Das erste Problem beruht auf der Frage, ob der Lohn stärker nach sozialen Faktoren oder nach Leistungsfaktoren ausgerichtet werden soll. Das zweite Problem entsteht durch die Schwierigkeit, die Arbeitsanforderungen und Arbeitsergebnisse zu messen und die Lohnhöhe daran auszurichten. Ein Hilfsmittel sind die Methoden der Arbeitsbewertung. Bei der *analytischen Arbeitsbewertung* werden für jeden Arbeitsplatz einzelne Anforderungen unterschieden, bewertet und dann zu einem sogenannten Arbeitswert zusammengefasst. Einzelne Anforderungsarten sind z.B. geistige Anforderungen, körperliche Anforderungen, Verantwortung oder Arbeitsbedingungen. Bei der *summarischen Arbeitsbewertung* werden nicht die einzelnen Anforderungsarten für einen Arbeitsplatz analysiert, sondern der Arbeitsplatz als Ganzes. Das dritte Problem entsteht durch die Möglichkeiten und Grenzen einer sinnvollen *Lohnformendifferenzierung*.

Im Allgemeinen werden drei Lohnformen unterschieden: *Zeitlohn*, *Akkordlohn* und *Prämienlohn*.

Beim *Zeitlohn* wird für eine feste Zeiteinheit (Stunde, Woche, Monat) ein bestimmter Lohnsatz festgelegt. Unabhängig von der Arbeitsleistung wird er in Abhängigkeit von der Zeit gezahlt. Er bietet sich vor allem in den Fällen an, bei denen solche Tätigkeiten entlohnt werden,

- die sich nicht im Voraus bezüglich Inhalt, Reihenfolge, Ergebnis oder Dauer bestimmen lassen,
- die besondere Vorsichtsmaßnahmen erfordern,
- die sehr schwer messbare Tätigkeiten geistig-schöpferischer Art voraussetzen oder
- deren Ablauf durch nicht direkt beeinflussbare Faktoren bestimmt ist.

Der Zeitlohn kann nicht eingesetzt werden, um individuelle Leistungsschwankungen im Entgelt zu berücksichtigen oder um einen Anreiz zur quantitativen Leistungssteigerung zu bieten. Er ist eher ein Instrument zur Förderung der qualitativen Komponente der Arbeitsleistung.

Da immer wieder die Frage zu diskutieren ist, welche Lohnform in welchem Fall am vorteilhaftesten ist, muss eine Betrachtung der Kostensituation erfolgen. Bewertungskriterium für den Arbeitnehmer ist die absolute Lohnhöhe. Als Nutzen, bzw. in diesem Fall als Einkommensmaximierer, beurteilt der Arbeitnehmer die Lohnsumme pro Stunde. Der Arbeitgeber hat als Entscheidungskriterium den Stücklohn, d.h. die Lohnkosten pro erstellter Leistungseinheit. Die nachfolgenden Grafiken geben diesen Sachverhalt in Abhängigkeit von der erstellten Leistung wieder.

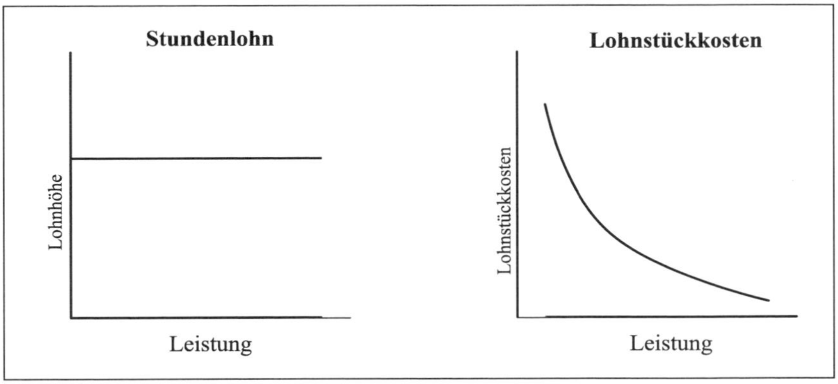

Abb. 2-23: Zeitlohnverlauf in Abhängigkeit von der Leistung

Der Arbeitnehmer erhält unabhängig von der geleisteten Arbeit einen fixen Stundenlohn. Für den Arbeitgeber sieht die Situation anders aus. Die Lohnstückkosten sinken mit steigender Ausbringungsmenge. Der Arbeitgeber hat somit das gesamte Risiko bezüglich der quantitativen Arbeitsleistung zu tragen. Der Vorteil des Zeitlohns liegt in der Einfachheit der Abrechnung, der

Schonung von Mensch und Anlagen, dem Vermeiden von Unruhen und überhastetem Arbeitstempo mit den damit verbundenen Qualitätsrisiken. Nachteilig ist, dass das gesamte Risiko der Leistungsschwankungen auf den Betrieb übergeht und keinerlei Motivationsanreiz für Mehr- oder Besserleistung besteht.

Der *Akkordlohn* ist eine Entlohnungsform nach der mengenmäßigen Arbeitsleistung. Dabei geht man von einem Normallohnsatz aus, der bei Normalleistung gewährt wird. Im Gegensatz zum Zeitlohn steigt bzw. fällt der Lohn bei Leistungsschwankungen.

Man unterscheidet Akkordlohnsysteme nach folgenden vier Merkmalen:

- nach der Zusammensetzung des Stundenverdienstes: *reiner Akkord* (ausschließlich leistungsabhängig) und *gemischter Akkord* (kombiniert mit einem garantierten Mindestlohn);
- nach der Anzahl der beteiligten Personen: *Einzelakkord* und *Gruppenakkord*;
- nach der Form der Entlohnungskurve: *proportionaler Akkord* (konstanter Lohnsatz pro Leistungseinheit) und *Akkord-Sonderformen* (variabler Lohnsatz pro Leistungseinheit);
- nach der Form der Akkordlohnberechnung: *Geldakkord* (Bewertung einzelner Arbeitsgänge in Geldeinheiten) und *Zeitakkord* (Bewertung anhand von Vorgabezeiten).

Eine Arbeit ist *akkordfähig*, wenn die Arbeiten wiederholbar, im Ablauf voraussehbar und damit auch zeitlich messbar sind und wenn deren Ergebnisse mengenmäßig erfassbar sind. Der Akkordlohn sollte bei Arbeiten eingesetzt werden, bei denen die Quantität des Arbeitsertrages den besten Leistungsmaßstab darstellt.

Eine Arbeit ist *akkordreif*, wenn sie akkordfähig ist, von allen Mängeln befreit ist, die einen störungsfreien Ablauf behindern können und der Mitarbeiter durch seine Leistung das Ergebnis maßgeblich beeinflussen kann.

Der Akkordlohn ist eine Lohnform, bei der der Arbeitnehmer an der erstellten Leistung partizipiert. Er trägt damit das Risiko der Leistungshöhe. Um kurzfristige Leistungsausfälle abzufangen, existiert heutzutage in der Regel kein reiner Akkordlohn. Üblicherweise wird der Akkordlohn an den tariflichen Mindestlohn gekoppelt, sodass bei einer Normal- oder Schlechterleistung der Arbeitnehmer einen Zeitlohn und nur bei einer Überschreitung der sogenannten Normalleistung einen Akkordzuschlag erhält.

Der sogenannte Akkordlohn wird demnach aus zwei Komponenten ermittelt:

1. garantierter Mindestlohn, der meistens dem Zeitlohn entspricht (Leistung=100%)
2. der Akkordzuschlag, der in der Regel 15 - 20 % beträgt

= Akkordrichtsatz bei Normalleistung

$$\text{Minutenfaktor} = \frac{\text{Akkordrichtsatz}}{60} \qquad \text{Stückfaktor} = \frac{\text{Akkordrichtsatz}}{\text{Normalleistung}}$$

Dividiert man den Akkordrichtsatz durch 60 erhält man den *Minutenfaktor*. Der Minutenfaktor ergibt den Lohn pro Minute bei Normalleistung.

Der *Stückfaktor* ergibt sich, wenn man den Akkordrichtsatz durch die Normalleistung dividiert. Der Stückfaktor gibt den Lohnbetrag pro Leistungseinheit wieder. Für den Arbeitnehmer ergibt sich dann abhängig von der erstellten Leistung untenstehendes Bild für seine Lohnhöhe. Der Arbeitgeber hat dagegen den Fall der konstanten Lohnstückkosten in Höhe des Stückfaktors.

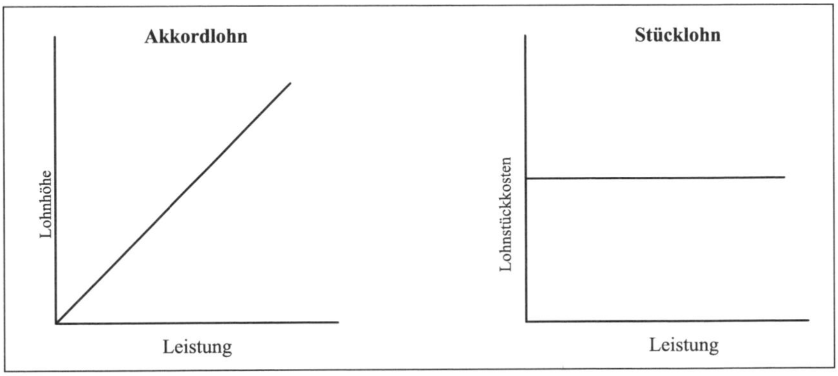

Abb. 2-24: Reiner Akkordlohn

Die obige Darstellung gilt jedoch für den Akkordlohn in reiner Form. Um den Mitarbeiter vor zu starken Leistungsschwankungen zu schützen, findet in der Regel eine Kombination aus Zeit- und Akkordlohn statt. Bei Unterschreitung der Normalleistung erhält der Arbeitnehmer den tariflich vereinbarten Zeitlohn zuzüglich des Akkordzuschlages und bei Überschreitung erhält er für jede Einheit den ermittelten Stückfaktor. Damit ergibt sich grafisch folgende Situation.

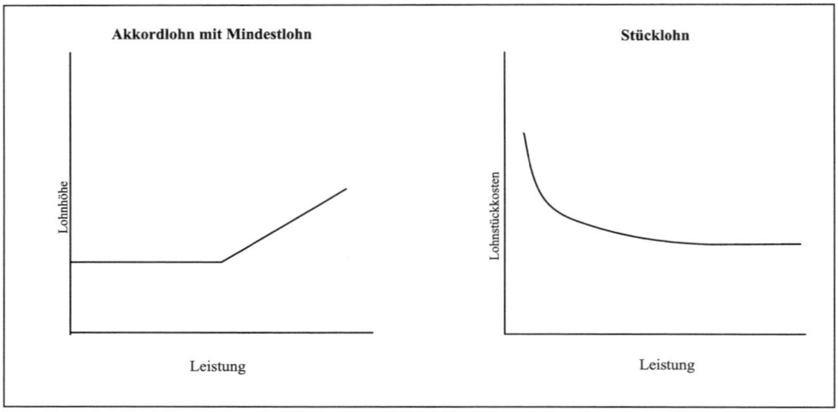

Abb. 2-25: Gemischter Akkordlohn

Der erste Vorteil des Akkordlohnes liegt im Anreiz zu erhöhten Leistungen, da dem Arbeitnehmer die gesamte Mehrleistung zugutekommt. Weiterhin kann in der Kostenrechnung eine vereinfachte Betrachtung erfolgen, da die Lohnstückkosten konstant sind. Nachteilig ist jedoch, dass ein erhöhter Leistungsdruck beim Arbeitnehmer entsteht und unter Umständen eine Minderung der Arbeitsqualität auftreten kann.

Beim *Prämienlohn* wird neben einem Prämiengrundlohn eine Prämie für eine bestimmte, im vorhinein definierte Leistung gezahlt. Die Prämie kann folgende beispielhafte Ausprägungen haben:

- Mengenprämie, Güteprämie, Ersparnisprämie, Terminprämie, Nutzungsprämie oder Sorgfaltsprämie.

Der Prämienlohn hat, wie der Akkordlohn, einen Leistungsanreiz zum Ziel. Wesentliche Unterschiede bestehen aber in folgenden Punkten:

- Der Prämienlohn besteht aus zwei Teilen, der reine Akkordlohn kennt diese Zweiteilung eigentlich nicht.
- Der Prämienlohn ist flexibler, da er sowohl in Bezug gesetzt werden kann mit qualitativen als auch quantitativen Mehrleistungen. Der Akkordlohn wird lediglich in Abhängigkeit von den mengenmäßigen Leistungsschwankungen gezahlt.
- Der Prämienlohn kann eingesetzt werden, wenn Intelligenz- oder Charakterleistungen zu bewerten sind.
- Beim Prämienlohn ist das Verdienstrisiko geringer, da die Prämie lediglich bei Mehrleistungen gezahlt wird und Minderleistungen keinen Abzug zur Folge haben.

Große Ähnlichkeit mit dem eben dargestellten Entlohnungssystem, dem Prämienlohn, weisen *Erfolgs- oder Gewinnbeteiligungen* auf. Sie haben die

Form einer Prämie, sind allerdings nicht in Form eines festen Verhältnisses an die individuelle Arbeitsleistung gebunden.

Erfolgsbeteiligungssysteme lassen sich nach mindestens drei Merkmalen kennzeichnen:

- nach der Bemessungsgrundlage (Bilanzgewinn; Betriebsergebnis);
- nach der Auszahlungsform (in bar; Anteilspapiere etc.);
- nach dem Verteilungsmodus (Verteilung nach Köpfen; Jahreslohnsumme etc.).

Erfolgsbeteiligungssysteme stellen die modernste Komponente eines Entlohnungssystems dar und sind auch in Deutschland immer häufiger anzutreffen.

Personalentwicklungssysteme sind ein wichtiger Bestandteil eines umfassenden Managementsystems, mit dem folgende Ziele verfolgt werden:

- Besetzung aller Leitungsstellen mit Führungskräften, die sowohl das entsprechende Fachwissen und das spezifische Führungs-Know-how besitzen, als auch so motiviert sind, dass sie ihr Potenzial voll einzusetzen gewillt sind.
- Sicherung der Kontinuität des Managements, indem rechtzeitig die Neubesetzung neuer oder frei werdender Positionen geplant wird und eine systematische Vorbereitung der dafür in Frage kommenden Nachwuchskräfte erfolgt.
- Berücksichtigung der Mitarbeiterbedürfnisse nach Aufstieg und Entfaltung durch ein entsprechendes Angebot von Aufstiegsmöglichkeiten und Entwicklungschancen.
- Erhöhung der Beförderungsgerechtigkeit durch eine transparente Beförderungspolitik sowie durch eine leistungsgerechte Auswahl der zu fördernden Nachwuchskräfte.

➊ *Begriffe zum Nachlesen*

Motivation	Akkordlohn
Prämienlohn	Zeitlohn
Personalentwicklung	Arbeitsbewertung
Erfolgsbeteiligung	Stückakkord
Geldakkord	Human-Relations-Ansatz
Human-Ressource-Ansatz	

❷ *Wiederholungsfragen*

1. Erläutern Sie den Begriff der Motivation.
2. Welche Faktoren sind bei der Ermittlung der Lohnhöhe zu beachten?
3. Kennzeichnen Sie alternative Lohnformen.
4. Welche Vorteile weist der Prämienlohn für den Arbeitgeber auf?
5. Ein Arbeitgeber möchte die Mitarbeiter leistungsgerecht entlohnen. Welche Entlohnungsformen stehen ihm zur Verfügung?
6. Welche Verfahren der Leistungsbewertung kennen Sie?
7. Ein Mitarbeiter hat die Wahl zwischen zwei alternativen Entlohnungsformen. Stundenlohn = 12,40 EURO und einem Prämienlohn. Der Prämiengrundlohn beträgt 7,00 EURO und die Mengenprämie beträgt 0,2 EURO pro Stück, ab dem 10. produzierten Stück. Wann sollte der Mitarbeiter welche Lohnform wählen?

   ☞ **vgl. Lösungshinweise**

❸ *Literaturhinweise*

Berthel, J.: Personalmanagement, 9. Aufl. Stuttgart 2010.

Hopfenbeck, W.: Allgemeine Betriebswirtschafts- und Managementlehre, 14. Aufl. Landsberg a. L. 2002.

Jung, H.: Allgemeine Betriebswirtschaftslehre, 12. Aufl. München 2010.

Olfert, K.; Rahn, H.J.: Lexikon der Betriebswirtschaftslehre, 6. Aufl. Ludwigshafen 2008.

Schierenbeck, H.: Grundzüge der Betriebswirtschaftslehre, 17. Aufl. München 2008.

Scholz, C.: Personalmanagement, 6. Aufl. München 2010.

Wöhe, G.; Döring, U.: Einführung in die Allgemeine Betriebswirtschaftslehre, 23. Aufl. München 2008.

3.4 Informationssystem

In diesem Kapitel lernen Sie

- was Informationen sind,
- welche Informationsarten unterschieden werden,
- wie Informationsprozesse dargestellt werden können und
- welche Anforderungen an ein Informationssystem zu stellen sind.

Ausgehend von der Definition der Planung als einen komplexen Informationsprozess, in dem verschiedene Informationen gewonnen, aufgenommen, gespeichert, verarbeitet und übertragen werden, stellt sich die Frage, welche Informationen wie und in welcher Qualität benötigt werden.

Allgemein sind Informationen zweckorientiertes Wissen. Dabei ist zweckorientiert derjenige Ausschnitt aus der Gesamtheit des Wissens, der für bestimmte Handlungen und ihre Vorbereitung jeweils benötigt wird (Berthel 2010).

Als Qualitätskategorien kommen folgende Gütekriterien für Informationen in Betracht:

- Problemrelevanz (Zweckorientiertheit: Zugehörigkeit eines Wissenstatbestandes zu einem zu lösenden Problem);
- Informationsgehalt (Unter Informationsgehalt ist die Menge dessen, was ein Satz besagt, zu verstehen. Ein Satz enthält umso mehr Informationen, je allgemeiner, präziser und je weniger bedingt er ist.);
- Wahrscheinlichkeit (Sicherheitsgrad: Grad der Sicherheit, wahr zu sein);
- Bestätigungsgrad (Genauigkeit aufgrund verfügbarem Erfahrungswissen);
- Überprüfbarkeit (Möglichkeit, einen Wahrheitsbeweis zu führen);
- Aktualität (Alter bzw. Neuheitsgrad der Information).

Die Qualität eines betrieblichen Informationssystems ist in der Realität dadurch gekennzeichnet, inwieweit es gelingt, Informationsangebot, -nachfrage und -bedarf zur Übereinstimmung zu bringen.

- **Informationsangebot:** Zulieferung von Informationen durch den Sender.
- **Informationsnachfrage**: Informationsanforderung durch den Empfänger.
- **Informationsbedarf**: Die Informationen, die nötig sind, um eine bestimmte Aufgabe in einem Unternehmen zu erledigen (notwendige Informationen).

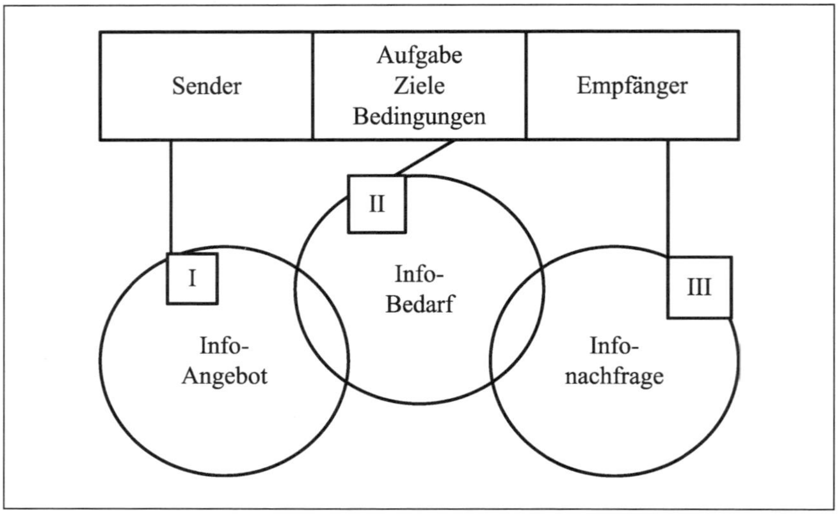

Abb. 2-26: Informationsangebot, -bedarf und -nachfrage

Der Ablauf eines Informationssystems lässt sich wie folgt beschreiben:

Alle benötigten Informationen müssen aus internen und externen Quellen beschafft werden.

Der nächste Schritt, die Informationsverarbeitung, ist dadurch gekennzeichnet, dass Informationen durch Verknüpfung, Verdichtung, Zusammenfügen und Extrahieren transformiert werden.

Die beschafften Informationen sind systematisch zu speichern, um zukünftige entscheidungsrelevante Zugriffe zu erlauben.

Die Informationsübermittlung erfolgt durch Kommunikation zwischen dem Sender und dem Empfänger.

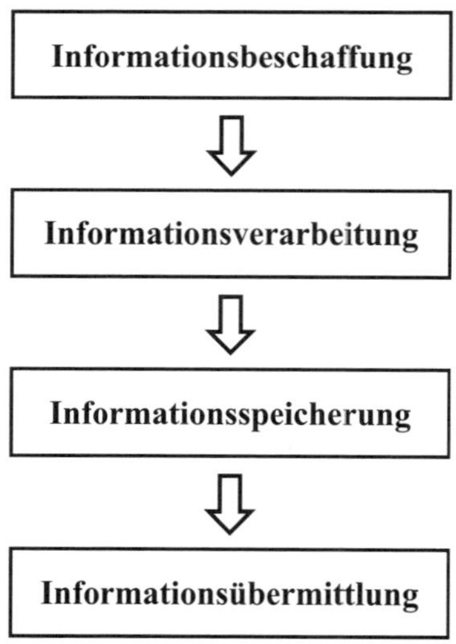

Abb. 2-27: Informationsprozesse

❶ *Begriffe zum Nachlesen*

Informationen	Informationsmanagement
Management-Informationssystem	Informationssammlung
Informationsspeicherung	Informationsverarbeitung
Informationsübermittlung	Informationsbedarf
Informationsangebot	Informationsnachfrage

❷ *Wiederholungsfragen*

1. Erläutern Sie den Unterschied zwischen Informationsangebot, -nachfrage und -bedarf.
2. Skizzieren Sie den Ablauf eines Informationsprozesses.
3. Welche Anforderungen sind an Informationen zu stellen?

❸ *Literaturhinweis*

Schierenbeck, H.: Grundzüge der Betriebswirtschaftslehre, 17. Aufl. München 2008.

3.5 Managementkonzepte

In diesem Kapitel lernen Sie

- unterschiedliche Managementkonzepte kennen,
- Management by Exception,
- Management by Delegation,
- Management by Objectives und
- Management by System kennen.

In der Praxis werden Management-Systeme in den unterschiedlichsten Ausprägungen realisiert. Die beschriebenen Management-Elemente sind dabei in unterschiedlichsten Ausprägungen anzutreffen. Die nun folgenden Managementkonzepte stellen eine typische Auswahl dar:

1. Management by Exception (MbE)
2. Management by Delegation (MbD)
3. Management by Objectives (MbO)
4. Management by System (MbS)

3.5.1 Management by Exception (MbE)

Im System Management by Exception beschränkt die Unternehmensführung ihre Entscheidungen auf Ausnahmefälle. Routinetätigkeiten werde an Mitarbeiter delegiert. Die Unternehmensführung greift nur noch in Ausnahmefällen und bei Abweichungen ein. Das Hauptziel besteht darin, die Vorgesetzten von Routineaufgaben zu entlasten und Zuständigkeiten sowie Informationsflüsse zu systematisieren. Dabei sind Weisungs- und Entscheidungsbefugnisse klar abgegrenzt und der Mitarbeiter erhält Vorgabewerte, an die er sich zu halten hat. Wesentliche Instrumente sind die Abweichungsanalyse, Richtlinien für Standard- und Ausnahmefälle sowie ein einheitliches Informationssystem.

Problematisch erscheint dabei, dass die Kommunikation einseitig (Beschränkung auf Ausnahmefälle) ist und ein Feed-forward (Vorkopplung) fehlt. Das System fördert die Tendenz zum „Management by Surprise“ und nicht unbedingt Eigeninitiative und Verantwortungsfreude. Es entsteht eine Tendenz zur „Delegation nach oben“ und eine negative Verhaltensmotivation (Misserfolgsvermeidung, Frustration durch fehlende Erfolgserlebnisse). Die Lerneffekte bei Mitarbeitern sind beschränkt, da interessante Probleme Vorgesetzten vorbehalten bleiben.

Insgesamt handelt es sich nicht um ein eigenständiges Modell, sondern nur um ein einfaches generelles Prinzip, das einen kleinen Teil der Management-Probleme löst. Es ist aber ein Grundelement der weiteren Modelle.

3.5.2 Management by Delegation (MbD)

Dieses Führungskonzept hat zum Ziel, das hierarchische Gefüge im Unternehmen abzubauen und beinhaltet einen Ansatz zur partizipativen Führung. Die Vorgesetzten sollen entlastet werden. Bei den Mitarbeitern soll die Eigeninitiative sowie die Motivation gefördert werden.

Die Voraussetzungen für das Konzept des Management by Delegation sind zum einen die Delegationsbereitschaft der Vorgesetzten und zum anderen die Delegationsfähigkeit der Mitarbeiter. Die Aufgaben, Kompetenzen und Verantwortungen müssen genau und widerspruchsfrei abgrenzbar sein. Weiterhin muss ein Kontroll- und Berichtssystem vorhanden sein, damit Fehler und Störungen im Betriebsablauf erkannt und behoben werden können.

Zu den Bestandteilen des Führungskonzeptes gehören die Übertragung von Aufgaben mit den notwendigen Kompetenzen, Regelungen für die Erfolgskontrolle und Ausnahmefälle, sowie Stellenbeschreibungen für die Abgrenzung der Entscheidungsbereiche.

Im deutschsprachigen Raum ist das beschriebene Führungskonzept als „Harzburger Modell“ bekannt und auch stark verbreitet. Das Harzburger Modell wurde speziell für die in deutschen Unternehmen noch häufig anzutreffende Stablinienorganisation entwickelt, um ein modernes Führungskonzept ohne Änderung des vorhandenen Leitungssystems einführen zu können.

Gegen das Modell wird häufig eingewendet, dass Hierarchien nicht unbedingt abgebaut werden und das Prinzip zu stark aufgabenorientiert sei. Weiterhin soll es versteckt autoritär und bürokratisch sein, da es keine gemeinsamen Entscheidungen von Vorgesetzten und Mitarbeitern gibt, was oftmals dazu führt, dass lediglich lästige Routineaufgaben an die Mitarbeiter delegiert werden.

Dieser Ansatz ist als einfaches Prinzip allgemeingültig anwendbar, aber nur begrenzt wirksam. In Form des Harzburger Modells ist das Konzept zwar leistungsfähiger, aber zu statisch und daher stark erweiterungsbedürftig. Im Vergleich zum Management by Objectives bleibt vieles offen.

3.5.3 Management by Objectives (MbO)

Beim Management by Objectives gibt die Unternehmensleitung das oberste Ziel (Formalziel) vor. Ausgehend vom Formalziel werden dann gemeinsam mit dem Mitarbeiter die Sachziele vereinbart. Die Sachziele sollen vom Mitarbeiter durch eigenes Entscheiden und Handeln an seinem Arbeitsplatz erreicht werden. MbO überträgt also die Phasen der Planung, Entscheidung und Durchführung auf den Mitarbeiter. Darüber hinaus ist der Mitarbeiter am Zielbildungsprozess beteiligt. Der Vorgesetzte kontrolliert nur noch die Leistungen des Mitarbeiters, d.h. die Zielerreichung und ist so für seine eigentlichen Führungsaufgaben befreit.

Allgemein geht man davon aus, dass durch solche Führungskonzepte der Einzelne wirkungsvoller arbeitet und mehr persönliche Zufriedenheit erzielt, seine Leistungen besser beurteilt und gerechter entlohnt werden kann. Für ein reibungsloses Funktionieren des Führungskonzeptes MbO müssen folgende Voraussetzungen erfüllt sein:

- Ziel und Aufgabengebiet müssen für den Mitarbeiter genau bestimmt und abgegrenzt sein.
- Das gesetzte Ziel muss erreichbar, d.h. realistisch und nicht utopisch sein.
- Dem Mitarbeiter müssen die notwendigen Befugnisse für ein selbständiges Arbeiten übertragen worden sein.
- Der Mitarbeiter muss bereit sein, Verantwortung zu übernehmen.

Wenn Probleme bei der Zielverwirklichung auftreten, so sind Gründe vor allem darin zu suchen, dass

- die Ziele nicht kooperativ zwischen dem Mitarbeiter und dem Vorgesetzten, sondern durch den Vorgesetzten allein festgelegt wurden,
- die Ziele unpräzise bestimmt wurden,
- unvorhergesehene Entwicklungen eintraten,
- der Mitarbeiter mit der Zielverwirklichung überfordert war,
- das vereinbarte Ziel im Gegensatz zu den Zielen steht, die mit anderen Mitarbeitern vereinbart wurden,
- der Vorgesetzte in den Arbeitsbereich des Mitarbeiters zu stark eingriff, statt dessen Selbständigkeit zu achten.

Beim Konzept des MbO handelt es sich um mehr als nur ein Schlagwort oder ein Prinzip. Es ist die modernste, umfassendste und am weitesten entwickelte Managementkonzeption und berücksichtigt den Stand moderner Führungstheorien und die zentrale Rolle der Ziele für die Steuerung sozialer Systeme.

3.5.4 Management by System (MbS)

Die Führung durch Systemsteuerung stellt eine Führung mit Delegation und weitestgehender Selbstregelung auf der Grundlage computergestützter Informations- und Steuerungssysteme dar.

Hauptziel ist es, die Führungsspitze zu entlasten, den einzelnen Mitarbeiter besser zu motivieren, die Managementprozesse zu beschleunigen und durch Computereinsatz die Routineprozesse zu optimieren. Wichtigster Bestandteil ist ein computergestütztes Management-Informationssystem, das sämtliche Managementtechniken und Methoden umfasst.

Problematisch erscheint dabei die noch fehlende technische Realisierbarkeit, die hohen Kosten und die hohe Störanfälligkeit sowie die erwarteten, negativen Effekte auf die menschlichen Beziehungen (Enthumanisierung der Arbeit) sowie zahlreiche psychologische Widerstände durch das Management.

Es handelt sich hier noch um eine „reale Utopie", zeigt aber Entwicklungstendenzen auf, wobei die Erkenntnisse von MbE, MbD und MbO integriert werden.

❶ *Begriffe zum Nachlesen*

Delegation	Management by Objectives
Management by System	Management by Delegation
Management by Exception	Harzburger Modell

❷ *Wiederholungsfragen*

1. Beschreiben Sie den Ablauf und die Vorteile des Führungskonzeptes „Management by Objectives" (MbO).
2. Erstellen Sie eine Tabelle, in der die „Management by" Systeme gegenüberstellt werden.
3. Warum wird Management by System als reale Utopie bezeichnet?
4. Welche Probleme können bei Management by Objectives auftauchen?

❸ *Literaturhinweise*

Hopfenbeck, W.: Allgemeine Betriebswirtschafts- und Managementlehre, 14. Aufl. Landsberg a. L. 2002.

Jung, H.: Allgemeine Betriebswirtschaftslehre, 12. Aufl. München 2010.

Schierenbeck, H.: Grundzüge der Betriebswirtschaftslehre, 17. Aufl. München 2008.

Wöhe, G.; Döring, U.: Einführung in die Allgemeine Betriebswirtschaftslehre, 23. Aufl. München 2008.

III. Kosten- und Leistungsrechnung

1. Grundlagen der Kosten- und Leistungsrechnung

In diesem Kapitel lernen Sie

- den Zusammenhang zwischen dem betrieblichen Rechnungswesen und der Kostenrechnung,
- die Grundbegriffe der Kosten- und Leistungsrechnung und
- die Aufgaben der Kosten- und Leistungsrechnung kennen.

1.1 Stellung der Kostenrechnung im Rechnungswesen

Das Rechnungswesen ist das Kerninstrument der Geschäftsführung zur Überwachung, Steuerung und Kontrolle des betrieblichen Geschehens – insbesondere bzgl. der Leistungserstellung (Produktion) und Leistungsverwertung (Absatz) – und liefert die dafür benötigten Führungsinformationen (z.B. Kennziffern). Es erfasst das Unternehmensgeschehen zahlenmäßig in Mengen- und Wertgrößen, verrechnet diese und wertet sie aus. Die drei Hauptaufgaben des betrieblichen Rechnungswesens lassen sich folgendermaßen charakterisieren:

1. Dokumentationsaufgabe (Rechenschaftslegung und Information über die Vermögens-, Finanz- und Ertragslage des Unternehmens);
2. Dispositions-/Planungsaufgabe (Bereitstellung von Unterlagen als Grundlage für die Disposition der Geschäftsleitung);
3. Kontrolle der Wirtschaftlichkeit und Rentabilität (d.h. Vergleich von Ist- und Sollwerten und Analyse der auftretenden Abweichungen).

Das betriebliche Rechnungswesen ist in der Praxis durch ein System zu realisieren, das durch unterschiedliche Kriterien charakterisiert wird:

Kriterien zur Gliederung des Rechnungswesens	Wiederholungscharakter	laufend
		fallweise
	zeitlicher Bezugsrahmen	Zeitraum
		Zeitpunkt
	Informationsrichtung	extern
		intern
	sachlicher Bezugsrahmen	Gesamtunternehmen
		Teilbereiche
		Produkte
	erfasste Wertekategorie	Einzahlung / Auszahlung
		Einnahme / Ausgabe
		Ertrag / Aufwand
		Leistung / Kosten
		Ist- / Plangrößen

Abb. 3-1: Kriterien zur Gliederung des Rechnungswesens

Am häufigsten wird das betriebliche Rechnungswesen aber wie folgt unterschieden:

- *Externes Rechnungswesen*: z.B. Geschäftsbuchhaltung (Aufstellung der Gewinn- und Verlustrechnung und der Bilanz);
- *Internes Rechnungswesen*: z.B. Kostenrechnung, kurzfristige Erfolgsrechnung, Planungsrechnung, Material-, Lohn-, Gehalts- und Anlagenabrechnung sowie die Betriebsstatistik.

<table>
<tr><td rowspan="10">Rechnungswesen</td><td rowspan="4">extern</td><td colspan="2">Geschäftsbuchhaltung</td></tr>
<tr><td colspan="2">Finanzbuchhaltung</td></tr>
<tr><td colspan="2">Bilanzbuchhaltung</td></tr>
<tr><td colspan="2">Ergebnisbuchhaltung</td></tr>
<tr><td rowspan="6">intern</td><td colspan="2">Betriebsbuchhaltung</td></tr>
<tr><td colspan="2">Kosten- und Leistungsrechnung</td></tr>
<tr><td rowspan="4">sonstiges Rechnungswesen</td><td>Finanzplan</td></tr>
<tr><td>Wirtschaftlichkeitsrechnung</td></tr>
<tr><td>Planungsrechnung</td></tr>
<tr><td>Statistik</td></tr>
</table>

Abb. 3-2: Die Zweiteilung des betrieblichen Rechnungswesens

Das interne Rechnungswesen, die Kostenrechnung, die hier im Mittelpunkt steht, kann wie folgt charakterisiert werden:

1. Die Kostenrechnung ist eine kurzfristige Rechnung.
2. Die Kostenrechnung basiert nicht auf pagatorischen Größen, sondern auf Erfolgsgrößen, da durch die Gegenüberstellung des bewerteten Güterverzehrs und der erzielten Leistungen ein kalkulatorischer Erfolg ermittelt wird.
3. Die Kostenrechnung ist eine regelmäßige Rechnung.
4. Die Kostenrechnung ist eine freiwillige Rechnung, die auf freien Entscheidungen der Unternehmensführung aufbaut.

Es bestehen allerdings Beziehungen zum externen Rechnungswesen, dessen Regeln auf die Kostenrechnung übergreifen, womit eine doppelte Arbeit vermieden wird.

1.2 Zwecke und Teilgebiete der Kostenrechnung

Die Kostenrechnung dient der zieladäquaten Steuerung des innerbetrieblichen Kombinationsprozesses. Dabei werden interne und externe Aufgaben notwendig. Als externe Aufgaben gelten die Ermittlung der Selbstkosten für öffentliche Aufträge und die Ermittlung von Konzernverrechnungspreisen. Interne Aufgaben sind zum einen die institutionalisierten Wirtschaftlichkeits- und Erfolgskontrollen und zum anderen diverse situationsbezogene Sonderaufgaben (Coenenberg 2009).

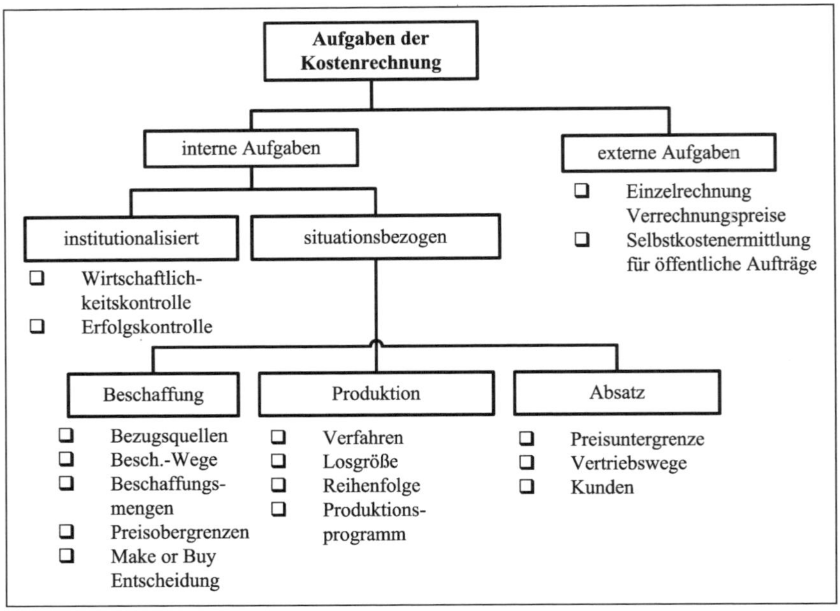

Abb. 3-3: Aufgaben der Kostenrechnung (Coenenberg 2009)

Die Kostenrechnung läuft in aller Regel in drei Schritten ab. Zunächst werden die Daten der Betriebsbuchhaltung im Rahmen der *Kostenartenrechnung* systematisiert. Die sogenannten Gemeinkosten werden anschließend im Rahmen einer *Kostenstellenrechnung* analysiert und im Rahmen der *Kostenträgerrechnung* unter Berücksichtigung der Einzelkosten für die Leistungen des Unternehmens zusammengefasst. Die Kostenträgerrechnung wird zusätzlich in die *Kostenträgerstückrechnung* und die *Kostenträgerzeitrechnung* unterteilt.

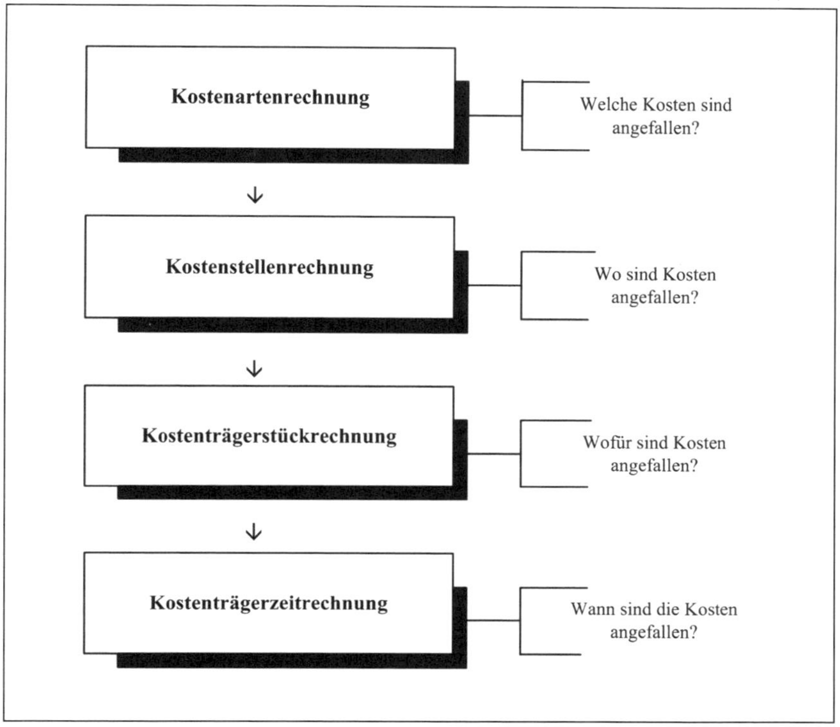

Abb. 3-4: Teilbereiche der Kostenrechnung

1.3 Grundbegriffe der Kostenrechnung

Im Mittelpunkt der Kostenrechnung steht zunächst die eindeutige Klärung des Begriffs Kosten. Wertmäßige Kosten sind definiert als der bewertete Verzehr.

Kosten sind bewerteter Verzehr von Gütern und Dienstleistungen, der zur Erstellung und zum Absatz der betrieblichen Leistungen sowie zur Aufrechterhaltung der Betriebsbereitschaft erforderlich ist.

Damit verwandt sind die folgenden Strömungsgrößen:

Auszahlung: Effektiver Abfluss von Geldmitteln als Verminderung des Bar- oder Buchgeldbestandes.

Einzahlung: Effektiver Zufluss von Geldmitteln als Erhöhung des Bar- oder Buchgeldbestandes.

Ausgabe: Wert aller Wirtschaftsgüter, die einem Unternehmen in einer Periode zugegangen sind, unabhängig davon, ob die Auszahlungen hierfür bereits in einer Vorperiode angefallen sind oder erst in einer Folgeperiode anfallen (periodisierte Auszahlungen).

Einnahme: Wert aller Wirtschaftsgüter, die von einem Unternehmen in einer Periode abgegeben wurden, unabhängig davon, ob die Einzahlungen hierfür bereits in einer Vorperiode eingegangen sind oder erst in einer Folgeperiode eingehen (periodisierte Einzahlungen).

Aufwand: Werteverzehr einer bestimmten Abrechnungsperiode, der in der Finanz- und Geschäftsbuchhaltung erfasst und am Jahresende in der Gewinn- und Verlustrechnung ausgewiesen wird (periodisierte, erfolgswirksame Ausgaben).

Ertrag: Wertzuwachs einer bestimmten Abrechnungsperiode, der in der Finanz- und Geschäftsbuchhaltung erfasst und am Jahresende in der Gewinn- und Verlustrechnung ausgewiesen wird (periodisierte, erfolgswirksame Einnahmen).

Kosten: bewerteter, durch die Leistungserstellung bedingter Güter- oder Dienstleistungsverzehr einer Periode (betrieblicher, periodenbezogener, ordentlicher Aufwand).

Leistung: Wert, der in einer Periode erstellten, betrieblichen Güter und Dienstleistungen (betrieblicher, periodenbezogener, ordentlicher Ertrag).

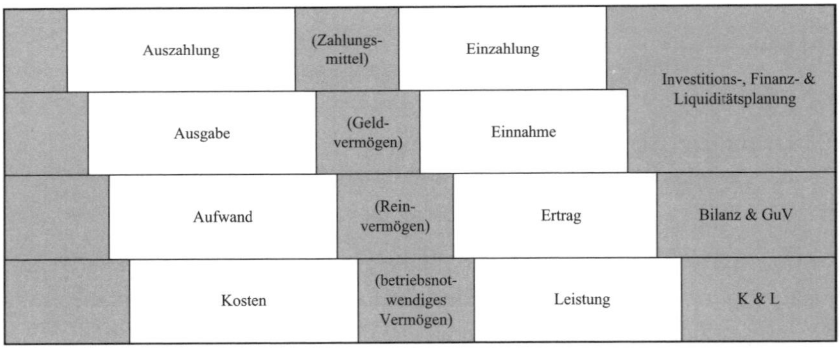

Abb. 3-5: Grundbegriffe des betriebswirtschaftlichen Rechnungswesens (Haberstock 2008)

1.4 Überblick über Kostenrechnungssysteme

Die Kostenrechnungssysteme können nach zwei Kriterien eingeteilt werden: *Zeitbezug* und *Sachumfang*. Ein Kostenrechnungssystem ist durch eine Kombination dieser beiden Faktoren gekennzeichnet, wobei sich sechs verschiedene Möglichkeiten ergeben können. Die Vollkostenrechnung auf Ist-Kostenbasis stellt dabei den klassischen Fall der Kostenrechnung dar.

	Istkosten	Normalkosten	Plankosten
Verrechnung der Vollkosten	Vollkostenrechnung auf Ist-Kostenbasis	Vollkosten-rechnung auf Normalkostenbasis	Vollkosten-rechnung auf Plankostenbasis
Verrechnung der Teilkosten	Teilkostenrechnung auf Ist-Kostenbasis	Teilkostenrechnung auf Normalkosten-basis	Teil-Kosten-rechnung auf Plankostenbasis

Abb. 3-6: Kostenrechnungssysteme nach Sachumfang und Zeitbezug

Bei der *Ist-Kostenrechnung* werden über alle Stufen die tatsächlich angefallenen Kosten der Periode verrechnet. Die Ist-Kosten werden durch die Multiplikation der Istpreise mit den Istverbrauchsmengen ermittelt. Dieses Verfahren hat den Nachteil, dass in jeder Abrechnungsperiode die Kalkulationssätze neu ermittelt werden müssen und auch zufällig auftretende Schwankungen in den Preisen und Mengen sich sofort niederschlagen. Für Kostenkontrollen ist dieses System nicht tauglich, da keine Soll-Kosten berechnet werden. Kosten, die Durchschnittscharakter haben, können nicht adäquat behandelt werden. Dafür ist eine Nachkalkulation sehr einfach möglich.

Bei der *Normalkostenrechnung* werden die durchschnittlichen Kosten der vergangenen Perioden betrachtet. Kurzfristige Preis- und Mengenschwankungen werden ausgeglichen und auch eine Kostenkontrolle ist ansatzweise ohne Plankosten durch den Vergleich von Ist-Kosten und Normalkosten möglich.

Im Rahmen der *Plankostenrechnung* werden Schätzungen über zukünftige Preise und Mengen vorgenommen und sollen zukunftsbezogen für eine oder mehrere Perioden Kostenvorgaben ermittelt werden. Die Plankostenrechnung kann nie ohne eine Ist-Kostenrechnung auskommen. Es wird zwischen einer starren, einer flexiblen und einer mehrfach flexiblen Plankostenrechnung unterschieden. Die ersten beiden Systeme basieren auf Vollkostenbasis. Bei der starren Plankostenrechung werden die Plankosten für eine Planbeschäftigung ermittelt und nicht an die Istbeschäftigung angepasst. Bei der einfach flexiblen Plankostenrechnung wird dies innerhalb der Kostenartenrechnung gemacht. Die flexible Plankostenrechnung basiert auf Teilkostenbasis.

Bei der *Vollkostenrechnung* werden sämtliche Kosten auf den Kostenträger verrechnet. Im Rahmen der *Teilkostenrechnung* erfolgt eine Aufteilung der Kosten und nur ein Teil wird direkt auf den Kostenträger und der Rest im Rahmen der Kostenträgerzeitrechnung verrechnet.

Die Vollkostenrechnung vertritt das *Durchschnittsprinzip*, bei dem die Kosten auf die Kostenträger gleichmäßig verteilt werden bzw. das *Tragfähigkeitsprinzip*, bei dem der Kostenträger, der die höchsten Erträge erwirtschaften kann, auch die höchsten Kosten zu tragen hat. Einzig akzeptabel erscheint aber nur das durch die Teilkostenrechnung vertretene *Verursachungsprinzip,* bei dem jeder Kostenträger nur die Kosten zu tragen hat, die er auch verursacht.

❶ *Begriffe zum Nachlesen*

Kosten	Strömungsgrößen
Buchhaltung	Internes Rechnungswesen
Vollkostenrechnung	Teilkostenrechnung
Ist-Kosten	Plankosten
Normalkosten	Tragfähigkeitsprinzip
Verursachungsprinzip	Durchschnittsprinzip
Einzahlung	Auszahlung
Ausgaben	Einnahmen
Aufwand	Ertrag
Leistungen	

❷ *Wiederholungsfragen*

1. Definieren Sie folgende Begriffe und grenzen Sie sie voneinander ab: Auszahlung, Einzahlung, Ausgabe, Einnahme, Aufwand, Ertrag, Kosten, Leistungen.
2. Was versteht man unter dem „betrieblichen Rechnungswesen“?
3. Erläutern Sie den Unterschied zwischen externem und internem Rechnungswesen.
4. Charakterisieren Sie die Kosten- und Leistungsrechnung.
5. Erläutern Sie unterschiedliche Kostenrechnungssysteme.
6. Mithilfe welcher Einteilungskriterien werden Kostenrechnungssysteme systematisiert?
7. Was ist der Unterschied zwischen Teil- und Vollkostenrechnung?
8. Erläutern Sie die Prinzipien der Kostenrechnung.

❸ *Literaturhinweise*

Coenenberg, A.G.: Kostenrechnung und Kostenanalyse, 7. Aufl. Stuttgart 2009.

Däumler, K.-D.; Grabe, J.: Kostenrechnung I, 10. Aufl. Herne 2008.

Freidank, C.C.: Kostenrechnung, 8. Aufl. München 2008.

Haberstock, L.: Kostenrechnung I, 13. Aufl. Berlin 2008.

Schierenbeck, H.: Grundzüge der Betriebswirtschaftslehre, 17. Aufl. München 2008.

2. Kostenartenrechnung

In diesem Kapitel lernen Sie

- Grundprinzipien der Kostenartenrechnung,
- Möglichkeiten der Unterteilung von Kosten und
- Abschreibungen und kalkulatorische Kosten kennen.

Die *Kostenartenrechnung* dient der Erfassung und Gliederung aller Kosten, die bei der Erstellung und Verarbeitung von betrieblichen Leistungen pro Periode anfallen. Es besteht hier eine erste Möglichkeit der Kostenkontrolle im Rahmen

- eines horizontalen Kostenvergleichs (z.B. Vergleich von Lohnkosten) oder
- eines vertikalen Kostenvergleichs (beinhaltet eine Untersuchung im Zeitablauf).

Die Kostenartenrechnung ist weniger eine Stufe in der zahlreiche Berechnungen durchgeführt werden, sondern mehr eine Stufe, auf der die Kosten systematisiert werden.

Für Kosten können folgende Einteilungskriterien genannt werden:

Kosten	Art der Erfassung und Abgrenzung	aufwandsgleiche Kosten
		kalkulatorische Kosten
	Verbrauch der Produktionsfaktoren	Personalkosten
		Rohstoffkosten
		Betriebsmittelkosten
		Kapitalkosten
	betrieblicher Funktionsbereich	Beschaffungskosten
		Produktionskosten
		Absatzkosten
		Verwaltungskosten
	Kostenherkunft	primäre Kosten
		sekundäre Kosten
	Art der Verrechnung	Einzelkosten
		Gemeinkosten
	Verhalten bei Beschäftigungsschwankungen	variable Kosten
		fixe Kosten
		sprungfixe Kosten

Abb. 3-7: Kostenarten

- Gliederung *nach Art der Erfassung und Abgrenzung*: Dort ergibt sich eine Unterscheidung in *aufwandgleiche Kosten* (Grundkosten) und *kalkulatorische Kosten*. Letztere werden speziell für Zwecke der Kostenrechnung kalkuliert.
- Gliederung *nach Art der verbrauchten Produktionsfaktoren* wie z.B. Personalkosten, Rohstoffkosten, Betriebsmittelkosten und Kapitalkosten.
- Gliederung *nach der Entstehung in den betrieblichen Funktionsbereichen* wie z.B. Beschaffungskosten, Fertigungskosten, Vertriebskosten und Verwaltungskosten.
- Gliederung *nach Art der Herkunft der Kostengüter*: Dort unterscheidet man primäre und sekundäre Kosten. Den *primären Kosten* liegen Faktorverbrauchsmengen zugrunde, die ein Unternehmen von außen bezieht, z.B. Lohnkosten oder Kosten für Büromaterial. *Sekundäre Kosten* entstehen bei den Kostenstellen, wenn ermittelt wird, welchen Betrag diese für eine innerbetriebliche Leistung zahlen müssen.
- Gliederung *nach Art der Verrechnung*: Hierbei werden Einzel- und Gemeinkosten unterschieden. *Einzelkosten* können (aus der Kostenartenrechnung ohne Verrechnung über die Kostenstellen) den Kostenträgern direkt zugerechnet werden. *Sondereinzelkosten* können nicht pro Stück, aber pro Auftrag kalkuliert werden. Bei den *Gemeinkosten* ist das Verursachungsprinzip nur schwer einzuhalten. Sie werden deshalb über die einzelnen Kostenstellen geleitet und mittels Schlüsselgrößen weiter verteilt. Daneben gibt es noch *unechte Gemeinkosten*, die ihrem Wesen nach Einzelkosten sind, jedoch aus abrechnungstechnischen Gründen als Gemeinkosten behandelt werden. Beispiel dafür sind Kosten für Hilfs- und Betriebsstoffe.
- Gliederung *nach dem Verhalten bei Beschäftigungsschwankungen*: Hierbei wird zwischen variablen und fixen Kosten unterschieden. Kosten, die mit steigender Beschäftigung auch steigen, sind *variable Kosten*. Kosten, die unabhängig von der Auslastung auftreten, sind *Fixkosten*. Häufig treten Kosten als sprungfixe Kosten auf. Bis zu einer bestimmten Beschäftigung sind die Kosten fix und dann erhöht sich ihr Niveau.

Häufig werden, wie in der nachfolgenden Grafik dargestellt, die Unterschiede und die Gemeinsamkeiten von Einzel- und Gemeinkosten sowie fixen und variablen Kosten problematisiert. Dabei ist zu beachten, dass Fixkosten immer Gemeinkosten, Gemeinkosten aber nicht immer Fixkosten sind, bzw. analog Einzelkosten sind immer variable Kosten, variable Kosten sind aber nicht immer Einzelkosten.

Zurechenbarkeit auf Produkteinheit	Einzelkosten	Gemeinkosten		
		Unechte Gemeinkosten	Echte Gemeinkosten	
Veränderlichkeit bei Beschäftigungsänderungen	Variable Kosten			Fixe Kosten
	Kosten für Werkstoffe (außer bei Kuppelprozessen), Verpackungskosten, Provisionen	Kosten für Hilfsstoffe, Kosten für Energie und Betriebsstoffe bei Leontief-Produktionsfunktionen	Kosten des Kuppelprozesses, für Energie und Betriebsstoffe bei mehrdimensionalen Kostenfunktionen	Kosten der Produktart und Produktgruppe, Kosten der Fertigungsvorbereitung und Betriebsleitung, Abschreibungen (Lohnkosten)

Abb. 3-8: Einzel-/Gemeinkosten und variable/fixe Kosten (Schweitzer/Küpper 2008)

2.1 Ermittlung einiger Kostenarten

Die Erfassung von Kosten erfolgt stets in zwei Schritten. Kosten sind mit einem Wertgerüst und einem Mengengerüst ausgestattet. Zunächst werden die Verbrauchsmengen der entsprechenden Kostengüter ermittelt. Im zweiten Schritt wird eine Bewertung der Verbrauchsmengen vorgenommen. Diese Schritte sollen am Beispiel ausgewählter Kostenarten verdeutlicht werden.

2.1.1 Werkstoffkosten

Werkstoffkosten sind die mit ihren Preisen bewerteten Verbrauchsmengen an Roh-, Hilfs- und Betriebsstoffen. Dabei kann die Erfassung der Verbrauchsmengen mit der Inventurmethode, der Skontraktionsmethode und der retrograden Methode erfolgen.

Die *Inventurmethode* ermittelt die Verbrauchsmenge, indem die Differenz aus Anfangsbestand und Zugängen einerseits und Endbestand andererseits gebildet wird

Verbrauch = Anfangsbestand + Zugang - Endbestand.

Die Inventurmethode kennt keinen Nachweis, für welchen Zweck die Lagerentnahmen vorgenommen wurde und ob es zu Schwund oder Verderb gekommen ist. Zudem ist die regelmäßige Bestandsaufnahme (Inventur) mit einem hohen Arbeitsaufwand verbunden.

Bei der *Skontraktionsmethode* werden Lagerzu- und Lagerabgänge mit Materialentnahmescheinen erfasst. Der Verbrauch kann durch Addition der Entnahmemengen auf den Materialentnahmescheinen ermittelt werden:

Verbrauch = Summe der Entnahmemengen laut Materialentnahmescheinen

Die Differenz aus Verbauch und Inventurbestand stellt die Schwundmengen dar, und auch der Zweck der Lagerentnahmen lässt sich bei dieser Methode über die Materialentnahmescheine ermitteln.

Bei der *retrograden Methode* wird die Verbrauchsmenge aus der Stückzahl der erstellten Leistungen abgeleitet

Verbrauch = hergestellte Stückzahlen * Sollverbrauchsmengen pro Stück.

Aus den Stücklisten lässt sich eine Sollverbrauchsmenge pro hergestellter Einheit ermitteln. Diese Sollverbrauchsmenge kann mit dem Ergebnis der Skontraktionsmethode verglichen werden, um Wirtschaftlichkeitsuntersuchungen durchzuführen. Eine Gegenüberstellung mit dem Verbrauch laut Inventurmethode ergibt den außergewöhnlichen Verbrauch wie Schwund oder Verderb.

Die Bewertung dieser Mengen kann mit unterschiedlichen Preisen erfolgen. Zum einen bieten sich Istpreise an. Dabei erfolgt die Bewertung mit den Istpreisen (durchschnittlichen Anschaffungs- bzw. Einstandspreisen) für jede Abrechnungsperiode neu, bzw. ist die Bewertung nach dem Fifo-, Lifo, Hifo- oder Lofo-Verfahren durchzuführen:

- Fifo (first in - first out): Verkauf der ersten Zugänge;
- Lifo (last in - first out): Verkauf der letzten Zugänge;
- Hifo (highest in - first out): Verkauf des teuersten Zugangs;
- Lofo (lowest in - first out): Verkauf des billigsten Zugangs;

Die Bewertung mit Planpreisen oder Festpreisen hat dagegen den Vorteil, dass Preisschwankungen eliminiert werden.

2.1.2 Betriebsmittelkosten

Betriebsmittel sind materielle oder immaterielle Gegenstände, die dem Betrieb über mehrere Jahre hinweg zur Verfügung stehen. Da die Betriebsmittel längerfristig genutzt werden und in dieser Zeit an Wert verlieren, müssen sie dementsprechend in der Kostenrechnung berücksichtigt werden. Dies geschieht mithilfe kalkulatorischer Abschreibungen. Die Abschreibungsursachen lassen sich unterschiedlichen Kategorien zuordnen. Prinzipiell gibt es wirtschaftlich bedingte, zeitlich bedingte und verbrauchsbedingte Ursachen. Die nachfolgende Abbildung 3-9 systematisiert einige Abschreibungsursachen.

Abschreibungsursachen	wirtschaftlich bedingte Ursachen	technischer Fortschritt
		Nachfrageverschiebungen
		sinken des Wiederbeschaffungswertes
		Fehlinvestitionen
		sinken des Absatzpreises
	zeitlich bedingte Ursachen	Ablauf von Konzessionen
		Ablauf von Schutzrechten
		Ablauf eines Pachtvertrages
	verbrauchs-bedingte Ursachen	Abnutzung durch Gebrauch
		Abnutzung durch Zeit (Zeitverschleiß)
		Abnutzung durch Substanzverringerung
		Abnutzung durch Katastrophen

Abb. 3-9: Abschreibungsursachen

Die Abschreibungsbeträge, die für jede Periode zu ermitteln sind, werden durch drei Faktoren beeinflusst. Zum einen die Abschreibungsgrundlage, d.h. ob Anschaffungs- oder Wiederbeschaffungswerte anzusetzen sind, zum anderen durch den Abschreibungszeitraum, also die Nutzungsdauer der Anlage, sowie durch die Abschreibungsmethode. Grundsätzlich sollten die kalkulatorischen Abschreibungen den Wertverzehr möglichst verursachungsgerecht abbilden. Dabei können die in der Abbildung 3-10 dargestellten Abschreibungsverfahren zur Anwendung gelangen.

Abschreibungs-verfahren	degressive Abschreibung	geometrisch-degressiv
		arithmetisch-degressiv
	lineare Abschreibung	
	progressive Abschreibung	
	Leistungsabschreibung	

Abb. 3-10: Abschreibungsverfahren

Lineare Abschreibung

Die lineare Abschreibung wird eingesetzt, wenn der Wertverzehr des Anlagegutes im Zeitablauf konstant ist. Die jährlichen Abschreibungsraten werden ermittelt, indem der Anschaffungsbetrag, gemindert um den eventuell vorhandenen Restwert, durch die Nutzungsdauer dividiert wird.

$$a = \frac{\text{Anschaffungsbetrag - Restwert}}{\text{Nutzungsdauer}} = \frac{A - R}{n}$$

Der Abschreibungsbetrag ist konstant und der Restwert der Anlage sinkt linear.

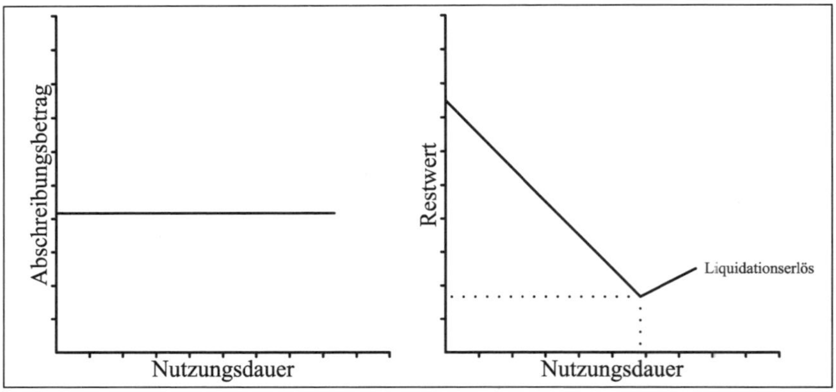

Abb. 3-11: Lineare Abschreibungen

Beispiel: Der Jungunternehmer Max Flitzer möchte seinen neuen Firmenwagen linear abschreiben. Er hat den Wiederbeschaffungswert auf 100.000 EURO geschätzt und sein Händler hat ihm garantiert, den Wagen nach 4 Jahren zu einem Restwert von 20.000 EURO in Zahlung zu nehmen.

$$\frac{100.000 \text{ EURO} - 20.000 \text{ EURO}}{4 \text{ Jahre}} = 20.000 \text{ EURO}$$

Unser Jungunternehmer kann in den nächsten vier Jahren in seiner Kostenrechnung 20.000 EURO pro Jahr für den Wagen als kalkulatorische Abschreibungen ansetzen.

Degressive Abschreibung

Die degressive Abschreibung unterstellt einen im Laufe der Nutzungsdauer abnehmenden Wertverzehr. In den Anfangsperioden verliert das Anlagegut mehr an Wert als in den folgenden Perioden. Man unterscheidet die arithmetisch-degressive und die geometrisch-degressive Abschreibung.

Arithmetisch-degressive (digitale) Abschreibung

Die Abschreibungsbeträge fallen in jeder Periode um den gleichen Degressionsbetrag D. Der Degressionsbetrag wird mit der folgenden Formel bestimmt:

$$\text{Degressionsbetrag} = \frac{A - R}{\sum_{t=1}^{n} t}$$

Dabei ist A der Anschaffungsbetrag, R der Restwert, n die Nutzungsdauer und t die Periode, die von 1 bis n addiert wird. Der periodische Abschreibungsbetrag ergibt sich als Produkt aus dem Degressionsbetrag D und den Periodenziffern in fallender Reihefolge.

Beispiel: Unser Jungunternehmer Max Flitzer möchte seinen neuen Firmenwagen diesmal arithmetisch-degressiv abschreiben. Durch Einsetzen in die Formel ergibt sich folgender Degressionsbetrag:

$$\text{Degressionsbetrag} = \frac{100.000 - 20.000}{1+2+3+4} = \frac{80.000}{10} = 8.000,\text{-EURO}$$

Die Abschreibungsbeträge und Restwerte entwickeln sich nach folgender Tabelle:

t	Abschreibungsbetrag = D · (n-t+1)		Restwert am Jahresende
0			100.000,- EURO
1	8.000,- · 4 =	32.000,- EURO	68.000,- EURO
2	8.000,- · 3 =	24.000,- EURO	44.000,- EURO
3	8.000,- · 2 =	16.000,- EURO	28.000,- EURO
4	8.000,- · 1 =	8.000,- EURO	20.000,- EURO

Abb. 3-12: Arithmetisch-degressive (digitale) Abschreibung

Geometrisch-degressive Abschreibung

Bei der geometrisch-degressiven Abschreibung wird mit einem gleichbleibenden Prozentsatz vom jeweiligen Restbuchwert der Anlage abgeschrieben. Der Abschreibungsprozentsatz p berechnet sich nach folgender Formel:

$$p = 100 \cdot \left(1 - \sqrt[n]{\frac{R}{A}}\right)$$

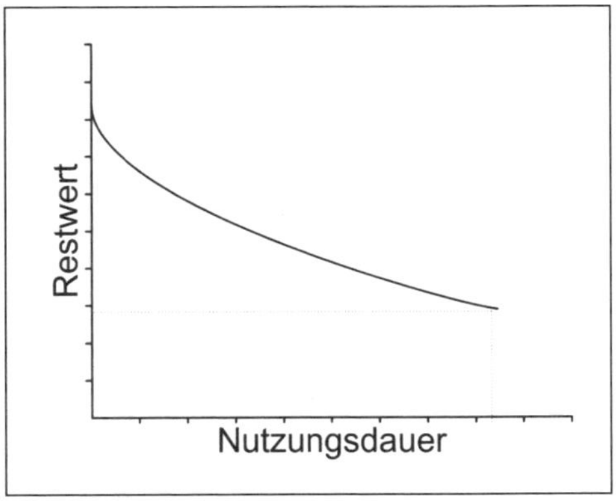

Abb. 3-13: Degressive Abschreibung

Dabei ist n die Nutzungsdauer der Anlage, R der Restwert am Ende der Nutzungsdauer und A der Anschaffungsbetrag. Die Abschreibungsbeträge und der Restwert sinken demnach degressiv, aber der Restwert wird nicht exakt erreicht. Daher spricht man auch häufig von einem Restwert in Höhe von 1,- EURO

Beispiel: Wenn das obige Fahrzeug geometrisch-degressiv abgeschrieben werden soll, ergibt sich mit den gleichen Daten der folgende Abschreibungs-prozentsatz:

$$p = 100 \cdot \left[1 - \sqrt[4]{\frac{20.000,\text{-EURO}}{100.000,\text{-EURO}}} \right] = 100 \cdot (1 - 0{,}6687) \approx 33{,}125\ \%$$

Die folgene Tabelle zeigt, wie sich Abschreibungsbeträge und Restwerte entwickeln:

Jahr (i)	Abschreibungsbetrag = $R_i \cdot p$	Restwert am Jahresende
0		100.000,00 EURO
1	33.125,97 EURO	66.874,03 EURO
2	22.152,67 EURO	44.721,36 EURO
3	14.814,38 EURO	29.906,98 EURO
4	9.906,98 EURO	20.000,00 EURO

Abb. 3-14: Geometrisch-degressive Abschreibung

Leistungsabhängige Abschreibung

Die leistungsabhängige Abschreibung erfolgt entsprechend der jeweiligen Leistungsabgabe des Betriebsmittels in der Periode. Die Leistungsabgabe kann z.B. in der Stückzahl der auf der Anlage produzierten Güter, den Maschinenstunden oder der km-Leistung eines LKWs gemessen werden. Pro Leistungseinheit wird jeweils ein gleich hoher Abschreibungsbetrag verrechnet. Dieser kann wie folgt bestimmt werden:

$$a = \frac{\text{Anschaffungsbetrag - Restwert}}{\text{Gesamte Leistungsmenge}} \cdot \text{Verbrauch der Periode}$$

Der Vorteil dieser Methode ist die Berücksichtigung des Verursachungsprinzips. Es entsteht aber dabei das Problem, dass die Gesamtleistung richtig geschätzt werden muss und der Leistungsverbrauch exakt zu ermitteln ist.

Progressive Abschreibung

Bei der progressiven Abschreibung wird unterstellt, dass das Anlagegut am Anfang einen relativ geringen Wertverlust hat, der aber im Zeitablauf zunimmt. Diese Abschreibungsmethode widerspricht dem verursachungsgerechten Prinzip und ist nur in eng begrenzten Ausnahmefällen zulässig.

2.1.3 Kalkulatorische Kosten

Kalkulatorische Kosten sind Kosten, denen entweder kein Aufwand (Zusatzkosten) oder ein Aufwand in anderer Höhe (Anderskosten) gegenübersteht. Typische kalkulatorische Kosten sind die kalkulatorische Miete für die Nutzung der eigenen Räume, der kalkulatorische Unternehmerlohn bei Personengesellschaften und die Berücksichtigung kalkulatorischer Zinsen für das Eigenkapitel. Die nachfolgende Abbildung zeigt den systematischen Zusammenhang von Aufwand und Kosten.

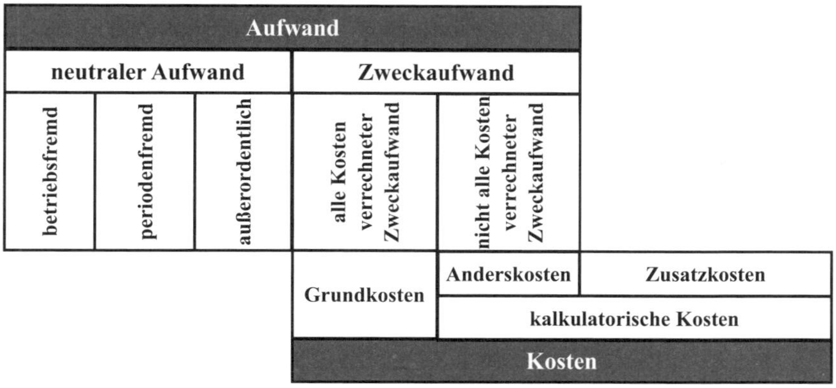

Abb. 3-15: Abgrenzung zwischen Aufwand und Kosten (Haberstock 2008)

Kalkulatorische Miete

Für Räume, die einem Einzelunternehmer oder Gesellschafter einer Personengesellschaft gehören und die er dem Betrieb zur Verfügung stellt, wird ein kalkulatorischer Kostenbetrag angesetzt. Dieser soll den entgangenen Ertrag, der bei Vermietung der Räume erzielbar wäre, im Sinne von Zusatzkosten berücksichtigen (Opportunitätskosten).

Kalkulatorischer Unternehmerlohn

Der kalkulatorische Unternehmerlohn ist bei Einzelunternehmen und Personengesellschaften zu berücksichtigen: Da hier der Unternehmer kein Gehalt empfängt, dass in der Kostenrechnung als Personalkosten erfasst werden könnte, wird dies unter Privatentnahmen verbucht. Als Ansatz wird hier ein Opportunitätskostensatz gewählt. Der kalkulatorische Betrag entspricht dem durchschnittlichen Gehalt einer Führungskraft in vergleichbarer Position.

Kalkulatorische Zinsen

Kalkulatorische Zinsen werden für das Eigenkapitel des Unternehmens berücksichtigt. Die Zinsen ergeben sich durch eine Wert- und eine Mengenkomponente. Als Wertkomponente wird der durchschnittliche Marktzinssatz gewählt. Die Mengenkomponente wird aus dem betriebsnotwendigen Vermögen ermittelt.

1. Ermittlung des bilanziellen Gesamtvermögens aus der Aktivseite der Handelsbilanz (Anlage- und Umlaufvermögen).
2. Abzug des neutralen nicht betriebsnotwendigen Vermögens. (Insbesondere die Teile, die zu reinen Spekulationszwecken und nicht für den eigentlichen Betriebszweck angeschafft wurden.)
3. Zuzüglich der nicht aktivierten betriebsnotwendigen Vermögensgegenstände.

= Betriebsnotwendiges Vermögen

4. Subtraktion des von Dritten zinslos zur Verfügung gestellten Fremdkapitals
   (= Abzugskapital, z.B. Kundenanzahlungen, zinslose Lieferantenkredite)

= Betriebsnotwendiges Kapital

5. Berechnung der kalkulatorischen Zinsen durch Multiplikation des betriebsnotwendigen Kapitals mit dem durchschnittlichen Marktzinssatz.

= Kalkulatorische Zinsen

Kalkulatorische Wagnisse

Durch die Berücksichtigung der kalkulatorischen Wagnisse sollen besondere betriebliche Einzelrisiken in der Kostenrechnung berücksichtigt werden.

<table>
<tr><td rowspan="8">kalkulatorische Wagnisse</td><td colspan="3">allgemeines Unternehmerwagnis</td></tr>
<tr><td rowspan="7">Einzelwagnisse</td><td colspan="2">versicherte Wagnisse</td></tr>
<tr><td rowspan="6">unversicherte Wagnisse</td><td>Beständewagnis</td></tr>
<tr><td>Anlagenwagnis</td></tr>
<tr><td>Beschäftigungswagnis</td></tr>
<tr><td>Entwicklungswagnis</td></tr>
<tr><td>Debitorenwagnis</td></tr>
<tr><td>sonstige Wagnisse</td></tr>
</table>

Abb. 3-14: Wagnisse

Die Kostenrechnung erfasst Einzelwagnisse, die nicht durch Versicherungen abgedeckt sind. Einzelwagnisse stellen kalkulierbare Risiken dar, die direkt mit der betrieblichen Leistungserstellung im Zusammenhang stehen und zu unterschiedlichen Belastungen in den einzelnen Perioden führen. Beispiele für Einzelwagnisse sind Arbeitswagnisse (Ausfallzeiten der Belegschaft), Beständewagnisse (Schwund, Verderben, Technische Veralterung), Anlagenwagnisse (Störungen, Fehleinschätzungen der Nutzungsdauer), Fertigungswagnisse (Mehrkosten wegen Konstruktionsfehlern etc.), Entwicklungswagnisse (erfolglose FuE-Arbeiten), Gewährleistungswagnisse (Nachbesserungen, Reparaturen), Debitorenwagnisse (Forderungsausfälle, Währungsverluste) und sonstige Wagnisse (Unglücksfälle). Das allgemeine Unternehmerwagnis wird nicht gesondert berücksichtigt, da dieses über die Gewinne abgedeckt wird.

❶ *Begriffe zum Nachlesen*

Kostenarten
Gemeinkosten
Fixkosten
Sekundäre Kosten
Abschreibungen
Unternehmerlohn
Kalkulatorische Miete
Betriebsmittelkosten
Inventurmethode
Einzelkosten
Variable Kosten
Kalkulatorische Kosten
Primäre Kosten
Wagnisse
Kalkulatorische Zinsen
Skontraktionsmethode
Retrograde Methode

❷ *Wiederholungsfragen*

1. Nach welchen Gliederungskriterien können Kosten unterteilt werden?
2. Stellen Sie die kalkulatorischen Abschreibungsmethoden analytisch und grafisch dar.
3. Welche zentrale Frage soll in der Kostenartenrechnung beantwortet werden?
4. Zu welchen zentralen Kostenkategorien gelangt man in der Kostenartenrechnung, wenn als Einteilungskriterium für die Kosten die Art der Verrechnung und das Verhalten bei Beschäftigungsschwankungen herangezogen werden? Definieren Sie diese Kostenkategorien und erstellen Sie anschließend eine Übersicht, die die Beziehungen zwischen diesen Kostenkategorien verdeutlicht.
5. Kalkulatorische Zinsen: Beschreiben Sie die Vorgehensweise der Berechnung unter besonderer Berücksichtigung des betriebsnotwendigen Kapitals.
6. Ein Unternehmer möchte eine Maschine mit dem geschätzten Wiederbeschaffungswert von 150.000,- Euro über eine Nutzungsdauer von fünf Jahren kostenrechnerisch abschreiben. Nach der Nutzungsdauer kann er die Maschine für 15.000,- EURO weiterverkaufen. Errechnen Sie die jeweiligen Abschreibungsbeträge.
   ☞ **vgl. Lösungshinweise**
7. Für eine Maschine liegen folgende Daten vor:
   Anschaffungsbetrag = 15.000 EURO
   Leistungsvorrat = 60.000 Stück
   Nach einem Jahr zeigt der Zählerstand der Maschine 11.450 Stück an. Mit welchem Abschreibungsbetrag kann die Abnutzung der Maschine durch die erbrachte Leistung in der Kostenrechnung verrechnet werden?
   ☞ **vgl. Lösungshinweise**

❸ *Literaturhinweise*

Coenenberg, A.G.: Kostenrechnung und Kostenanalyse, 7. Aufl. Stuttgart 2009.

Däumler, K.-D.; Grabe, J.: Kostenrechnung I, 10. Aufl. Herne 2008.

Ehrmann, H.: Kostenrechnung, 2. Aufl. München 1997.

Haberstock, L.: Kostenrechnung I, 13. Aufl. Berlin 2008.

Schweitzer, M.; Küpper, H.U.: Systeme der Kosten- und Erlösrechnung, 9. Aufl. München 2008.

3. Kostenstellenrechnung

In diesem Kapitel lernen Sie

- die Grundprinzipien der Kostenstellenrechnung,
- die innerbetriebliche Leistungsverrechnung sowie
- den Betriebsabrechnungsbogen kennen.

Die *Kostenstellenrechnung* soll Auskunft darüber geben, welche Kostenarten in welcher Höhe in den einzelnen Kostenstellen des Unternehmens während einer bestimmten Abrechnungsperiode angefallen sind. Die Kostenstellenrechnung ist im Mehrproduktunternehmen die Voraussetzung für die Verrechnung der Gemeinkosten auf die Kostenträger und stellt damit das Bindeglied zwischen Kostenarten- und Kostenträgerrechnung dar.

3.1 Aufgaben der Kostenstellenrechnung

Die Kostenstellenrechnung erfasst die Kosten am Ort ihrer Entstehung, um

1. die Kontrolle der Wirtschaftlichkeit (Kostenkontrolle) an dem Ort durchzuführen, an dem die Kosten zu beeinflussen und zu verantworten sind;
2. die Kostenträgerrechnung vorzubereiten und die Genauigkeit der Kalkulation zu erhöhen (gem. dem Verursachungsprinzip müssen die Gesamtkosten nach Kostenstellen differenziert den Kostenträgern zugerechnet werden);
3. die Vorbereitung der Planung zu ermöglichen und relevante Kosten aus den einzelnen Betriebsbereichen zu liefern;
4. die Bewertung von unfertigen und fertigen Produkteinheiten zu erleichtern.

3.2 Gliederung der Kostenstellen

Eine Kostenstelle ist ein Bereich des Betriebs, der einer eigenständigen Abrechnung unterliegt. Für die Grundsätze zur Bildung der Kostenstellen ergeben sich vier Kriterien, die eine Einteilung nach der Wirtschaftlichkeit widerspiegeln:

- Die Kostenstellen sind möglichst sauber abzugrenzen, sodass eine proportionale Beziehung zwischen Kosten und Leistungen besteht.
- Es sollte eine Identität zwischen Kostenstelle und Verantwortungsbereich vorliegen.
- Für jede Kostenstelle sind Maßgrößen zur Aufschlüsselung der Kosten zu finden.
- Die Kostenbelege müssen sich genau und gleichzeitig auf die Kostenstellen verbuchen lassen.

Kostenstellen können nach verschiedenen Kriterien gegliedert werden nach

- Funktionsbereichen,

  (Diese Unterteilung kann zu einem Kostenstellenplan führen, der Kostenstellen wie Fertigung, Materialstellen, Verwaltungsstellen, Vertriebs-, Entwicklungs- und Entsorgungsstellen umfasst.)

- Verantwortungsbereichen,
- räumlichen Gesichtspunkten,
- Kostenträgergesichtspunkten und
- abrechnungstechnischen Gesichtspunkten.

Diese Gliederung führt zu Hilfskostenstellen und Hauptkostenstellen. *Vorkostenstellen* geben ihre Kosten an andere Kostenstellen ab. *Hauptkostenstellen* werden direkt, nach leistungstechnischen Aspekten, auf den Kostenträger umgerechnet.

3.3 Ablauf der Kostenstellenrechnung im Betriebsabrechnungsbogen

Die Kostenstellenrechnung umfasst vier Arbeitsschritte:

- Verteilung der primären Gemeinkosten auf die Kostenstellen nach dem Verursachungsprinzip;
- Durchführung der innerbetrieblichen Leistungsverrechnung (die Umlage der Kosten der Hilfskostenstellen auf die Hauptkostenstellen ergibt die sekundären Gemeinkosten);
- Bildung von Kalkulationssätzen;
- Kostenkontrolle.

Diese Arbeitsschritte werden in der Praxis mithilfe eines Betriebsabrechnungsbogens (BAB) durchgeführt. Der Betriebsabrechnungsbogen ist eine Tabelle, in der spaltenweise die Kostenstellen und zeilenweise die Kostenarten aufgeführt sind.

Kostenarten	Kostenstellen	
	Hilfskostenstellen	Hauptkostenstellen
Kostenart 1 Kostenart 2 ... Kostenart n	1. Verteilung der (primären) Gemeinkosten auf die Kostenstellen nach dem Verursachungsprinzip (erste Schlüsselung)	
Umlage 1 Umlage 2 ... Umlage n	2. Verteilung der Kosten der Hilfskostenstellen auf die Hauptkostenstellen: innerbetriebliche Leistungsverrechnung (zweite Schlüsselung)	
	3. Bildung von Kalkulationssätzen für die Hauptkostenstellen (dritte Schlüsselung)	
	4. Ermittlung von Über- und Unterdeckung (Kontrolle in der Normalkostenrechnung)	

Abb. 3-15: Formaler Aufbau eines Betriebsabrechnungsbogens

3.3.1 Verteilung der primären Gemeinkosten

Die primären Gemeinkosten, die im Rahmen der Kostenartenrechnung ermittelt wurden, sind nun nach dem Verursachungsprinzip auf die einzelnen Kostenstellen zuzurechnen. Diese Kostenträgergemeinkosten stellen, wenn sie auf einzelne Kostenstellen zurechenbar sind, Kostenstelleneinzelkosten dar. Die Zurechnung erfolgt mithilfe von betrieblichen Belegen, wie zum Beispiel Materialentnahmescheinen, Lohnzetteln etc.

3.3.2 Verrechnung innerbetrieblicher Leistungen

Im Unternehmen entstehen Leistungen, die nicht nach außen gelangen und für die daher kein Marktpreis existiert. Diese innerbetrieblichen Leistungen sind sekundäre Gemeinkosten und müssen im Rahmen der innerbetrieblichen Leistungsverrechnung verursachungsgerecht umgerechnet werden. Beispiele sind die Erzeugung von Dampf und Strom, eigene Transportleistungen, Reparaturleistungen und selbsterstellte Anlagen. Können diese Leistungen nicht aktiviert werden, sondern werden sofort verbraucht, muss eine Verrechnung zwischen erstellenden und empfangenden Stellen erfolgen.

Problematisch bei der innerbetrieblichen Leistungsverrechnung ist, dass die Hilfskostenstellen Leistungen untereinander austauschen (in den Abbildungen repräsentiert durch Pfeile). Eine Stelle kann also nicht abrechnen, ehe sie nicht den Verrechnungssatz der anderen Stelle kennt und umgekehrt. Dies wird als das Problem der innerbetrieblichen Leistungsverrechnung bezeichnet. Es können vier verschiedene Fälle der innerbetrieblichen Leistungsverknüpfung identifiziert werden.

Typen innerbetrieblicher Leistungsverflechtungen	**Art der Leistungsverflechtung**	**Anwendbare Verfahren der innerbetrieblichen Leistungsverrechnung**
Typ I 	Einseitige, einstufige Leistungsabgabe an eine Kostenstelle	• Summarische oder kostenartenweise Umlage • Verrechnung einzelner innerbetrieblicher Leistungen - Kostenartenverfahren - Kostenstellenausgleichsverfahren - Kostenträgerverfahren
Typ II 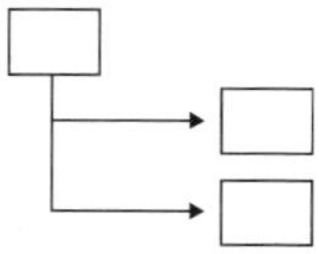	Einseitige, einstufige Leistungsabgabe an mehrere Kostenstellen	
Typ III 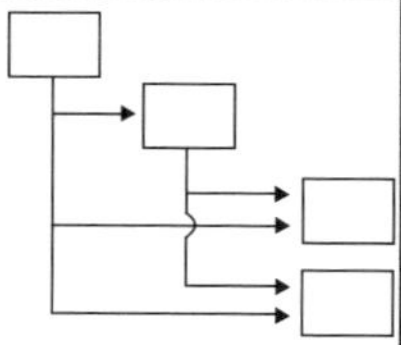	Einseitige, mehrstufige Leistungsabgabe	• Kostenstellenumlageverfahren - Anbauverfahren (Blockumlage) - Stufenleiterverfahren (Treppenumlage)
Typ IV 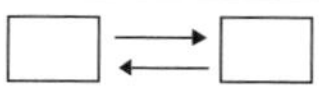	Gegenseitige Leistungsabgabe	• Gleichungsverfahren • Iteratives Verfahren • Gutschrift-Lastschrift-Verfahren

Abb. 3-16: Innerbetriebliche Leistungsverflechtungen (Hummel/Männel 2000)

Wie in der Abbildung 3-16 zu erkennen ist, werden für unterschiedliche Verflechtungsarten optimale Lösungsvorschläge angeboten. Hier wird das simultane Gleichungsverfahren und das Stufenleiterverfahren näher betrachtet.

Simultanes Gleichungsverfahren

Das Gleichungsverfahren ermittelt die innerbetrieblichen Verrechnungssätze mittels eines Systems linearer Gleichungen, wobei die Anzahl der Gleichungen der Anzahl der Hilfskostenstellen entspricht und die gesuchten Verrechnungssätze durch Variablen repräsentiert werden. Dieser Vorgehensweise liegt das Prinzip der exakten Kostenüberwälzung zugrunde, sodass die Summe der primären und sekundären Gemeinkosten (Gesamtkosten) einer Hilfskostenstelle genau den abgegebenen Leistungen dieser Kostenstelle entspricht, die mit den ermittelten Verrechnungspreisen bewertet werden.

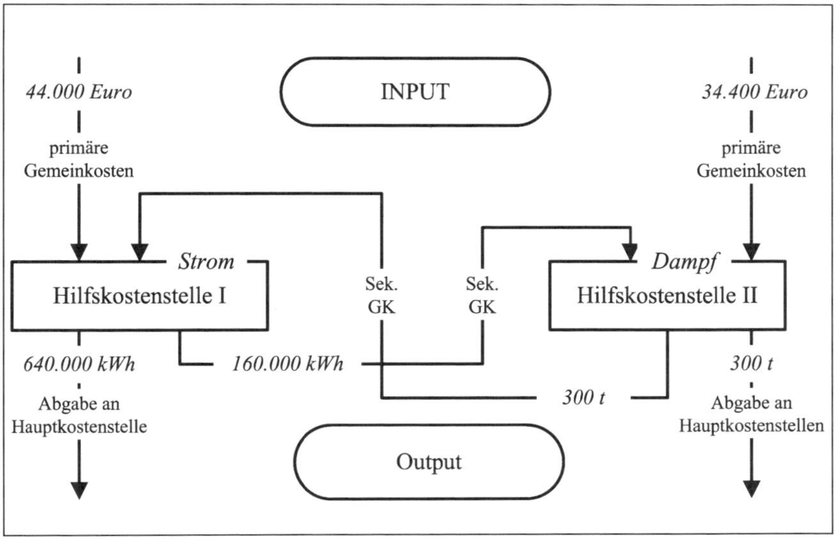

Abb. 3-17: Innerbetriebliche Leistungsverrechnung nach dem Gleichungsverfahren

Für jede Kostenstelle muss eine Gleichung aufgestellt werden. Diese Gleichung muss den bewerteten Input und den bewerteten Output jeder Hilfskostenstelle wiedergeben, da innerhalb der Kostenstellen keine Leistungen verlorengehen. Aus den Zahlen von Abbildung 3-17 ergeben sich folgende Gleichungen:

Leistung	Verrechnungs-preis	Input = Output Primäre GK + Sekundäre GK = Leistung
Strom	p_1	44.000 EURO + 300t · p_2 = 800.000 · p_1
Dampf	p_2	34.400 EURO + 160.000kWh · p_1 = 600t · p_2

Abb. 3-18: Simultanes Gleichungsverfahren

Diese Gleichungen sind aufzulösen und die Verrechnungspreise p_1 und p_2 auszurechnen.

Stufenleiterverfahren

Beim Stufenleiterverfahren handelt es sich um eine sukzessive Methode, bei der die Kosten einer Kostenstelle nach dem Verursachungsprinzip verrechnet werden. Die Leistungen von bereits abgerechneten Stellen werden dabei vernachlässigt. Ausgangspunkt ist eine Kostenstelle, die möglichst wenige Leistungen von anderen Kostenstellen erhält. Für diese Kostenstelle wird ein Verrechnungssatz ermittelt und mit diesem die Leistungsabgabe an die anderen Kostenstellen bewertet. Die Verrechnungssätze werden immer auf die gleiche Art und Weise ermittelt. Die Gesamtkosten der Kostenstelle werden durch die erstellte bzw. abgegebene Leistungsmenge dividiert, sodass ein Kostensatz entsteht, der den EURO Betrag pro Einheit wiedergibt. In der Abbildung 3-19 ist diese Vorgehensweise anhand eines mehrstufigen BAB nachzuvollziehen.

3.3.3 Bildung von Kalkulationssätzen

Kalkulationssätze stellen das Bindeglied zwischen Kostenstellenrechnung und Kostenträgerrechnung dar, denn sie ermöglichen die Verrechnung der Gemeinkosten auf die Kostenträger gemäß dem Verursachungsprinzip. Sie sind relevante Kosten oder dienen ihrer Ermittlung. Zudem bilden sie die Basis für die Kostenkontrolle, denn die Soll-Kosten für den Soll-Ist-Vergleich werden mittels der Multiplikation von dem Plankalkulationssatz mit der Ist-Größe ermittelt.

$$\text{Kalkulationssatz} = \frac{\text{Gemeinkosten der Stelle}}{\text{Bezugsgröße der Stelle}} \quad \left[\frac{\text{EURO}}{\text{Verrechnungseinheit}}\right]$$

➊ *Begriffe zum Nachlesen*

Kostenstellen	Betriebsabrechnungsbogen
Simultanes Gleichungsverfahren	Stufenleiterverfahren
Zuschlagssätze	Verrechnungssätze
Hilfskostenstelle	Nebenkostenstelle
Vorkostenstelle	Hauptkostenstelle
Nachkostenstelle	Innerbetriebliche Leistungen
Sekundäre Gemeinkosten	

➋ *Wiederholungsfragen*

1. Nennen Sie die Aufgaben der Kostenstellenrechnung.
2. Welche Grundsätze sind bei der Gliederung von Kostenstellen zu beachten?
3. Erläutern Sie den Ablauf der Kostenstellenrechnung im Rahmen eines mehrstufigen BAB´s.

			Kostenstellen									
			Allgemeine Hilfskostenstellen		Fertigungshilfsstellen		Fertigungshauptstellen					
	Kostenarten	Summe	Grundstücke und Gebäude	Kraftanlagen	Reparaturen	Arbeitsvorbereitung	Zuschnitt	Tischlerei	Montage	Materialstelle	Verwaltung	Vertrieb
Primäre Gemeinkosten	Hilfslöhne	6.900 €	500,00 €	300,00 €	200,00 €	900,00 €	1.700,00 €	1.500,00 €	550,00 €	300,00 €	150,00 €	800,00 €
	Gehälter	19.830,00 €	2.800,00 €	250,00 €	3.000,00 €	4.500,00 €	1.900,00 €	1.380,00 €	100,00 €	700,00 €	2.000,00 €	3.200,00 €
	Sozialkosten	3.230,00 €	360,00 €	100,00 €	150,00 €	500,00 €	450,00 €	500,00 €	100,00 €	170,00 €	400,00 €	500,00 €
	Fremddienste	3.600,00 €	2.500,00 €	150,00 €	250,00 €	0 €	70,00 €	120,00 €	0 €	0 €	200,00 €	310,00 €
	Betriebsstoffe	2.000,00 €	0 €	300,00 €	80,00 €	50,00 €	100,00 €	300,00 €	0 €	180,00 €	500,00 €	490,00 €
	Abschreibungen	5.770,00 €	1.800,00 €	200,00 €	0 €	190,00 €	680,00 €	500,00 €	100,00 €	0 €	1.700,00 €	600,00 €
	Zinsen	2.380,00 €	200,00 €	100,00 €	20,00 €	10,00 €	400,00 €	700,00 €	150,00 €	50,00 €	650,00 €	100,00 €
	Summe	43.710,00 €	8.160,00 €	1.400,00 €	3.700,00 €	6.150,00 €	5.300,00 €	5.000,00 €	1.000,00 €	1.400,00 €	5.600,00 €	6.000,00 €
		Umlagesatz										
Sekundäre GK	Umlage Grundstücke und Gebäude	6,18 €	→	618,18 €	247,27 €	123,64 €	1.730,91 €	1.545,45 €	1,854,55 €	618,18 €	927,27 €	494,55 €
	Umlage Kraftanlagen	1,24 €		→	310,49 €	37,26 €	534,04 €	484,36 €	260,81 €	136,62 €	217,34 €	37,26 €
	Umlage Reparaturen	35,48 €			→	177,41 €	325,81 €	532,22 €	1.774,07 €	354,81 €	177,41 €	887,03 €
	Umlage Arbeitsvorbereitung	56,42 €				→	3.949,41 €	564,20 €	1.410,50 €	112,84 €	282,10 €	169,26 €
	Summe Gemeinkosten						**11.869,17 €**	**8.126,23 €**	**6.299,93 €**	**2.622,45 €**	**7.204,12 €**	**7.588,10 €**
						Einzelkosten Löhne	9.000,00 €	8.500,00 €	4.000,00 €			
						EK-Material				38.500,00 €		
						Herstellkosten					88.917,78 €	70.015,00
						Zuschlagssätze	**131,88 %**	**95,60 %**	**157,50 %**	**6,81 %**	**8,10 %**	**8,35 %**

Abb. 3-19: Mehrstufiger Betriebsabrechnungsbogen

4. Was sind innerbetriebliche Leistungen und was ist das Problem der innerbetrieblichen Leistungsverrechnung?
5. Erläutern Sie das simultane Gleichungsverfahren und das Stufenleiterverfahren zur innerbetrieblichen Leistungsverrechnung.
6. Erläutern Sie die Aussage, dass Kalkulationssätze das Bindeglied zwischen Kostenstellen- und Kostenträgerrechnung sind.
7. Die primären Gemeinkosten ergeben nach ihrer Umlage auf die Kostenstellen folgendes Bild:

Dampferzeugung	34.400 EURO	Stromerzeugung	44.000 EURO
Fertigungsstelle	433.500 EURO	Materialstelle	36.600 EURO
Verwaltung	91.500 EURO		

Die Leistung der Dampferzeugung beträgt 600 t. Sie wird im Verhältnis 1:1 auf die Stromerzeugung und die Fertigungsstelle verteilt.
Die Leistung der Stromerzeugung beträgt 800.000 kWh. Die Verbräuche in den Kostenstellen betragen:

Dampferzeugung	160.000 kWh	Fertigung	500.000 kWh
Material	40.000 kWh	Verwaltung	100.000 kWh

a) Führen Sie die Umlage der Vorkostenstellen auf die Endkostenstellen durch.
b) Ermitteln Sie die Zuschlagssätze für die Kalkulation, wenn der Fertigungslohn 100.000 EURO und die Kosten für das Fertigungsmaterial 80.000 EURO betragen.

☞ **vgl. Lösungshinweise**

8. Vervollständigen Sie den folgenden „Rest“-BAB durch die innerbetriebliche Leistungsverrechnung nach dem Stufenleiterverfahren und ermitteln Sie die Kalkulationssätze (Gemeinkostenzuschlagssätze), wobei für Verwaltung und Vertrieb ein einheitlicher Satz ermittelt werden soll. Alle erforderlichen Angaben finden sich in der unteren Tabelle, die nur Mengengrößen (qm und Reparaturstunden) enthält:

Kostenstelle	Gebäude	Werkstatt	Fertigung I	Fertigung II	Meister-büro	Verwal-tung	Vertrieb	Summe GK
primäre GK	5.000,-	12.000,-	42.000,-	16.000,-	4.000,-	25.000,-	8.000,-	
Umlage Gebäude								
Summe GK nach Umlage								
Umlage Werkstatt								
Summe GK nach Umlage								
Umlage Meisterbüro								
Summe GK								
Bezugsgröße			114.000,-	700 Std.		170.000,-		
Kalkulations-satz								
Umlage Gebäude (m²)		2000	4.000	2.000	1.000	500	500	
Umlage Werkstatt (Std.)		-	200	50	-	-	10	
Umlage Mei.-Büro (2:1 auf I und II)			2	1				
Art der Bezugsgröße			EURO Akkordlohn	Masch.-Std.		EURO Herstellkosten des Umsatzes		

☞ **vgl. Lösungshinweise**

❸ *Literaturhinweise*

Coenenberg, A.G.: Kostenrechnung und Kostenanalyse, 7. Aufl. Stuttgart 2009.

Däumler, K.-D.; Grabe, J.: Kostenrechnung I, 10. Aufl. Herne 2008.

Ehrmann, H.: Kostenrechnung, 2. Aufl. München 1997.

Haberstock, L.: Kostenrechnung I, 13. Aufl. Berlin 2008.

Hummel, S; Männel, W.: Kostenrechnung. 2 Bde., Bd. 1: 4. Aufl. Wiesbaden 1986 (Nachdruck 2000), Bd. 2: 3. Aufl. Wiesbaden 1983 (Nachdruck 2000).

Schweitzer, M.; Küpper, H.U.: Systeme der Kosten- und Erlösrechnung, 8. Aufl. München 2003.

4. Kostenträgerrechnung

In diesem Kapitel lernen Sie

- die Grundprinzipien der Kostenträgerrechnung,
- die Kalkulationsverfahren und
- die Divisionskalkulationen und Zuschlagskalkulationen kennen.

4.1 Begriff und Aufgaben der Kostenträgerrechnung

In der *Kostenträgerrechnung* werden die insgesamt angefallenen Kosten auf die betrieblichen Leistungen (Kostenträger) verrechnet.

Die Kostenträgerrechnung dient zur Ermittlung der Herstell- und Selbstkosten und bildet die Grundlage für die

- Bestandsbewertung der Halb- und Fertigfabrikate sowie der selbsterstellten Anlagen in der Handels- und Steuerbilanz,
- Durchführung der kurzfristigen Erfolgsrechnung,
- preispolitischen Entscheidungen (z.B. Ermittlung der Preisuntergrenzen und Selbstkostenpreise bei öffentlichen Auftragsvergaben) und
- Planungsrechnung.

Die *Kostenträgerzeitrechnung* ist eine Periodenrechnung und ermittelt die in der Periode insgesamt angefallenen Kosten pro Leistungsart. Die *Kostenträgerstückrechnung*, auch Kalkulation genannt, ermittelt die Selbst- bzw. Herstellkosten pro Leistungseinheit. In der Literatur wird der Kalkulationsbegriff wie folgt differenziert:

Kalkulation	Zweck	Selbstkostenkalkulation
		Absatzkalkulation
	Zeitpunkt der Durchführung	Vorkalkulation
		Zwischenkalkulation
		Nachkalkulation
	Art der Marktsituation	Vorwärtskalkulation
		Differenzkalkulation
		Rückwärtskalkulation
	Methode der Berechnung	Divisionskalkulation
		Zuschlagskalkulation

Abb. 3-20: Kostenträgerstückrechnung

Besondere Beachtung muss den Berechnungsverfahren geschenkt werden, da diese einen wesentlichen Einfluss auf die Bestimmung der Selbstkosten und den Absatzpreis haben. Die Divisionskalkulation wird in unterschiedlichen Varianten durchgeführt. Eine einstufige und eine mehrstufige Divisionskalkulation ist genauso wie die Äquivalenzziffernkalkulation anzutreffen. Die Zuschlagskalkulation wird als differenzierte und als undifferenzierte Methode angewendet.

4.2 Divisionskalkulation

Bei der Divisionskalkulation werden die Gesamtkosten durch die erstellten Leistungseinheiten dividiert. Diese Methode ist sehr einfach und nur bei Einproduktunternehmen ohne Lagerhaltung anzuwenden.

$$\text{Selbstkosten pro Stück} = \frac{\text{Gesamtkosten}}{\text{Produktionsmenge}} \qquad k = \frac{K}{x}$$

Die mehrstufige Divisionkalkulation wird angewendet, wenn eine Unterscheidung zwischen Absatz- und Produktionsmenge vorhanden ist, also eine Lagerhaltung anzutreffen ist.

$$\begin{array}{l}\text{Selbstkosten}\\ \text{pro Stück}\end{array} = \frac{\text{Herstellkosten}}{\text{Produktionsmenge}} + \frac{\text{Verwaltungs- \& Vertriebskosten}}{\text{Absatzmenge}}$$

Diese zweistufige Form kann nun beliebig erweitert werden, wenn die Kostenentstehung für unterschiedliche betriebliche Teilbereiche getrennt werden kann.

Sollte eine Sortenfertigung vorliegen, bei der die Kostenstruktur der einzelnen Produkte gleichartig ist, empfiehlt sich der Einsatz einer Äquivalenzziffernkalkulation. Dabei werden die Kosten eines Produktes mithilfe der Äquivalenzziffern in Relation zu einem Standardprodukt berechnet. Der Vorteil dieser Methode ist, dass nur für das Standardprodukt eine exakte Kalkulation durchgeführt werden muss und für die Äquivalenzprodukte mithilfe von Auf- und Abschlägen die Kosten berechnet werden können. Eine Äquivalenzziffer von 1,1 für ein Produkt bedeutet, dass dieses Produkt 10% höhere Kosten verursacht als das Standardprodukt mit der Äquivalenzziffer 1. Eine Äquivalenzziffer von 0,8 drückt demnach nur 80% der Standardkosten aus.

4.3 Zuschlagskalkulation

Die *Zuschlagskalkulation* ist ein Kalkulationsverfahren, das in der Regel bei Mehrproduktfertigung anzutreffen ist. Die in der Kostenartenrechnung ermittelten Einzelkosten und die in der Kostenstellenrechnung berechneten Kalkulationssätze werden zur Berechnung der Selbstkosten herangezogen. Erfolgt die Zurechnung der Gemeinkosten mit einem einzigen Kalkulationssatz, spricht man von einer einstufigen Zuschlagskalkulation. Die mehrstufige Zuschlagskalkulation wird nach dem folgenden Schema durchgeführt.

<table>
<tr><td>Material-
einzelkosten
+</td><td>Material-
gemein-
kosten</td><td>Fertigungs-
einzelkosten
+</td><td>Fertigungs-
gemein-
kosten</td><td rowspan="3">Verwaltungs-
gemeinkosten</td><td rowspan="4">Vertriebs-
gemein-
kosten</td></tr>
<tr><td colspan="2">= Materialkosten</td><td colspan="2">= Fertigungskosten</td></tr>
<tr><td colspan="4">= Herstellkosten</td></tr>
<tr><td colspan="5">= Herstellungskosten</td></tr>
<tr><td colspan="6">= Selbstkosten</td></tr>
</table>

Abb. 3-21: Kalkulationsschema für die Zuschlagskalkulation

Die Materialkosten werden aus den Materialeinzelkosten und dem Gemeinkostenzuschlag ermittelt. Das Gleiche gilt für die Fertigungskosten. Die Materialkosten und die Fertigungskosten werden zu Herstellkosten addiert. Üblicherweise wird in der Literatur anschließend der Vorschlag gemacht, die Verwaltungs- und Vertriebsgemeinkosten zuzurechnen, um die Selbstkosten zu ermitteln. Wir trennen diese Komponenten und ermitteln zunächst die aus dem Handelsrecht bekannten Herstellungskosten und ermitteln erst dann die Selbstkosten. Wenn auf diese Selbstkosten Skonto und Rabatte hinzugerechnet werden, kann der Endverkaufspreis ermittelt werden.

❶ *Begriffe zum Nachlesen*

Kostenträger
Kalkulationssatz
Divisionskalkulation
Zuschlagskalkulation
Kostenträgerstückrechnung
Äquivalenzziffer

❷ *Wiederholungsfragen*

1. Skizzieren Sie kurz die Kostenträgerrechnung.
2. Was versteht man unter dem Begriff des Kostenträgers?
3. Welche Aufgaben sind mit der Kostenträgerrechnung verbunden?
4. Entwickeln Sie das Schema der Zuschlagskalkulation! Begründen Sie die Aussage, dass Gemeinkostenzuschlagssätze das Bindeglied zwischen Kostenstellen- und Kostenträgerrechnung darstellen.
5. Erläutern Sie den Begriff der Äquivalenzziffer.
6. Ermitteln Sie für ein Unternehmen, das drei Fertigungsbereiche I,II,III umfasst, aufgrund der folgenden Informationen die vollen Selbstkosten pro Stück für einen Kundenauftrag:

Materialgemeinkostenzuschlag 5,29 %	Einzelmaterialkosten 15,- EURO
Fertigungsgemeinkostenzuschlag I 110%	Einzellöhne I 8,- EURO
Fertigungsgemeinkostenzuschlag II 330%	Einzellöhne II 6,- EURO
Fertigungsgemeinkostenzuschlag III 82,6%	Einzellöhne III 25,- EURO
einheitlicher Verwaltungs- und Vertriebsgemeinkostenzuschlag 10,14 %	

☞ **vgl. Lösungshinweise**

7. Die Unternehmung stellt drei Sorten eines Produktes (Sorte A, B und C) her. Alle drei Sorten durchlaufen die Fertigungskostenstelle I und II. Im letzten Monat fielen in der Kostenstelle I Kosten in Höhe von 11.168,- EURO und in der Kostenstelle II von 14.674,- EURO an.

Sorte	hergestellte Menge	Äquivalenzz. Kostenstelle I	Äquivalenzz. Kostenstelle II	Materialeinzelkosten (EURO/St.)
Sorte A	1240	1,0	0,9	5,50
Sorte B	860	1,3	1,2	6,50
Sorte C	520	1,1	1,0	7,80

Bestimmen Sie die Fertigungs-, Herstell- und Selbstkosten pro Stück für die einzelnen Sorten.

Der Materialgemeinkostensatz beträgt 8 % und der Verwaltungs- und Vertriebsgemeinkostensatz beträgt 10 %.

☞ **vgl. Lösungshinweise**

8. Ermitteln Sie mittels der Zuschlagskalkulation den Mindestverkaufspreis für den folgenden Auftrag, um Ihre Selbstkosten zu decken. Gehen Sie dabei von 10 % Rabatt und 2 % Skonto aus.

Fertigungsmaterial	7.800 EURO	**Zuschlagssatz Material**	6,25 %

Fertigungslohn:		**Zuschlagssätze**	**Fertigung:**
- Dreherei	4.350 EURO	Dreherei	0,50 EURO/ min
- Fräserei	3.870 EURO	Fräserei	
- Schlosserei	4.430 EURO	Schlosserei	0,80 EURO/ min

Fertigungszeiten:		**Zuschlagssatz:**	
- Dreherei	4.910 min	Verwaltung	2,8 %
- Fräserei	2.325 min	Vertrieb	3,4 %
- Schlosserei	3.640 min		

☞ **vgl. Lösungshinweise**

❸ ***Literaturhinweise***

Coenenberg, A.G.: Kostenrechnung und Kostenanalyse, 7. Aufl. Stuttgart 2009.

Däumler, K.-D.; Grabe, J.: Kostenrechnung I, 10. Aufl. Herne 2008.

Haberstock, L.: Kostenrechnung I, 13. Aufl. Berlin 2008.

IV. Produktion

1. Grundbegriffe der Produktion

In diesem Kapitel lernen Sie

- die Begriffe Produktion, produktives System,
- Produktionsfaktoren und Produkte sowie
- einige Ziele und Kennzahlen der Produktion kennen.

1.1 Produktion im produktiven System

Der Begriff *Produktion* kann unterschiedlich definiert werden. Allgemein ist es die Kombination bzw. Transformation von Produktionsfaktoren zum Zwecke der Erstellung von Sach- und/oder Dienstleistungen. In einer engeren Fassung ist Produktion die Leistungserstellung in Sachleistungsbetrieben (= Erstellung von Gütern materieller Art), also die Gewinnung, Aufbereitung, substanzielle Umwandlung und substanzerhaltende Umformung sowie der Zusammenbau oder die Zerlegung von Sachgütern (Wöhe/Döring 2008).

Die Produktion vollzieht sich in einem produktiven System. Ein *produktives System* besteht aus relativ dauerhaften Elementen wie Menschen, Maschinen und Anlagen, die genutzt werden, um Inputfaktoren in Output umzuwandeln (Rieper/Witte 2005).

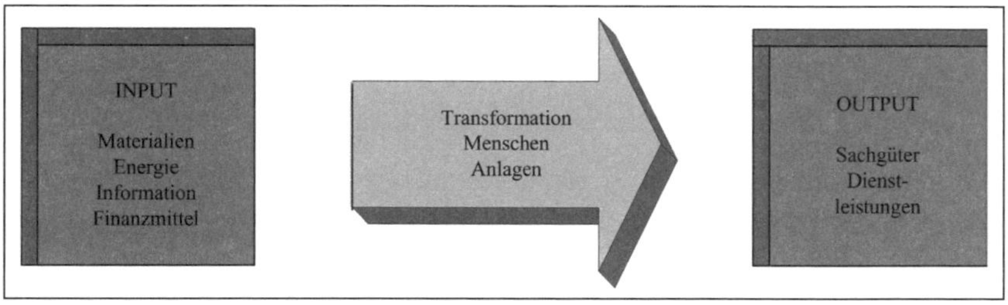

Abb. 4-1: Die Kennzeichen eines produktiven Systems

Dabei ist die Produktion, wie alle anderen betrieblichen Teilbereiche, in Geld- und Güterströme eingebunden. In unmittelbarstem Zusammenhang zur Produktion stehen der ihr vorgelagerte Beschaffungsbereich sowie der ihr nachgelagerte Absatzbereich; aber auch alle anderen Teilbereiche wie die Informations- und Finanzwirtschaft, die Unternehmenspolitik bzw. das Unternehmensumfeld im Allgemeinen üben einen mehr oder minder starken Einfluss auf die Produktionsvorgänge aus.

1.2 Typisierung der Produktion

Nachdem der Begriff der Produktion abgegrenzt wurde, muss nun eine Klassifizierung der verschiedenen Produktionen vorgenommen werden. Diese kann z.B. durch die Beschreibung der verwendeten Produktionsverfahren und -techniken erfolgen. Unter dem Produktionsverfahren wird nach *Riebel* die planvolle, in sich gleichbleibende und wiederholbare Möglichkeit zur Herstellung einer Produktart verstanden. Die dabei verwendeten Techniken lassen sich in Fertigungs-, Verfahrens- und Energietechnik unterscheiden.

Verfahrensarten	technisch	Fertigungstechnik
		Verfahrenstechnik
		Energietechnik
		Fördertechnik
		Mess- und Regeltechnik
	biologisch	pflanzliche Produktion
		Tierproduktion
		mikrobiologische Produktion
	geistig	Konzeptionierung
		Problemlösung

Abb. 4-2: Klassifikation der Produktionssysteme

Die aus der Kombination der obigen Merkmale entstehenden Produktionssysteme können dann weiter danach klassifiziert werden,

- wie häufig gleiche Tätigkeiten wiederholt werden (Repetitionstyp),
- wie die Betriebsmittel angeordnet sind (Anordnungstypen) und
- welche Struktur der Produktion zugrunde liegt (Produktionsstrukturtyp).

Durch die Kombination und die Beantwortung dieser drei Fragen kann der jeweilige Fertigungstyp der Produktion bestimmt werden. Zusätzlich kann nach der Ermittlung des Bedarfs, für den produziert wird, unterschieden werden, denn das Unternehmen kann auftragsgebunden oder für einen „anonymen" Markt, also ohne feste Bestellungen, produzieren.

Auf die sehr wesentliche Unterteilung produktiver Systeme nach Art der Betriebsmittelanordnung soll kurz eingegangen werden. Grundlegend ist hierbei die Unterscheidung in eine funktionsorientierte und eine materialflussorientierte Anordnung der Betriebsmittel. Werden funktionsgleiche oder funktionsähnliche Maschinen räumlich zusammengefasst, spricht man von einer Werkstattfertigung. Werden Maschinen entsprechend dem notwendigen Bearbeitungsablauf angeordnet und die Arbeitsstücke nur nach Bedarf weiterbewegt, spricht man von einer Reihenfertigung. Von einer Fließfertigung spricht man, wenn die Weitergabe technisch bedingt ist.

<table>
<tr><th colspan="5">Organisationsformen</th></tr>
<tr><td colspan="2">funktionsorientiert</td><td colspan="3">materialflussorientiert</td></tr>
<tr><td colspan="2">Werkstattfertigung</td><td>bei Bedarf</td><td colspan="2">technisch bedingt</td></tr>
<tr><td rowspan="2">örtlich gebunden</td><td rowspan="2">örtlich ungebunden</td><td rowspan="2">Reihenfertigung</td><td colspan="2">Fließfertigung</td></tr>
<tr><td>natürlich</td><td>künstlich</td></tr>
</table>

Abb. 4-3: Organisationsformen der Fertigung

Die Werkstattfertigung hat den Vorteil, dass sie flexibler auf Nachfrageschwankungen reagieren kann. Die Durchlaufzeiten sind bei ihr allerdings höher als bei der Fließfertigung und es sind Zwischenlager einzurichten. Die Arbeitskräfte sind durch die wechselnden Tätigkeiten auch häufig besser und umfangreicher qualifiziert als bei der Fließfertigung. Die Fließfertigung bietet sich immer dann an, wenn nur einige wenige Produkte mit den gleichen Fertigungsstufen produziert werden müssen.

Produktionssysteme	Zahl der Arbeitsgänge	einstufig
		mehrstufig
	Fertigungsformen	Einzelproduktion
		Serienproduktion
		Massenproduktion
	Struktur des Materialflusses	glatt
		konvergierend
		divergierend
		umgruppierend
	Kontinuität des Materialflusses	kontinuierlich
		diskontinuierlich
	Reihenfolge der Arbeitsgänge	fest
		variabel

Abb. 4-4: Produktionssysteme

Produktive Systeme können auch nach dem Wiederholungsgrad der Produktion, der Struktur des Materialflusses, der Zahl der Arbeitsgänge und der Reihenfolge der Arbeitsgänge systematisiert werden.

1.3 Produktionsfaktoren und Produkte

Die zu beschaffenden Faktoren sind unterschiedlich zu systematisieren. Hier wird dem Vorschlag von *Gutenberg* gefolgt. Der betriebliche Leistungsprozess benötigt menschliche Arbeitsleistung, Betriebsmittel und Werkstoffe. Dies sind die *Elementarfaktoren*. Die *Repetierfaktoren*, Werkstoffe und Betriebsstoffe, sind die Faktoren, die in das Produkt eingehen. Die *Potenzialfaktoren* Maschinen, Anlagen und Gebäude gehen beim Leistungsprozess nicht unter, sondern stellen das Leistungspotenzial des Betriebes dar. Da sich diese Faktorkombination nicht automatisch vollzieht, muss sie geleitet werden. Der dispositive Faktor lässt sich in die Geschäfts- und Betriebsleitung, die Planung und die Organisation zerlegen.

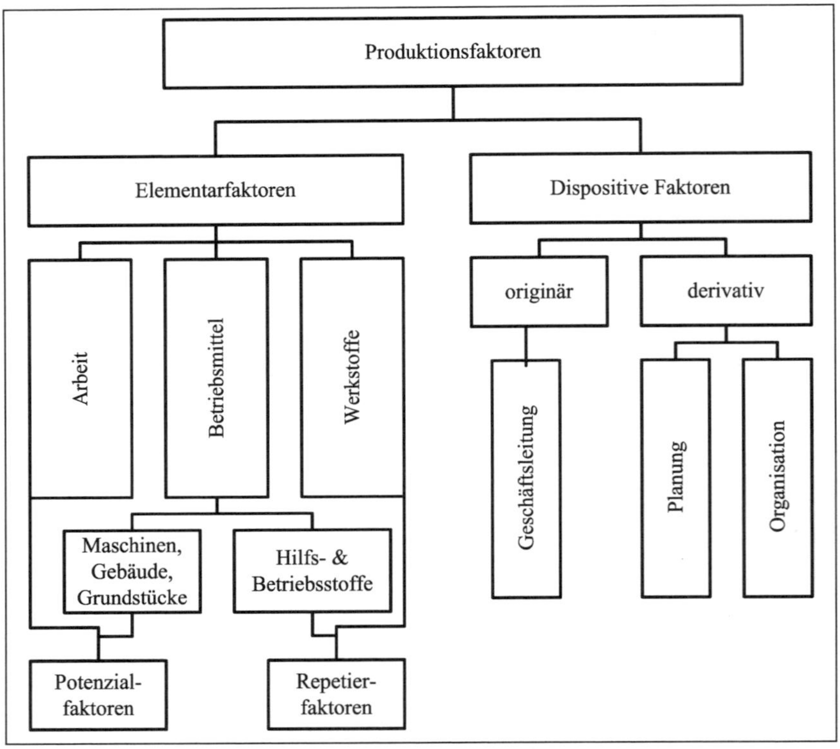

Abb. 4-5: Klassifikation der Produktionsfaktoren

Das Ergebnis des Produktionsprozesses ist das *Produkt*. Je nach Betrachtung kann dieses unterschiedlich systematisiert werden. Wenn das Produkt der Herstellung anderer Güter dient, dann spricht man von einem *Investitionsgut*. *Konsumgüter* dienen dem privaten Ge- und Verbrauch. Nach der Dauer der Nutzung unterscheidet man Verbrauchs- und Gebrauchsgüter. Zieht man die Tangibilität als Kriterium heran, können Sach- und Dienstleistungen produziert werden. Tangibilität meint die physische Greifbarkeit bzw. die Materialität des Produktes. Nach der Verwendbarkeit kann man End-, Zwischen- und Abfallprodukte unterscheiden, und wenn der Einzelne nicht von der Nutzung ausgeschlossen werden kann, spricht man von einem öffentlichen Gut. Schließlich lassen sich Produkte noch anhand der Art der Markierung in Markenprodukte und No-Name-Produkte unterscheiden.

Produkt		
	Dauer der Nutzung	Verbrauchsgut
		Gebrauchsgut
	Art der Markierung	Markenprodukt
		No-Name-Produkt
	Besitzstand	privates Gut
		öffentliches Gut
	Verwendbarkeit	Endprodukt
		Zwischenprodukt
		Abfallprodukt
	Tangibilität	Dienstleistung
		Sachleistung
	Zweck der Nutzung	Konsumgut
		Investitionsgut

Abb. 4-6: Produkte

❶ *Begriffe zum Nachlesen*

Produktion
Elementarfaktoren
Produkte
Reihenfertigung
Fließfertigung
Produktionsfaktoren
Repetierfaktoren
Produktionssystem
Werkstattfertigung

❷ *Wiederholungsfragen*

1. Skizzieren Sie das System der Produktionsfaktoren nach Gutenberg.
2. Systematisieren Sie produktive Systeme, Produkte und Produktionsfaktoren.
3. Erläutern Sie die Werkstattfertigung und die Fließfertigung als alternative Organisationsformen der Fertigung.

❸ *Literaturhinweise*

Adam, D.: Produktions-Management, 9. Aufl. Wiesbaden 1998.

Gutenberg, E.: Grundlagen der Betriebswirtschaftslehre, Band 1: Die Produktion, (Nachdruck der 24. Aufl. von 1983) Berlin, Heidelberg, New York 1994.

Rieper, B.; Witte, T.: Grundwissen Produktion, 5. Aufl. Frankfurt 2005.

Wöhe, G.; Döring, U.: Einführung in die Allgemeine Betriebswirtschaftslehre, 23. derAufl. München 2008.

2. Produktions- und Kostenfunktionen

In diesem Kapitel lernen Sie

- den Unterschied zwischen Limitationalität und Substitutionalität,
- das Ertragsgesetz und die Cobb/Douglas-Produktionsfunktion sowie
- die Leontief- und die Gutenberg-Funktion kennen.

Zur Herstellung von Gütern benötigt man Produktionsfaktoren, die kombiniert und verändert werden müssen. Zur Darstellung dieses Zusammenhangs zieht man Produktionsfunktionen heran. Diese sind mathematische Modelle, die die reale Beziehung zwischen Produktmengen und Einsatzfaktoren abbilden.

Eine Produktionsfunktion lautet dann: $x = f(r_1, r_2, \ldots r_n)$

x stellt die Produktmengen dar und die Produktionsfaktoren sind durch die Buchstaben r_1 bis r_n dargestellt.

Es existieren unterschiedliche Beziehungen zwischen diesen Produktionsfaktoren und der Outputmenge, sodass auch mehrere Typen von Produktionsfunktionen beschrieben werden können.

Der grundlegende Unterschied ist das Verhältnis der Produktionsfaktoren untereinander. Wenn die Produktionsfaktoren gegenseitig austauschbar sind, spricht man von Substitutionalität der Produktionsfaktoren. Man kann zum Beispiel für die Erstellung von 0,2 Liter Kirsch-Bananen-Saft unterschiedliche Mischungsverhältnisse von Bananen- und Kirschsaft verwenden. Wenn die Faktoren komplett ersetzt werden können, spricht man von der totalen Substituierbarkeit. In unserem Fall sollte dies nicht möglich sein, denn dann hätte man nur noch ein Glas Bananen- oder Kirschsaft. Daher spricht man hier von einer partiellen Substitution. Diese substitionalen Produktionsfunktionen werden üblicherweise als Produktionsfunktion vom Typ A bezeichnet.

Wenn sich die Outputmenge bei der Variation eines Inputfaktors und der Konstanz der übrigen Faktoren nicht verändert, spricht man von Limitationalität der Produktionsfaktoren. Die Einsatzverhältnisse zur Erstellung des Produktes sind fest und die Mengenerhöhung eines Faktors hat keine Auswirkung. Als Beispiel ist die Produktion eines Hockers zu nennen, der aus vier Beinen und einer Sitzfläche besteht. Die Erhöhung der Anzahl der Beine bringt alleine noch keinen zusätzlichen Hocker hervor. Diese limitationalen Produktionsfunktionen werden üblicherweise als Produktionsfunktion vom Typ B bezeichnet.

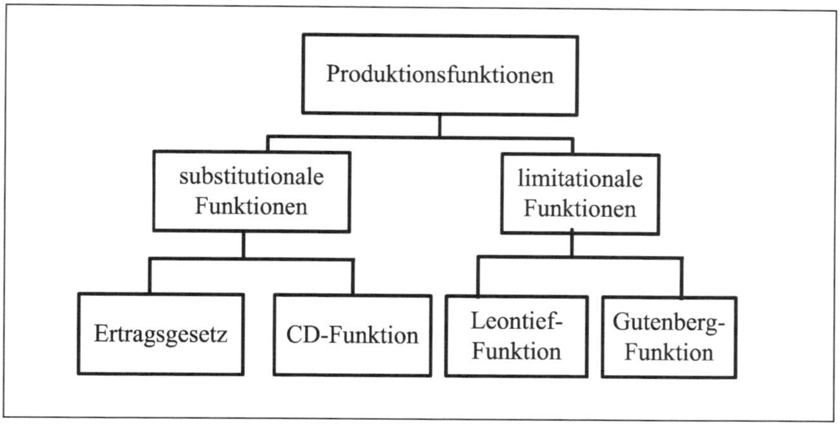

Abb. 4-7: Produktionsfunktionen

2.1 Substitutionale Produktionsfunktionen

Grundlegendes Merkmal der substitutionalen Produktionsfunktionen ist die Möglichkeit der peripheren Substitution der einzelnen Produktionsfaktoren. Zudem sind die Faktoreinsatz- und Produktmengen beliebig teilbar, die Produktqualität und Produktionszeit ist konstant und die Produktionsfunktion muss stetig und differenzierbar sein. Die substitutionalen Produktionsfunktionen werden üblicherweise mithilfe der partiellen Faktorvariation untersucht, bei der nur ein Produktionsfaktor variiert wird und alle weiteren Faktoren mithilfe einer unspezifizierten Ceteris-paribus-Klausel als konstant angesehen werden. Diese Vereinfachung ist statthaft, da die grundlegenden Aussagen nicht verändert werden.

2.1.1 Klassisches Ertragsgesetz

Das Ertragsgesetz von *Turgot*, auch klassische Produktionsfunktion genannt, gilt als einer der ersten Versuche, produktive Zusammenhänge funktional darzustellen. *Turgot* entwickelte, basierend auf Beobachtungen in der Landwirtschaft, das „Gesetz des abnehmenden Bodenertrags". Später wurde dann versucht, das Ertragsgesetz auch auf industrielle Produktionen anzuwenden. Es lässt sich wie folgt charakterisieren:

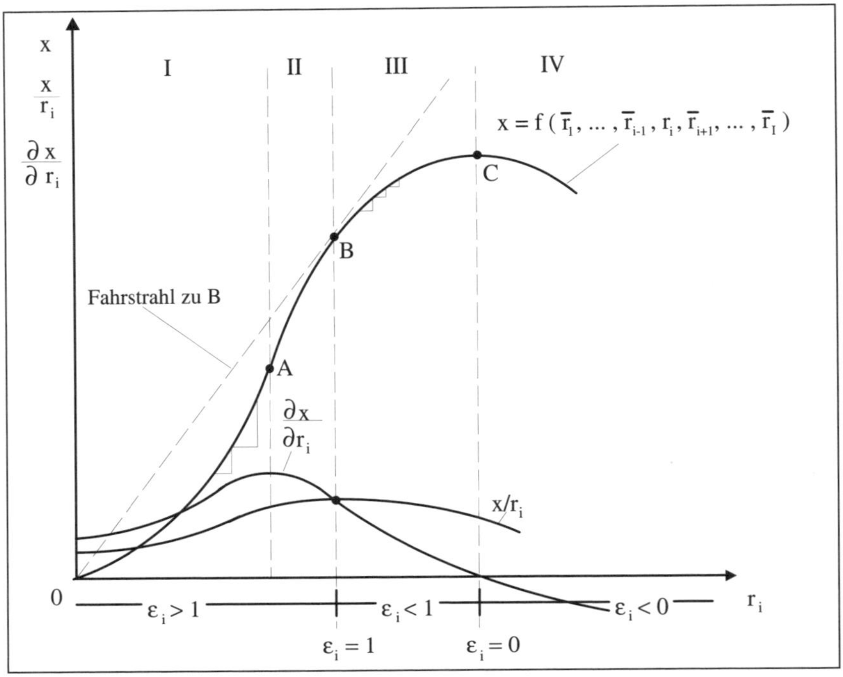

Abb. 4-8: Ertragsgesetzliche Produktionsfunktion

Bei vermehrtem Einsatz eines Faktors, unter gleichzeitiger Konstanz aller übrigen Faktoren, treten zuerst steigende und dann fallende Grenzerträge auf, d.h. der Output steigt im Verhältnis zum Input zunächst überproportional bis zu einem Wendepunkt und steigt dann unterproportional weiter; es ist möglich, dass sich ein Bereich negativer Grenzerträge anschließt, d.h. der Output fällt sogar bei weiterer Erhöhung des Inputs. Dieser Sachverhalt ist in der Abbildung 4-8 dargestellt und lässt sich über die vier Phasen wie folgt beschreiben:

I. Phase: Die Erträge, die Durchschnittserträge und die Grenzerträge steigen bis zum Maximum der Grenzerträge.

II. Phase: Die Durchschnittserträge erreichen am Ende der zweiten Phase ihr Maximum, während abnehmende Grenzerträge und unterproportional steigende Erträge vorliegen.

III. Phase: In der dritten Phase steigen die Erträge bis zu ihrem Maximum, die Grenzerträge fallen bis zum Nullpunkt und auch die Durchschnittserträge sinken.

IV. Phase: In der vierten Phase sind die Grenzerträge negativ; der Ertrag nimmt absolut ab.

Zur Analyse der Produktionsfunktion interessiert immer auch der Durchschnittsertrag, der Grenzertrag und die Steigung des Grenzertrages.

Phase	Gesamtertrag E	Durchschnittsertrag $e = E/x$	Grenzertrag E´	Steigungsmaß der Grenzertragskurve E´´	Endpunkte
I	positiv steigend	positiv steigend	positiv steigend bis Max.	positiv fallend bis Null	Wendepunkt $E' = Max.$ $E'' = 0$
II	positiv steigend	positiv steigend bis Max.	positiv fallend $E' > e$	negativ fallend	$e = Max.$ $e = E'$
III	positiv steigend bis Max.	positiv fallend	positiv fallend $E' < e$	negativ fallend	$E = Max.$ $E' = 0$
IV	positiv fallend	positiv fallend	negativ fallend	negativ fallend	

Abb. 4-9: Phasenschema des Ertragsgesetzes

Man spricht generell von einer Produktionsfunktion mit ertragsgesetzlichem Verlauf, wenn mindestens die Bedingungen für die ersten drei Phasen erfüllt sind; denn die letzte Phase ist aufgrund der abnehmenden Erträge bei vermehrtem Faktoreinsatz ineffizient.

Mit der Produktion sind immer auch Kosten verbunden. In der Kostentheorie werden die zur Produktion eingesetzten Produktionsfaktoren bewertet. Das vorher ermittelte Mengengerüst wird durch ein Wertgerüst ergänzt (Adam 1992).

Damit stellen Kosten den mit den Preisen bewerteten Verzehr von Produktionsfaktoren dar, der durch die Erstellung der betrieblichen Leistungen verursacht wird (Wöhe/Döring 2008).

Wie im vorangegangenen Abschnitt gesehen, besteht die Kostenfunktion aus variablen und fixen Kosten, lässt sich also vereinfacht darstellen als

$$K(x) = K_f + k_v \cdot x = K_f + K_v(x).$$

Weitere wichtige Kostenbegriffe sind Durchschnitts- und Grenzkosten. Die Durchschnitts- oder Stückkosten $k = K/x$ geben die anfallenden Kosten pro produzierter Outputeinheit an. Ebenso lassen sich die variablen Durchschnittskosten $k_v = K_v/x$ als produktionsabhängige Kosten pro Outputeinheit und die fixen Durchschnittskosten $k_f = K_f/x$ als produktionsunabhängige Kosten pro Outputeinheit interpretieren. Die Grenzkosten beschreiben inhaltlich die Kosten der letzten produzierten Outputeinheit bzw. die Kosten einer zusätzlich produzierten Outputeinheit; formal bestimmt man die Grenzkosten durch die 1. Ableitung der Kostenfunktion, K' = dK/dx. Die nachfolgende Abbildung zeigt die Verläufe dieser Kostenfunktionen im Falle des Ertragsgesetzes.

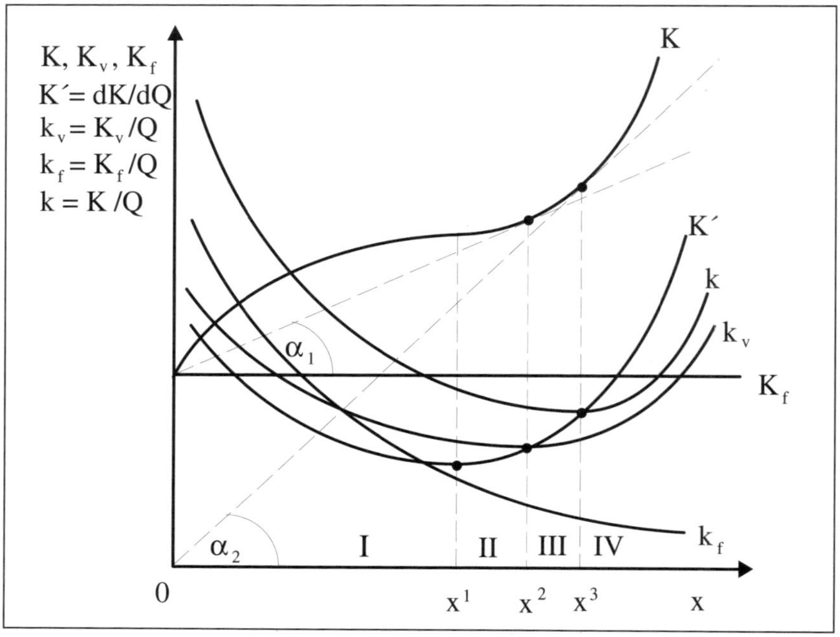

Abb. 4-10: Die ertragsgesetzlichen Kostenverläufe

Analog zur Produktionsfunktion lässt sich der Kostenverlauf des Ertragsgesetzes auch in vier Phasen einteilen. Die erste Phase endet mit dem Minimum der Grenzkosten. In der zweiten Phase steigen die Kosten und die Grenzkosten bis die Grenzkosten den variablen Stückkosten entsprechen. Die dritte Phase endet mit dem Schnittpunkt von Stückkosten und Grenzkosten.

Phase	Gesamtkosten K	variable Durchschnittskosten k^V	gesamte Durchschnittskosten k	Grenzkosten K'	Endpunkte
I	positiv steigend	positiv fallend	positiv fallend	positiv fallend bis Min.	Wendepunkt K' = Min. K'' = 0
II	positiv steigend	positiv fallend bis Min.	positiv fallend	positiv steigend $K' < k_V$ $K' < k$	Minimum der variablen Durchschnittskosten

III	positiv steigend	positiv steigend	positiv fallend bis Min.	positiv steigend $K' > k_V$ $K' < k$	Minimum der gesamten Durch-schnittskosten
IV	positiv steigend	positiv steigend	positiv steigend	positiv steigend $K' > k_V$ $K' > k$	———

Abb. 4-11: Die Phasen der ertragsgesetzlichen Kostenfunktion

2.1.2 Cobb/Douglas-Produktionsfunktion

Diese Produktionsfunktion wurde nach ihren Autoren Cobb und Douglas benannt. Diese Produktionsfunktion ist die gebräuchlichste volkswirtschaftliche Produktionsfunktion. Sie stellt einen Ausschnitt des Ertragsgesetzes dar und zwar die Phasen zwei und drei. In der Cobb/Douglas-Produktionsfunktion sind die Faktoren multiplikativ verknüpft und tragen Exponenten, die kleiner als eins sind. Mathematisch wird sie im Zwei-Faktoren-Fall wie folgt beschrieben:

$$x = r_1^{\alpha} \cdot r_2^{\beta} \quad \text{mit} \quad 0 < \alpha, \beta < 1$$

Häufig wird der Fall der linearen Homogenität bzw. eine Skalenelastizität von 1 unterstellt, da die Summe der Exponenten ebenso gleich 1 ist ($\alpha+\beta=1$). Zu diesen eher volkswirtschaftlichen Begriffen sei an dieser Stelle auf die Fachliteratur verwiesen.

Bei den neoklassischen Produktionsfunktionen existieren im Gegensatz zum Ertragsgesetz keine Bereiche zunehmender Grenzerträge; auch spielen fallende Gesamterträge bzw. negative Grenzerträge bei deren Darstellung keine Rolle.

Die Analyse der Cobb/Douglas-Produktionsfunktion führt zu folgenden Resultaten:

Das partielle Durchschnittsprodukt für den Zwei-Faktoren-Fall

$(x = a \cdot r_1^{\alpha} \cdot r_2^{\beta})$ ist

$$\frac{x}{r_1} = a \cdot r_1^{\alpha-1} \cdot r_2^{\beta} \quad \text{bzw.} \quad \frac{x}{r_2} = a \cdot r_1^{\alpha} \cdot r_2^{\beta-1}$$

Die Grenzproduktivität des Faktors i lautet

$$\frac{\partial^2 x}{\partial r_1^2} = a \cdot (\alpha - 1) \cdot r_1^{\alpha-2} \cdot r_2^{\beta} \quad \text{bzw.} \quad \frac{\partial^2 x}{\partial r_1^2} = a \cdot (\beta - 1) \cdot r_1^{\alpha} \cdot r_2^{\beta-2} \quad \text{da } \alpha - 1 < 0 \text{ bzw. } \beta - 1 < 0$$

Anhand der Ableitung der Grenzproduktivitätsfunktion

$$\frac{\partial^2 x}{\partial r_i^2} = (\alpha_i - 1) \cdot \alpha_i \cdot a_0 \cdot r_i^{\alpha_i - 2} \cdot r_1^{\alpha_1} \cdot \ldots \cdot r_n^{\alpha_n} < 0 \quad (\text{da } \alpha_1 - 1 < 0!)$$

erkennt man, dass von Anfang an fallende Grenzerträge vorliegen.

2.2 Limitationale Produktionsfunktionen

Eine Produktionsfunktion ist limitational, wenn die Einsatzmengen der Produktionsfaktoren einer Produktionsfunktion in einem durch die Produktionstechnik determinierten Verhältnis zueinander stehen. Wenn dieses Einsatzverhältnis technisch zwingend ist und nicht verändert werden kann, spricht man von einer Leontief-Produktionsfunktion. Ist das Einsatzverhältnis nicht konstant und lassen sie sich durch die Zeit oder die Intensität, mit der eine Maschine arbeitet, verändern, liegt eine Gutenberg-Produktionsfunktion vor (Adam 1992).

2.2.1 Leontief-Produktionsfunktion

Die Produktionsfunktion von *Leontief* ist eine linear-limitationale Produktionsfunktion. Die oben bereits definierte Limitationalität bewirkt, dass immer mindestens ein Faktor einen Engpass darstellt, also die Produktion nicht ohne Erhöhung dieses Faktors ausgeweitet werden kann; er limitiert demnach die Produktion. Eine bestimmte Endproduktmenge ist nur durch ein festes Verhältnis der Faktoreinsatzmengen zueinander herstellbar. Für jeden Produktionsfaktor wird ein Produktionskoeffizient a_i angegeben, der ausdrückt, wie viel Einheiten des betreffenden Faktors pro Outputeinheit eingesetzt werden müssen.

Die maximal erreichbare Outputmenge bei gegebenen Faktorquantitäten muss sich aufgrund der Limitationalität nach dem Engpass richten. Daher werden Leontief-Produktionsfunktionen häufig in der Minimumschreibweise dargestellt:

$$x = Min\left(\frac{r_1}{a_1}, \frac{r_2}{a_2}, \ldots, \frac{r_n}{a_n}\right)$$

Diese Funktion zeigt den Zusammenhang zwischen den Faktoreinsatzmengen r_1 bis r_n, den Produktionskoeffizienten a_1 bis a_n und der Outputmenge x. Der Minimalwert innerhalb der Klammer gibt Rückschluss auf den Faktor der Produktion, der einen Engpass darstellt. Die Produktion ist effizient, wenn alle Faktoren als Engpass definiert sind. Dies bedeutet, dass dann alle Argumente der Klammer den gleichen Wert annehmen müssen.
Diese Eigenschaften der *Leontief*-Produktionsfunktion zwingen zu einer anderen Darstellungsform als bei den substitutionalen Produktionsfunktionen.

Es kann kein effizientes Ertragsgebirge bzw. keine effiziente Oberfläche geben, da kein Austausch unter den Faktoren stattfinden kann. Das Gebirge schrumpft auf den Prozessstrahl zusammen, auf dem alle Kombinationen von Einsatzmengen liegen, die zu einer effizienten Produktion führen. Linien, die Punkte mit gleicher Ausbringungsmenge verbinden, heißen Isoquanten. Sie entsprechen Höhenlinien auf einer Landkarte. Alle Einsatzmengenkombinationen auf einer Isoquante ergeben den gleichen Output.

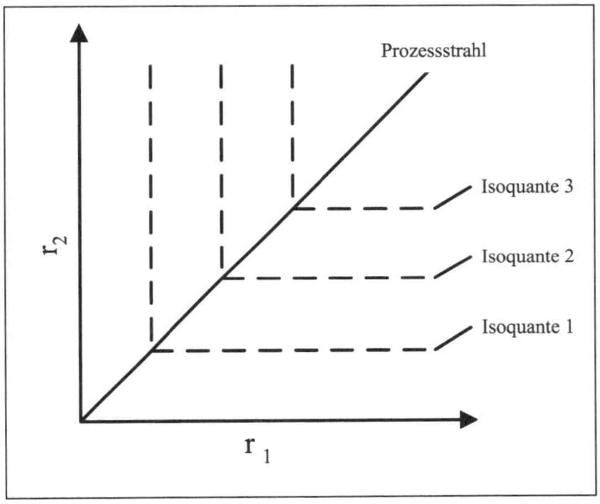

Abb. 4-12: Prozessstrahl einer Leontief-Produktionsfunktion

Anwendungsbeispiel:
Ein Schreiner produziert Hocker durch Kombination von jeweils 4 Beinen und einer Sitzfläche. Die Produktionsfunktion in Minimumschreibweise lautet dann:

$$x = Min\left(\frac{r_1}{4}, \frac{r_2}{1}\right) \quad \Rightarrow \quad Min\left(\frac{6}{4}, \frac{1}{1}\right) = 1$$

Wenn der Schreiner 6 Beine und 1 Sitzfläche verwendet, erhält er trotzdem nur einen Hocker, da in diesem Fall die Sitzflächen den Engpassfaktor darstellen und die Produktionsmenge limitieren.

2.2.2 Die Gutenberg-Produktionsfunktion

Die bisher diskutierten Produktionsfunktionen bezogen sich immer nur auf Verbrauchsfaktoren. Die zur Produktion notwendigen Gebrauchs- oder Potenzialfaktoren wurden nicht explizit berücksichtigt; gedanklich wurden sie in ihrer Quantität als ausreichend und in ihrer Qualität als konstant angenommen. Diese Annahme führte dazu, dass stets ein *unmittelbarer* Zusammenhang zwischen Input und Output hergestellt wurde. Die *Gutenberg*-Produktionsfunktion hebt diese Prämisse auf, es wird also der Ressourcenverbrauch in Abhängigkeit von den Potenzialfaktoren betrachtet; der Faktorverbrauch steht nun in *mittelbarer* Beziehung zur Outputmenge.

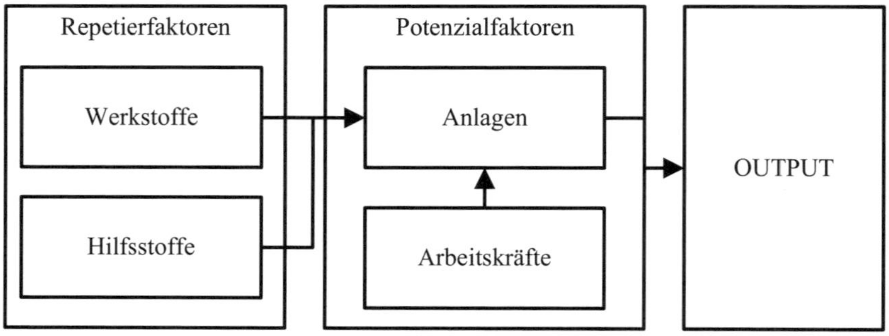

Abb. 4-13: Ein anlagenbezogenes Produktionssystem (Rieper/Witte 2005)

Die im Mittelpunkt stehenden Potenzialfaktoren leisten technische Arbeit. Diese technische Arbeit ist von den technischen Daten abhängig. Damit ist der Verbrauch an Repetierfaktoren häufig von der Intensität der technischen Leistung der Anlage abhängig. Dieser Sachverhalt wird mithilfe einer technischen Verbrauchsfunktion dargestellt. Die technische Verbrauchsfunktion beziffert den Verbrauch eines Produktionsfaktors an der Anlage in Abhängigkeit von deren Intensität und wird daher auch als spezifische Faktorfunktion bezeichnet. Die Abbildung 4-14 zeigt alternative technische Verbrauchsfunktionen. Die Funktion $v_1(d)$ zeigt einen typischen Verlauf für Motoren. Steigt die Leistung an, sinkt zunächst der Verbrauch; steigt die Belastung weiter, steigt der Verbrauch wieder an. Die Funktion $v_2(d)$ zeigt einen Verlauf, der mit steigender Leistung d immer mehr absinkt. Die Funktion $v_3(d)$ stellt einen konstanten technischen Verbrauch dar.

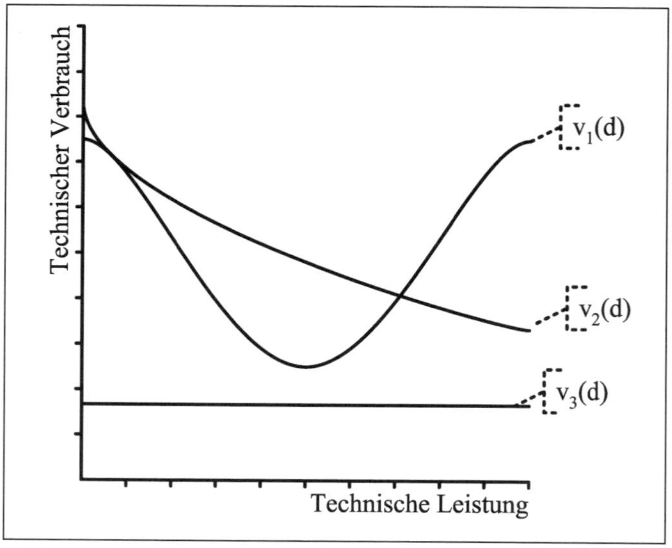

Abb. 4-14: Beispiel für technische Verbrauchsfunktionen

Für jedes Aggregat im Produktionsprozess lässt sich eine solche technische Verbrauchsfunktion aufstellen. In einem weiteren Schritt wird eine ökonomische Verbauchsfunktion erstellt, wobei die technische Leistung (d) mit der ökonomischen Leistung des Aggregates verbunden wird. Die ökonomische Verbrauchsfunktion eines Produktionsfaktors gibt den Faktorverbrauch pro Ausbringungsmenge in Abhängigkeit von der ökonomischen Intensität an. Sämtliche ökonomische Verbrauchsfunktionen werden aggregiert und es entsteht eine Produktionsfunktion, die die Ausbringungsmenge des gesamten Betriebes anhand der Aggregate erklärt.

Der Hauptvorteil, den die *Gutenberg*-Produktionsfunktion gegenüber z.B. der *Leontief*-Produktionsfunktion bietet, ist die Möglichkeit zur Analyse der Anpassung der Produktion an Beschäftigungsschwankungen, d.h. an Veränderungen der in einem bestimmten Zeitraum zu produzierenden Produktmenge (x).

Diese Anpassungsformen sind die intensitätsmäßige, die zeitliche und die kapazitätsmäßige Anpassung.

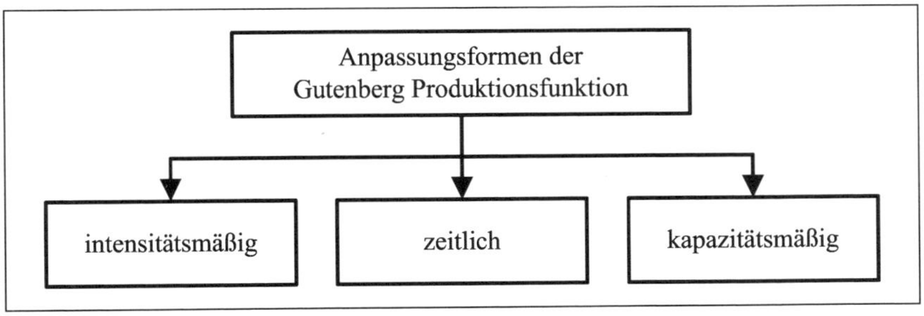

Abb. 4-15: Anpassungsformen der Gutenberg-Produktionsfunktion

Bei der *intensitätsmäßigen Anpassung* wird zunächst die optimale Intensität der Anlage angestrebt, um so die Faktorverbräuche zu minimieren. Wenn diese erreicht ist, werden die anderen Anpassungsformen realisiert. Das Intensitätsoptimum wird nur im allerletzten Schritt verlassen, um zusätzliche Beschäftigung zu befriedigen.

Die *zeitmäßige Anpassung* unterstellt zunächst eine optimale Intensität der Anlagen. Um höhere Beschäftigungsgrade zu erreichen, werden zusätzliche Schichten eingerichtet, um die Anlagenlaufzeiten und damit die Beschäftigung zu erhöhen.

Die *kapazitätsmäßige Anpassung* erfolgt, wenn abzusehen ist, dass die Beschäftigungsschwankung langfristiger Natur ist. Dabei kann ein Kapazitätsaufbau durch den Kauf funktionsgleicher Aggregate erfolgen.

❶ *Begriffe zum Nachlesen*

Produktionsfaktoren	Produktionsfunktion
Substitution	Limitationalität
Ertragsgesetz	CD-Produktionsfunktion
Grenzertrag	Grenzkosten
Durchschnittskosten	Anpassungsformen
Stückkosten	Verbrauchsfunktionen
Leontief-Produktionsfunktion	Gutenberg-Produktionsfunktion

❷ *Wiederholungsfragen*

1. Systematisieren Sie die Ihnen bekannten Produktionsfunktionen.
2. Erläutern Sie den Begriff der Substituierbarkeit.
3. Beschreiben Sie und stellen Sie grafisch eine Produktionsfunktion mit ertragsgesetzlichen Zusammenhängen dar.
4. Nennen Sie drei Formen der Anpassung an veränderten Beschäftigungslagen.
5. In einem landwirtschaftlichen Betrieb wurde die Gesamtkostenfunktion $K(x) = x^3 - 12\ x^2 + 100x + 800$ formuliert.
   a) Formulieren Sie für die folgenden Kostengrößen die entsprechenden Funktionsgleichungen:
      - variable Durchschnittskosten $k_v(x)$
      - totale Durchschnittskosten $k\ (x)$ und
      - Grenzkosten $K'(x)$.
   b) Erstellen Sie eine Wertetabelle der unter a) bestimmten Funktionen sowie der Gesamtkostenfunktion $K(x)$ und der Funktion der variablen Kosten $K_v(x)$.
   c) Stellen Sie die Gesamt- und Grenzkostenfunktion grafisch dar!
   d) Was lässt sich über die zugrundeliegende Produktionsfunktion aussagen?

   ☞ **vgl. Lösungshinweise**
6. Formulieren Sie die Produktionsfunktion für folgenden Produktionsprozess. Die Herstellung eines Pkws erfolgt durch die Kombination von 4 Reifen, 1 Karosserie und 600 Schrauben. Um welchen Produktionsprozess handelt es sich?

   ☞ **vgl. Lösungshinweise**
7. Ein Hersteller von Tischfußballspielen hat einen Lieferengpass, da er zwar 2000 Feldspieler, aber nur noch 17 Torhüter auf Lager hat. Formulieren Sie für diesen Anbieter eine Produktionsfunktion und berechnen Sie die Anzahl der Spiele, die er diese Woche noch liefern kann.

   ☞ **vgl. Lösungshinweise**

❸ *Literaturhinweise*

Adam, D.: Produktions-Management, 9. Aufl. Wiesbaden 1998.

Gutenberg, E.: Grundlagen der Betriebswirtschaftslehre, Band 1: Die Produktion, (Nachdruck der 24. Aufl. von 1983) Berlin, Heidelberg, New York 1994.

Rieper, B.; Witte, T.: Grundwissen Produktion, 5. Aufl. Frankfurt 2005.

3. Produktionsplanung

In diesem Kapitel lernen Sie,

- die Teilebedarfsrechnung und
- die Produktionsprogrammplanung kennen.

Die Produktionsplanung, insbesondere in industriellen Unternehmen, umfasst die Planung der Bereitstellung der Teile für die Produktion des geplanten Produktionsprogramms (Teilebedarfsrechnung). Ergänzt werden diese beiden Planungselemente um die eigentliche Planung des Produktionsprozesses.

3.1 Teilebedarfsrechnung

Besteht das Endprodukt aus Teilen, die einzeln zusammengebaut werden, empfiehlt es sich bei diesem mehrstufigen Produktionsprozess zunächst eine Übersicht zu erstellen, welche Einzelteile zur Produktion einer Einheit benötigt werden. Eine Aufstellung aller benötigten Teile nennt man Stückliste. Sie lässt sich sowohl für Fertig- als auch Halbfertigprodukte aufstellen. Damit ist eine Stückliste eine Liste der Halbfabrikate und Rohstoffe, die zur Produktion einer Einheit eines Produktes oder eines Zwischenproduktes benötigt werden.

Die Visualisierung der Stücklisten geschieht mithilfe der sogenannten *Gozinto-Methode.*

Ein Gozinto-Graph stellt die Zusammenfassung mehrerer bzw. aller Erzeugnisstrukturen nach Dispositionsstufen dar. Er ist ein gerichteter Graph und besteht aus Kanten und Knoten.

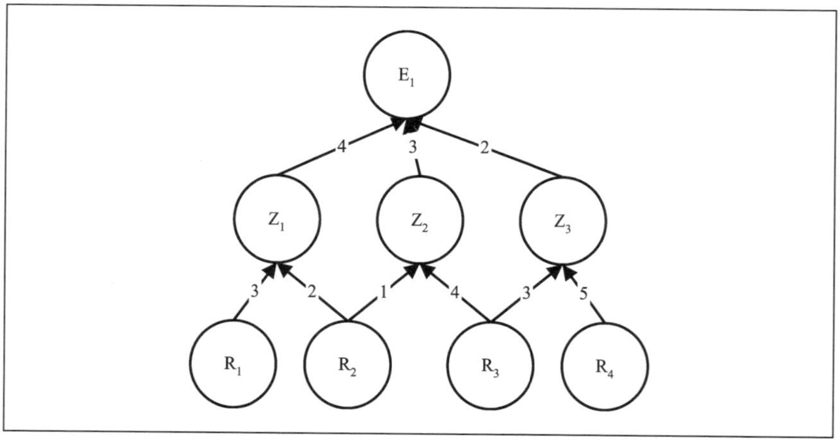

Abb. 4-16: Gozinto-Graph

Folgende Elemente umfasst ein Gozinto-Graph:

- Rohstoffe sind durch die Kreise gekennzeichnet, von denen nur Pfeile ausgehen.
- Kreise, in die nur Pfeile eingehen, sind Endprodukte.

- Kreise, in die Pfeile eingehen als auch ausgehen, sind Zwischenprodukte.
- Pfeile geben an, welches Teil wo eingeht.
- Ziffern sind Produktionskoeffizienten, die anzeigen, wieviel Teile in das übergeordnete Teil eingehen.

Anhand des Gozinto-Graphen kann der gesamte Teilebedarf für ein Stück des Endproduktes ermittelt werden. Dafür wird zunächst ein Gleichungssystem aufgestellt, das die grafische Darstellung formal beschreibt. Das Gleichungssystem für die Abbildung 4-17 sieht demnach wie folgt aus:

$X_{E_1} = 1$		$X_{E_1} = 1$
$X_{Z_1} = 4 \cdot X_{E_1}$		$X_{Z_1} = 4 \cdot X_{E_1} = 4 \cdot 1 = 4$
$X_{Z_2} = 3 \cdot X_{E_1}$		$X_{Z_2} = 3 \cdot X_{E_1} = 3 \cdot 1 = 3$
$X_{Z_3} = 2 \cdot X_{E_1}$		$X_{Z_3} = 2 \cdot X_{E_1} = 2 \cdot 1 = 2$
$X_{R_1} = 3 \cdot X_{Z_1}$		$X_{R_1} = 3 \cdot X_{Z_1} = 3 \cdot 4 = 12$
$X_{R_2} = 2 \cdot X_{Z_1} + 1 \cdot X_{Z_2}$	⇨	$X_{R_2} = 2 \cdot X_{Z_1} + 1 \cdot X_{Z_2} = 2 \cdot 4 + 3 = 11$
$X_{R_3} = 4 \cdot X_{Z_2} + 3 \cdot X_{Z_3}$		$X_{R_3} = 4 \cdot X_{Z_2} + 3 \cdot X_{Z_3} = 4 \cdot 3 + 3 \cdot 2 = 18$
$X_{R_4} = 5 \cdot X_{Z_3}$		$X_{R_4} = 5 \cdot X_{Z_3} = 5 \cdot 2 = 10$

Abb. 4-17: Teilebedarf

3.2 Produktionsprogrammplanung

Aufgabe der Produktionsprogrammplanung ist es, festzulegen, welche Erzeugnisse in welchen Mengen unter Einsatz welcher Produktionsaufteilung im Planungszeitraum zu produzieren sind (Adam 1992).

Die Planung des optimalen Produktionsprogrammes erfolgt unter Beachtung einiger Prämissen: Die Absatzpreise der Produkte sind genauso bekannt wie die Kostenfunktion, die Kapazitätsbelastung je Erzeugniseinheit und die Fertigungskapazität. Wir unterstellen hier weiterhin eine einstufige Produktion sowie vollkommene Information. Wir können nun drei Fälle unterscheiden:

1. Es liegt kein Produktionsengpass vor:

Für den Fall, dass im Produktionsprozess kein Engpass vorliegt, kann allein aufgrund der Deckungsspanne das in der nächsten Planperiode zu realisierende Produktionsprogramm aufgestellt werden. In diesem Fall sind alle Produkte mit positiver Deckungsspanne ($(p-k_{vi}) > 0$) in das Produktionsprogramm aufzunehmen. Entscheidungsrelevant sind bei diesen kurzfristigen Optimierungsfragen immer nur die variablen Kosten. Die Fixkosten fallen immer an, unabhängig davon, welches Produkt produziert wird. In der nachfolgenden Tabelle würde das Produkt C eliminiert, da es eine negative Deckungsspanne aufweist, und der Gewinn durch die Eliminierung um 100 EURO steigt.

Produkt	A	B	C	D
Produktionsmenge	120	150	100	130
Verkaufspreis (p_i)	12 EURO	10 EURO	13 EURO	4 EURO
variable Stückkosten (k_{vi})	8 EURO	7 EURO	14 EURO	1 EURO
Deckungsspanne	4 EURO	3 EURO	**-1 EURO**	3 EURO
Fixkosten	500 EURO			
Gewinn=U-K	(120 · 4 + 150 · 3 + 130 · 3) - 500 = <u>820 EURO</u>			

Abb. 4-18: Produktionsprogrammplanung ohne Engpass

2. Ein Kapazitätsengpass:

Liegt der Fall eines Engpasses und gleichbleibender variabler Stückkosten vor, so ist es entscheidend, dass die knappe Kapazität möglichst gut genutzt wird. Als Entscheidungskriterium tritt daher an die Stelle der Deckungsspanne je Erzeugniseinheit die relative Deckungsspanne. Sie ergibt sich, indem die Deckungsspanne je Erzeugniseinheit durch die in der Engpassabteilung benötigte Fertigungszeit je Erzeugniseinheit dividiert wird.

Formale Beschreibung:

Zielfunktion: $G = \sum_{i=1}^{n} (p_i - k_{vi}) \cdot x_i - K_f \rightarrow max!$

Nebenbedingungen:

1. Technische Nebenbedingung: $\sum_{i=1}^{n} z_i \cdot x_i \leq T$

mit z_i = Zeitinanspruchnahme des Produktes i im Engpass,
x_i = Produktionsmenge T = Kapazität des Engpasses

2. Absatzbedingte Nebenbedingung: $x_i \leq a_i$

Die Produktionsmenge muss kleiner oder gleich der maximalen Absatzmenge sein.

3. Nichtnegativitätsbedingung: $x_i \geq 0$

Negative Produktionsmengen sind nicht zulässig. Die erstellten Mengen müssen daher 0 oder größer sein.

Üblicherweise erfolgt die Vorgehensweise immer nach der gleichen Struktur.

1. Schritt: Ermittlung der absoluten Deckungsspanne für jedes Produkt:

Produkt	A	B	C	D
Produktionsmenge	120	150	100	130
Verkaufspreis (p_i)	12 EURO	10 EURO	13 EURO	4 EURO
variable Stückkosten (k_{vi})	8 EURO	7 EURO	14 EURO	1 EURO
Deckungsspanne	4 EURO	3 EURO	**-1 EURO**	3 EURO

2. Schritt: Eliminierung aller Produkte mit negativer absoluter Deckungsspanne:

Produkt	A	B	D
Produktionsmenge	120	150	130
Verkaufspreis (p_i)	12 EURO	10 EURO	4 EURO
variable Stückkosten (k_{vi})	8 EURO	7 EURO	1 EURO
Deckungsspanne	4 EURO	3 EURO	3 EURO

3. Schritt: Ermittlung der relativen Deckungsspanne:
Eine relative Deckungsspanne wird mithilfe der absoluten Deckungsspanne errechnet. Die relative Deckungsspanne gibt an, wie groß der Ertrag pro Einheit im Engpass ist. Daher muss die absolute Deckungsspanne durch die Kapazitätsinanspruchnahme dividiert werden.

$$\textit{Relative Deckungsspanne} = \frac{p_i - k_{vi}}{z_i}$$

Produkt	A	B	D
Produktionsmenge	120	150	130
Verkaufspreis (p_i)	12 EURO	10 EURO	4 EURO
variable Stückkosten (k_{vi})	8 EURO	7 EURO	1 EURO
Deckungsspanne	4 EURO	3 EURO	3 EURO
Zeit im Engpass	2 min	3 min	1 min
Rel. Deckungsspanne	$2 \frac{\text{EURO}}{\text{min}}$	$1 \frac{\text{EURO}}{\text{min}}$	$3 \frac{\text{EURO}}{\text{min}}$

4. Schritt: Produktion mit fallenden relativen Deckungsspannen bis zur Erschöpfung des Engpasses:

Engpasskapazität	Menge/Zeit im Engpass	400 Minuten
Produkt D	$130 \cdot 1 = 130$ Minuten	- 130 Minuten
Produkt A	$120 \cdot 2 = 240$ Minuten	- 240 Minuten
Produkt B	$10 \cdot 3 = 30$ Minuten	- 30 Minuten

Damit ist das deckungsbeitragsmaximale Produktionsprogramm ermittelt und die Kapazität optimal ausgelastet.

5. Schritt: Ermittlung des realisierten Gewinns:

Vom erzielten Deckungsbeitrag sind nun die Fixkosten abzuziehen, um den realisierbaren Gewinn zu ermitteln.

$$G = \sum_{i=1}^{n} (p_i - k_{vi}) \cdot x_i - K_f = (130 \cdot 3 + 120 \cdot 4 + 10 \cdot 3) - 500 = \underline{400} \text{ EURO}$$

3. Mehrere Engpässe:
In den meisten Fällen der Produktionsprogrammplanung liegen mehrere Enpässe im Produktionsbereich vor. Ist dies der Fall, muss ein lineares Gleichungssystem aufgestellt werden, das die einzelnen Engpässe als Nebenbedingungen berücksichtigt. Formal ist folgendes Vorgehen notwendig:

1. Schritt: Ermittlung der Zielfunktion
Das Ziel der Unternehmung ist die Gewinnmaximierung. Bei einem kurzfristigen Entscheidungsproblem wird zunächst der gewinnmaximale Deckungsbeitrag ermittelt und davon die Fixkosten subtrahiert.

Zielfunktion:

$$G = \sum_{i=1}^{n} (p_i - k_{vi}) \cdot x_i - K_f \rightarrow max!$$

2. Schritt: Ermittlung der Nebenbedingungen
Die Nebenbedingungen drücken formal die Engpässe aus. Für jeden Engpass muss demnach eine Nebenbedingung aufgestellt werden.

Technische Nebenbedingung: $NB_1 - NB_n : \sum_{i=1}^{n} z_{is} \cdot x_i \leq T_s$

mit z_{is} = Zeitinanspruchnahme des Produktes i im Engpass s,
x_i = Produktionsmenge T_s = Kapazität des Engpasses s

Die Produktionsmenge muss kleiner oder gleich der maximalen Absatzmenge sein.

Absatzbedingte Nebenbedingung: $x_i \leq a_i$
mit x_i = Produktionsmenge
a_i = Absatzmenge

Negative Produktionsmengen sind nicht zulässig. Die erstellten Mengen müssen 0 oder größer sein.

Nichtnegativitätsbedingung: $x_i \geq 0$

3. Schritt: Grafische Lösung
Für zwei Produkte kann eine grafische Lösung erfolgen, indem die Nebenbedingungen in ein Koordinatensystem übertragen werden, dessen Achsen die Produktionsmengen der Produkte darstellen. Zur Bestimmung der optimalen Produktionsmenge wird anschließend die Zielfunktion übertragen, indem man einen beliebigen Wert für den Gewinn annimmt und die maximal möglichen Einzelmengen bestimmt, die diesen Gewinn ermitteln würden. Die Verbindungsgerade dieser beiden Punkte ist die *Iso-Gewinnlinie*, da alle Produktionspunkte auf dieser Linie den gleichen Gewinn erzielen. Zur Optimierung des Gewinns muss die Iso-Gewinnlinie parallel vom Ursprung weg verschoben werden, bis ein Tangentialpunkt mit dem Lösungsraum gefunden ist.

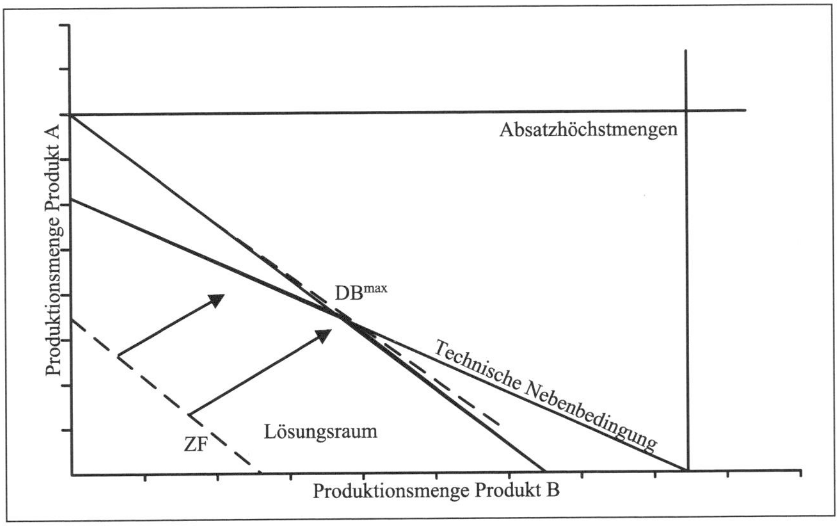

Abb. 4-19: Grafische Lösung des Simplex-Algorithmus

4. Schritt: Mathematische Lösung
Die Grafische Lösung ist nur mit zwei Produkten möglich. Die Lösung, dass das Optimum in einer Ecke des Lösungsraumes liegt, ist allerdings ein allgemeingültiger Sachverhalt. Auf diesem Sachverhalt basiert das Verfahren zur Lösung linearer Optimierungsprobleme, das *Simplex-Verfahren*.

Bei dem Simplex-Verfahren erhält man eine Folge von Ecken des Lösungsraumes. Der Lösungsraum wird durch die Nebenbedingungen bestimmt. Die Bestimmung der optimalen Ecke erfolgt unter Einsatz von Schlupfvariablen in sogenannten Tableaus.

❶ *Begriffe zum Nachlesen*

Deckungsspanne	Teilkostenrechnung
Produktionsprogramm	Absatzprogramm
Relative Deckungsspanne	Produktionskoeffizient
Stückliste	Gozinto-Graph
Teilebedarfsrechnung	Simplex-Methode

❷ *Wiederholungsfragen*

1. Erläutern Sie die Teilebedarfsrechnung.
2. Was ist ein Gozinto-Graph?
3. Skizzieren Sie den Ablauf der Produktionsprogrammplanung und nennen Sie die Anwendungsprämissen der Produktionsprogrammplanung.
4. Warum sind bei der Produktionsprogrammplanung die Deckungsspannen und nicht die Vollkosten entscheidungsrelevant?
5. Das Produktionsprogramm einer Unternehmung besteht aus drei Produkten (X, Y und Z), von denen jeweils eine maximale Menge m zu einem bestimmten Absatzpreis p verkauft werden kann. Die variablen Kosten pro Stück k_{vi} sind bekannt. In der Produktion besteht ein Engpass, der eine maximale Kapazität von 2.000 Zeiteinheiten (ZE) aufweist. Die einzelnen Produkte nehmen den Engpass unterschiedlich in Anspruch (siehe Spalte E).

Produkt	m	p	k_{vi}	ZE
X	300	100	60	8
Y	100	122	90	4
Z	200	140	112	3

   a) Ermitteln Sie das Produktionsprogramm, das den Deckungsbeitrag maximiert. Erläutern Sie dabei die einzelnen Schritte der Berechnung.
   b) Wie hoch ist der maximale Gewinn, wenn die Fixkosten 4.300 Geldeinheiten (EURO) betragen?

   ☞ **vgl. Lösungshinweise**

6. In einem chemischen Prozess wird ein Produkt F hergestellt. Zur Produktion dieses Stoffes werden drei Rohstoffe eingesetzt, die zu drei Zwischenprodukten weiterverarbeitet werden, aus denen das Endprodukt hergestellt wird. Das Zwischenprodukt Z1 wird aus zwei Teilen R1 und

drei Teilen R2 produziert, in das Zwischenprodukt Z2 gehen ein Teil von Z1 sowie zwei Teile des Rohstoffes R3 ein. Das Zwischenprodukt Z3 setzt sich aus einem Teil R3, zwei Teilen Z1 sowie zwei Teilen Z2 zusammen. Aus drei Teilen Z3 sowie zwei Teilen Z2 wird dann schließlich das Endprodukt F produziert.

a) Stellen Sie den Gozinto-Graphen zur Ermittlung des Materialbedarfs auf.

b) Wie viele Teile der einzelnen Produkte werden für die Produktion von 50 ME des Produktes F benötigt?

☞ **vgl. Lösungshinweise**

❸ *Literaturhinweise*

Adam, D.: Produktionspolitik, 6. Aufl. Wiesbaden 1990.

Gutenberg, E.: Grundlagen der Betriebswirtschaftslehre, Band 1: Die Produktion, (Nachdruck der 24. Aufl. von 1983) Berlin, Heidelberg, New York 1994.

Homburg, C.: Quantitative Betriebswirtschaftslehre, 3. Aufl. Wiesbaden 2000.

Jung, H.: Allgemeine Betriebswirtschaftslehre, 12. Aufl. München 2010.

Rieper, B.; Witte, T.: Grundwissen Produktion, 5. Aufl. Frankfurt 2005.

Wöhe, G.; Döring, U.: Einführung in die Allgemeine Betriebswirtschaftslehre, 23. Aufl. München 2008.

V. Finanzierung

1. Grundbegriffe der Finanzierung

In diesem Kapitel lernen Sie

- den Begriff der Finanzierung,
- Arten von Kapitalbeteiligungen sowie
- Möglichkeiten der Innen- und Außenfinanzierung kennen.

Der betriebliche Prozessablauf, der aus den Teilbereichen Beschaffung, Leistungserstellung und Leistungsverwertung besteht, ist nur dann funktionsfähig, wenn finanzielle Mittel zur Beschaffung der Produktionsfaktoren zur Verfügung stehen und durch den Absatz der Betriebsleistung wieder zurückgewonnen werden können. Der Güterprozess wird von einem spiegelbildlichen Finanzprozess begleitet. Zusätzlich sind Finanzbewegungen ohne direkte Güterbewegungen möglich.

Der Begriff der *Finanzierung* kann unterschiedlich definiert werden. Der bilanzielle Finanzierungsbegriff versteht die Finanzierung als Mittelverwendung zum Zwecke der Änderung des Kapitalvolumens und der Kapitalstruktur. Finanzierung kann aber auch an den Zahlungsbegriff anlehnen, indem man unter Finanzierung ein ganzes Bündel von Ein- bzw. Auszahlungen versteht, das mit einer Einzahlung beginnt.

Der Begriff des Kapitals dient dazu, die Finanzströme zu gliedern. Das *Kapital* ist hier der wertmäßige Ausdruck für die Gesamtheit der Sach- und Finanzmittel, die der Unternehmung (zu einem bestimmten Zeitpunkt) zur Verfügung stehen.

Das Kapital ist eine Bestandsgröße, das seinen Niederschlag in der Bilanz findet. Die Aktivseite gibt hierbei über die Verwendung des Kapitals Ausdruck. Verwendetes Kapital wird Vermögen genannt. Die Passivseite zeigt die Herkunft des Kapitals, das von den Anteilseignern (Eigen- oder Beteiligungskapital) oder von den Gläubigern (Fremd- oder Gläubigerkapital) stammen kann. Schließlich findet man noch die Rückstellungen auf der Passivseite. Die prozentuale Aufteilung des Kapitals in Eigen- und Fremdkapital gibt die sogenannte Kapitalstruktur wieder.

1.1 Gliederung von Zahlungsströmen

Anhand des oben eingeführten Kapitalbegriffs lassen sich vier Arten von Zahlungsströmen bzw. Finanzbewegungen unterscheiden:

Kapitalbindende Ausgaben: Hierunter fasst man Ausgaben zur Bezahlung eingesetzter Leistungsfaktoren (Löhne, Rohstoffe, Betriebsmittel), Ausgaben infolge von Kapitalgewährung an andere Wirtschaftseinheiten (Aktienerwerb bzw. Beteiligungen, gewährte Darlehen) und Ausgaben für das Bilden von Kassenreserven.

Kapitalfreisetzende Einnahmen: Dies sind Einnahmen aus der marktlichen Verwertung betrieblicher Leistungen zu Selbstkostenpreisen, Einnahmen aus der Veräußerung sonstigen Sach- und Finanzvermögens zu Buchwerten und aus Darlehensrückflüssen sowie aus der Auflösung von Kassenreserven.

Kapitalzuführende Einnahmen: Diese umfassen finanzielle Überschüsse aus der Marktverwertung von Leistungen oder Vermögensveräußerung, erhaltene Zinsen und Dividenden, Einnahmen durch Subventionen oder durch Aufnahme von Eigenkapital oder Fremdkapital.

Kapitalentziehende Ausgaben: Hierunter fallen entsprechend Verluste, gezahlte Zinsen und Dividenden, Steuer-, Subventions- und Kapitalrückzahlungen.

1.2 Bestimmungsgrößen des Kapital-, Finanz- und Geldbedarfs

Die drei Größen Kapital-, Finanz- und Geldbedarf bestimmen die Steuerung der betrieblichen Finanzprozesse, da diese Bedarfe stets erfüllt werden müssen.

Der *Kapitalbedarf* ergibt sich zu jedem Zeitpunkt aus der Differenz der beiden „Selbstkosten"-Größen, also aus der Differenz aller kapitalbindenden Ausgaben und kapitalfreisetzenden Einnahmen, die bis dahin angefallen sind. Der Kapitalbedarf gibt somit die Kapitalmenge an, die überhaupt erst eine Produktion betrieblicher Leistungen ermöglicht.

Der *Finanzbedarf* ist die Summe aus den Veränderungen des Kapitalbedarfs im Zeitablauf und den zu einzelnen Zeitpunkten anfallenden kapitalentziehenden Ausgaben. Er gibt also an, was eine Unternehmung an kapitalzuführenden Einnahmen benötigt, wenn sie bei gesteigertem Kapitaleinsatz weiter produzieren und ihren kapitalentziehenden Ausgaben nachkommen möchte.

Der *Geldbedarf* schließlich ist die Summe aller zu einem Zeitpunkt anfallenden Ausgaben und gibt die Menge der Einnahmen an, die zum gleichen Zeitpunkt vorliegen muss.

Finanz- und Geldbedarf leiten sich aus dem Kapitalbedarf ab. Bei der Gründung der Unternehmung sind die drei Größen sogar identisch.

Als wichtigste Bestimmungsgrößen des Kapitalbedarfs seien hier die Prozessanordnung in der Produktion (z.B. Auftragsreihenfolge) und die Prozessgeschwindigkeit genannt. Sind mehrere Aufträge nacheinander angeordnet, fallen also die Ausgaben und Einnahmen nicht alle gleichzeitig an, so ist der maximale Kapitalbedarf geringer und schwankt auch nicht so stark, als wenn erst für alle Aufträge z.B. die Rohstoffe gekauft werden müssen, bevor Einnahmen fließen.

Die Prozessgeschwindigkeit bezeichnet die Zeitspanne, die zwischen Ausgaben und Einnahmen verstreicht, d.h. die Kapitalbindungsdauer. Bezahlt die Unternehmung z.B. die Rohstoffe auf Ziel, erhält aber für ihre Ware eine Vorauszahlung, so verkürzen diese Möglichkeiten die Kapitalbindungsdauer und verringern somit den Kapitalbedarf. Ebenfalls bedarfsmindernd wirkt eine Verringerung der Lagerungs- und Produktionszeit.

1.3 Charakterisierung von Eigen- und Fremdkapital

Ein wichtiges Entscheidungsfeld einer Unternehmung stellt die Frage der Kapitalstruktur dar. Um Investitionen ausführen zu können, wird Kapital benötigt. Wie groß der Kapitalbedarf ist und wovon er abhängt, wurde schon zuvor dargestellt. Welcher Art das Kapital sein soll, muss allerdings im Zusammenhang mit der Finanzierung entschieden werden, da sich Eigen- und Fremdkapital vielfältig unterscheiden. Die nachfolgende Tabelle zeigt einige Unterscheidungskriterien:

Kriterien	Eigenkapital (EK)	Fremdkapital (FK)
1. Haftung	(Mit)Eigentümerstellung: Im Konkursfall Haftung zumindest in Einlagenhöhe	Gläubigerstellung: Keine Haftung
2. Ertrags-anspruch	Teilhabe an Gewinn und Verlust	in der Regel Zinsanspruch in vorher festgelegter Höhe, kein Anteil an Gewinn und Verlust
3. Vermögens-anspruch	Anspruch in Höhe der EK-Einlage, wenn der Liquidationserlös die Schulden übersteigt	Anspruch in Höhe der Gläubigerforderung
4. Unterneh-mensleitung	EK-Geber haben in der Regel Einfluss auf die Unternehmensleitung	grundsätzlich ausgeschlossen, aber faktisch möglich (z.B. über Aufsichtsrat)
5. Zeitliche Verfügbarkeit des Kapitals	in der Regel zeitlich unbegrenzt	in der Regel befristete Laufzeit
6. Steuerliche Belastung	Gewinn voll belastet mit Einkommens- und Körperschaftsteuer; Gewerbesteuerbelastung variiert nach Rechtsform	Zinsen sind als Aufwand steuerlich absetzbar (Einschränkung bei Gewerbesteuer)
7. Finanzielle Kapazität	begrenzt durch Kapazität und Bereitschaft der Kapitalgeber	begrenzt durch die Sicherheiten der Unternehmung

Abb. 5-1: Gegenüberstellung Eigen- und Fremdkapital (Perridon/Steiner 2009)

1.4 Finanzierungsformen im Überblick

In der Literatur findet man unterschiedliche Systematisierungen der Beschaffungsmöglichkeiten von finanziellen Mitteln. Hier soll von der Unterscheidung in Innen- und Außenfinanzierung oder der gleichwertigen externen und internen Finanzierung ausgegangen werden. Die interne Finanzierung stellt eine Mittelbeschaffung über den Produktions- und Absatzbereich des Unternehmens dar, während die externe Finanzierung von außerhalb des Unternehmens erfolgt.

Finanzierungsformen	Innenfinanzierung	Selbstfinanzierung
		Finanzierung aus Rückstellungen
		Finanzierung aus Abschreibungen
		Finanzierung aus Vermögensumschichtungen
	Außenfinanzierung	Beteiligungsfinanzierung nicht emissionsfähiger Unternehmen
		Beteiligungsfinanzierung emissionsfähiger Unternehmen
		langfristige Fremdfinanzierung
		kurzfristige Fremdfinanzierung
		Sonderformen der Außenfinanzierung

Abb. 5-2: Finanzierungsformen

❶ *Begriffe zum Nachlesen*

Finanzierung	Eigenkapital
Fremdkapital	Kapitalbedarf
Geldbedarf	Finanzbedarf
Außenfinanzierung	Innenfinanzierung

❷ *Wiederholungsfragen*

1. Definieren Sie den Begriff der Finanzierung.
2. Erläutern Sie kurz die wichtigsten Unterscheidungsmerkmale zwischen Eigen- und Fremdkapital.
3. Welche vier Kategorien von Zahlungsströmen lassen sich ausgehend vom Kapitalbegriff unterscheiden? Nennen Sie pro Kategorie ein Beispiel.
4. Definieren Sie die Begriffe Kapitalbedarf, Geldbedarf und Finanzbedarf.
5. Geben Sie eine systematische Übersicht über verschiedene Formen der Außen- und der Innenfinanzierung.

❸ *Literaturhinweise*

Bernecker, M.; Seethaler, P.: Grundlagen der Finanzierung, München 1998.

Olfert, K.: Finanzierung, 14. Aufl. Ludwigshafen 2008.

Perridon, L.; Steiner, M.: Finanzwirtschaft der Unternehmung, 15. Aufl. München 2009.

Schierenbeck, H.: Grundzüge der Betriebswirtschaftslehre, 17. Aufl. München 2008.

Wirtz, H.: Finanzierung - Grundlagen und Übungen, Münster 2009.

2. Außenfinanzierung (externe Finanzierung)

In diesem Kapitel lernen Sie

- die Beteiligungsfinanzierung,
- die kurzfristige Kreditfinanzierung und
- die langfristige Kreditfinanzierung kennen.

2.1 Beteiligungsfinanzierung

Eine Maßnahme der Beteiligungsfinanzierung liegt vor, wenn einem Unternehmen durch seine Eigenkapitalgeber Eigenmittel von außen zugeführt werden. Eigenkapital wird auch als Fundament des Finanzierungsaufbaus des Unternehmens bezeichnet, weil es in aller Regel nur möglich sein wird, Gläubiger mit Fremdmitteln an der Finanzierung des Unternehmens zu beteiligen, wenn zuvor Eigenkapital in ausreichender Höhe zur Verfügung gestellt worden ist. Neben dieser grundsätzlichen Aufgabe ist das Eigenkapital als Beteiligungsfunktion mit folgenden Funktionen verbunden:

- **Errichtungsfunktion:** Bei Gründung des Unternehmens ist das Startkapital von den Eigentümern als Beteiligungskapital aufzubringen.
- **Gewinnverteilungsfunktion:** Die Gewinnverteilung nach dem Gesetz oder dem Gesellschaftsvertrag basiert grundsätzlich auf der Höhe des vom einzelnen Gesellschafter in das Unternehmen eingelegten Beteiligungskapitals.
- **Finanzierungsfunktion:** Mit der Bereitstellung des Startkapitals durch die Eigentümer und später erfolgenden Erhöhungen des Beteiligungskapitals ist in der Regel ein Zufluss von Zahlungsmitteln verbunden.
- **Garantie- bzw. Haftungsfunktion:** Die Eigentümer haften zugunsten der Gläubiger mit ihrem Kapital.
- **Repräsentationsfunktion:** Unternehmen mit guter Eigenkapitalausstattung haben im Allgemeinen auch eine hohe Kreditwürdigkeit und Verschuldungskapazität.

Die Beteiligungsfinanzierung nicht emissionsfähiger Unternehmen erfolgt in der Regel unter Ausschluss der Öffentlichkeit und wird je nach Rechtsform und individuellen Gegebenheiten unterschiedlich vollzogen. Daher soll sich der Darstellung der Beteiligungsfinanzierung dieser Gruppe von Unternehmen nicht weiter zugewendet werden.

Bei der Beteiligungsfinanzierung emissionsfähiger Unternehmen steht die Finanzierung über Aktien im Mittelpunkt.

Aktien sind Wertpapiere, die für den Aktionär eine Reihe von Mitgliedschaftsrechten an der Aktiengesellschaft verbriefen. Sie sind typisierte, als Inhaberaktien formlos durch Einigung und Übergabe übertragbare Effekte. Die Fungibilität der Aktien ermöglicht es der Aktiengesellschaft,

Finanzmittel für Investitionen in Millionenbeträgen durch die Emission von Aktien und ihre Plazierung bei einer Vielzahl von Anlegern zu mobilisieren. Wird eine Aktiengesellschaft gegründet, so hat das gezeichnete Kapital einen Mindestnominalwert von 50.000 EURO aufzuweisen.

Arten von Aktien	Umfang der Rechte	Vorzugsaktien
		Stammaktien
	Fungibilität	Namensaktien
		vinkulierte Namensaktien
		Besitzaktien
	Art	Quotenaktien
		Nennwertaktien
		Stückaktien

Abb. 5-3: Arten von Aktien

Nach der Art der verbrieften Rechte unterscheidet man zwischen *Stammaktien* und *Vorzugsaktien*. Die Stammaktie verkörpert die folgenden Mitgliedschaftsrechte der Aktionäre:

Mitgliedschaftsrechte des Aktionärs	Recht auf Gewinnanteile
	Recht auf Beteiligung am Liquidationserlös
	Recht auf Rechenschaft & Information
	Stimmrecht
	Bezugsrecht

Abb. 5-4: Rechte des Aktionärs

Recht auf Gewinnanteile: Der Aktionär hat das Recht, am Gewinn der Aktiengesellschaft beteiligt zu werden. Die ausgeschütteten Gewinne, die Dividenden, stehen dem Aktionär entsprechend seiner Anteile zu.

Recht auf Beteiligung am Liquidationserlös: Sollte die Aktiengesellschaft aufgelöst werden, sind die Aktionäre am Liquidationserlös zu beteiligen.

Anspruch auf Rechenschaft und Information: Der Aktionär hat das Recht, an der Hauptversammlung der Aktiengesellschaft teilzunehmen und besitzt dort das Antragsrecht, das Auskunftsrecht über Angelegenheiten der Gesellschaft und Anfechtungsrechte.

Stimmrecht: Jeder Stammaktionär hat in Höhe der Anzahl seiner Aktien das Recht, auf der Hauptversammlung an Abstimmungen teilzunehmen, um seine Eigentümerinteressen zu wahren.

Bezugsrecht: Führt ein Unternehmen aufgrund von Kapitalbedarf eine Kapitalerhöhung durch, besteht für die Altaktionäre die Gefahr der Verminderung ihrer Beteiligungsquoten und eines Vermögensverlustes aus dem Kursverfall der Aktien nach der Kapitalerhöhung. Deshalb hat das Aktiengesetz das Bezugsrecht geschaffen, um die Altaktionäre vor Vermögensverlusten und Verlusten des Stimmrechtsanteils zu schützen. Dieses Bezugsrecht kann vom Altaktionär ausgeübt oder veräußert werden.

Die *Vorzugsaktien* sind dadurch gekennzeichnet, dass mindestens eines der fünf bezeichneten Rechte ihrem Besitzer nicht zusteht. Dafür erhält der Aktionär in aller Regel eine höhere Dividende.

Nach der Art der Aufteilung des Stammkapitals werden *Quotenaktien*, *Nennwertaktien* und *Stückaktien* unterschieden. Quotenaktien sind in Deutschland nicht statthaft. Üblich sind Aktien, die einen Nennwert von 1 EURO oder ein Vielfaches davon aufweisen. Das wesentliche Merkmal der Stückaktie besteht darin, dass die Zahl der ausgegebenen Aktien in der Satzung der AG festzulegen ist und alle Stückaktien den gleichen Anteil am Grundkapital verkörpern. Der Nennwert ergibt sich aus dem Verhältnis des Grundkapitals und der Anzahl der Stückaktien. Der Grundkapitalanteil muss mindestens 1 EURO repräsentieren.

Nach der Art der Übertragbarkeit werden Inhaber- und Namensaktien sowie die eingeschränkten vinkulierten Namensaktien unterschieden. Inhaberaktien sind in Deutschland die Regel. Namensaktien tragen den Namen des Inhabers, der zugleich im Aktienbuch der Gesellschaft eingetragen werden muss. Bei vinkulierten Namensaktien ist ein Verkauf durch die Gesellschaft zu genehmigen.

Eine existierende Aktiengesellschaft kann sich durch eine Kapitalerhöhung nachträglich zusätzliche Finanzmittel verschaffen.

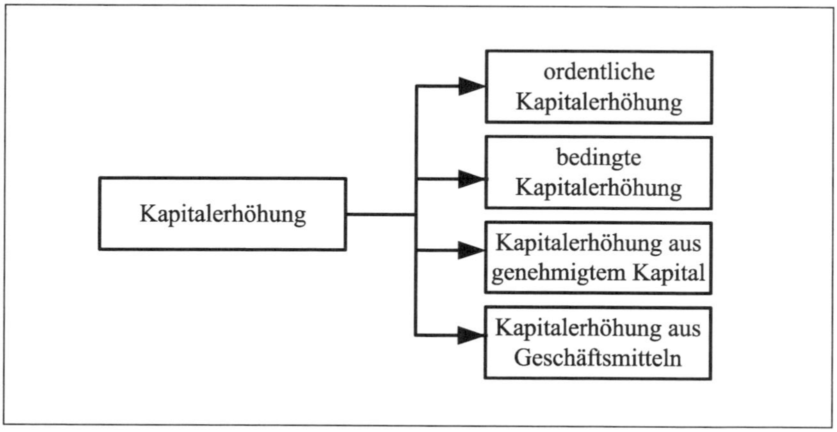

Abb. 5-5: Formen der Kapitalerhöhung

- **Ordentliche Kapitalerhöhung:** Bei einer ordentlichen Kapitalerhöhung beschließen die Aktionäre auf der Hauptversammlung mit einer Dreiviertelmehrheit, junge Aktien gegen Bezahlung oder auch (selten) gegen Sacheinlagen auszugeben.
- **Bedingte Kapitalerhöhung:** Eine bedingte Kapitalerhöhung ist dadurch gekennzeichnet, dass ihre Durchführung vom Eintritt einer im Erhöhungsbeschluss der Hauptversammlung festzulegenden Bedingung abhängt.
- **Genehmigte Kapitalerhöhung:** Bei einer Kapitalerhöhung aus genehmigtem Kapital ermächtigt die Hauptversammlung den Vorstand einer Aktiengesellschaft mit einer Dreiviertelmehrheit, das gezeichnete Kapital bis zu einem bestimmten Nennbetrag durch die Ausgabe junger Aktien gegen Einlagen zu erhöhen.
- **Kapitalerhöhung aus Gesellschaftsmitteln:** Eine Kapitalerhöhung, die dem Unternehmen kein neues Kapital zufließen lässt, ist die Kapitalerhöhung aus Gesellschaftsmitteln. Nach dem AktG kann die Hauptversammlung die Erhöhung des gezeichneten Kapitals durch Umwandlung von offenen Rücklagen in gezeichnetes Kapital beschließen.

Eine Kapitalerhöhung hat für die Aktiengesellschaft den Vorteil, dass dem Unternehmen neues, frisches Kapital zufließt. Der Altaktionär verliert allerdings dadurch relativ an Stimmrechten. Zusätzlich wird seine Aktie an der Börse, aufgrund des gestiegenen Angebots, voraussichtlich an Wert verlieren. Für diese beiden Nachteile wird er mithilfe des Bezugsrechts entlohnt. Das Bezugsrecht kann vom Aktionär ausgeübt oder veräußert werden.

Das Bezugsrecht besitzt somit einen eigenen Wert, der sich aus dem Emissionskurs der jungen Aktien (K_{EM}), dem Kurs der alten Aktien vor der Kapitalerhöhung (K_A) und dem Bezugsverhältnis (BV) ergibt. Das Bezugsverhältnis ergibt sich aus der Erhöhung des Grundkapitals des Unternehmens und bestimmt sich als Verhältnis der Aktienanzahl alter und neuer Aktien. Der rechnerische Wert des Bezugsrechts (BR) ergibt sich gemäß der folgenden Bezugsrechtformel aus

$$BR = \frac{K_A - K_{EM}}{BV + 1},$$

wobei

$$BV = \frac{\text{Zahl der alten Aktien}}{\text{Zahl der jungen Aktien}} \qquad \text{ist.}$$

Der Kurs nach der Kapitalerhöhung wird dann ermittelt durch

$$K_N = K_A - BR.$$

Durch das Bezugsrecht ist es unerheblich, ob der Altaktionär an der Kapitalerhöhung teilnimmt oder nicht. Er wird sich auf keinen Fall schlechter stellen als vor der Kapitalerhöhung.

2.2 Fremdfinanzierung

Fremdkapitalgeber haben die Stellung von Gläubigern. Sie haben damit das Recht, die Rückzahlung und Verzinsung des überlassenen Kapitals in der vereinbarten Höhe und zu den vereinbarten Zeitpunkten zu verlangen. Für die Gläubiger besteht wegen der vertraglichen Vereinbarung der Zahlungen eine höhere Sicherheit als für die Eigenkapitalgeber.

2.2.1 Langfristige Kreditfinanzierung

Zu den langfristigen Kreditfinanzierungsformen zählen Industrieobligationen, Schuldscheindarlehen und Bankkredite in Form von Zinsdarlehen, Abzahlungs- oder Annuitätendarlehen.

langfristige Kreditfinanzierung	Industrieobligationen
	Schuldscheindarlehen
	Zinsdarlehen
	Abzahlungsdarlehen
	Annuitätendarlehen

Abb. 5-6: Formen der langfristigen Kreditfinanzierung

- *Industrieobligationen:* Industrieobligationen sind Schuldverschreibungen, die in, auf glatte Beträge (zwischen 100 und 10.000 EURO) lautende Einzelschuldverschreibungen aufgeteilt und durch Urkunden verbrieft werden. Großunternehmen können sie über die Börse am Kapitalmarkt plazieren. Zu den Ausstattungsmerkmalen der Industrieobligationen gehören der Zins, die Laufzeit und die Tilgungsmodalitäten, die Kündigungsfristen und die Sicherheiten.
- *Schuldscheindarlehen:* Bei Schuldscheindarlehen handelt es sich um eine Kreditform, die direkt, ohne Zwischenschaltung des institutionalisierten Kapitalmarktes, zwischen Kapitalgeber und Kapitalnehmer zustandekommt. Mit Mindestbeträgen von 50.000 EURO steht das Schuldscheindarlehen einem wesentlich größeren Kreis von Unternehmen zur Verfügung. Das Schuldscheindarlehen ist eine langfristige, individuelle Fremdkapitalgewährung.

Darlehen von Kreditinstituten: Für die meisten Unternehmen stellt die Kapitalbeschaffung über Kreditinstitute die häufigste Form der Kapitalbeschaffung dar. Die drei wichtigsten Kreditformen sind: Zinsdarlehen, Abzahlungsdarlehen und Annuitätendarlehen.

- Bei *Zinsdarlehen* werden während der gesamten Laufzeit Zinsen gezahlt, und die Tilgung erfolgt erst am Ende der Laufzeit.
- *Abzahlungsdarlehen* sind durch eine jährlich gleichbleibende Tilgungsquote gekennzeichnet. Aufgrund des sich jährlich verringernden Zinsaufwandes nimmt die gesamte Zahlungsverpflichtung des Schuldners aus seinem Darlehen jährlich ab, d.h. es handelt sich um fallende Annuitäten.
- *Annuitätendarlehen* sind dadurch charakterisiert, dass sich die Kapitalnehmer jährlich gleichbleibenden Zins- und Tilgungsverpflichtungen gegenübersehen. Diese gleichbleibenden Beträge, auch Festannuitäten genannt, zeichnen sich dadurch aus, dass bei zunehmender Laufzeit des Darlehens ein größerer Betrag zur Tilgung und ein kleinerer Teil zur Verzinsung des Annuitätendarlehens verwendet wird.

Weitere langfristige Finanzierungsinstrumente sind: Null-Coupon-Anleihen, Doppelwährungsanleihen, Floating-Rate-Notes, Wandelanleihen, Gewinnschuldverschreibungen, Optionsanleihen.

2.2.2 Kurzfristige Kreditfinanzierung

Zur Finanzierung von kurzfristigen Liquiditätsengpässen stehen mehrere Kreditformen zur Verfügung, die in der nachfolgenden Abbildung aufgeführt sind:

kurzfristige Kreditfinanzierung	Lieferantenkredit
	Kundenkredit
	Kontokorrentkredit
	Lombardkredit
	Diskontkredit
	Akzeptkredit
	Avalkredit

Abb. 5-7: Kurzfristige Fremdfinanzierung

- Der *Lieferantenkredit* entsteht nicht durch die Vergabe liquider Mittel, sondern durch die Gewährung von Zahlungszielen, d.h. die Verzögerung der Zahlung an den Lieferanten. Der Käufer erhält z.B. zwei vertragliche Möglichkeiten: Entweder das Kaufobjekt in acht Tagen mit 2% Skonto zu bezahlen oder in 30 Tagen mit 1.000 EURO. Unter der Voraussetzung der vollen Zielinanspruchnahme, wenn nämlich die Zahlung erst 30 Tage nach Rechnungsdatum erfolgt, ergibt sich rechnerisch ein Jahreszinssatz von 32,73%:

$$I = \frac{\text{Skontosatz}}{(\text{Zahlungsfrist - Skontofrist})} \cdot 360 = \frac{2 \cdot 100}{(100 - 2) \cdot (30 - 8)} \cdot 360 = 32{,}73\%$$

Der Lieferantenkredit ist ein Sachkredit, der häufig zur Absatzförderung eingesetzt wird und trotz der hohen Zinsbelastung aufgrund fehlender Alternativen und der einfachen Verfügbarkeit häufig in Anspruch genommen wird.

- Beim *Kundenkredit* leistet der Abnehmer Anzahlungen, bevor die Lieferung der Ware erfolgt. Leistung und Gegenleistung erfolgen demnach nicht Zug um Zug. Die Anzahlung des Abnehmers stellt einen Kredit an den Lieferanten dar.
- Der *Kontokorrentkredit* ist ein Bankkredit, der von einer Bank ihren Kunden in einer bestimmten Höhe eingeräumt und von diesen je nach Bedarf in wechselndem Umfang bis zur vereinbarten Höchstgrenze in Anspruch genommen werden kann. Die Abrechnung der Zahlungsausgänge des Kunden erfolgt in bestimmten Abständen zusammen mit der Abrechnung des Kredits auf einem von der Bank geführten Kontokorrentkonto.
- Der *Lombardkredit* (Beleihungskredit) besteht in der Gewährung eines kurzfristigen Darlehens gegen Verpfändung beweglicher, marktgängiger Vermögensobjekte des Schuldners. Lombardfähige Vermögensobjekte sind insbesondere: Effekten (sog. Effektenlombard), Wechsel (sog. Wechsellombard), Edelmetalle und Waren bzw. die sie repräsentierenden Dispositionspapiere (sog. Warenlombard).
- Der *Diskontkredit* ist eine Finanzierung durch Verkauf noch nicht fälliger, in Wechselform verbriefter Forderungen eines Lieferanten unter Abzug der Zinsen (Diskontierung) an die Bank.
- Der *Akzeptkredit* ist ein Wechselkredit, bei dem eine Bank einen vom Kunden auf sie gezogenen Wechsel akzeptiert und sich damit wechselrechtlich verpflichtet, dem Wechselinhaber den Kreditbetrag bei Fälligkeit zu zahlen. Der Akzeptkredit stellt keine Geldleihe dar, sondern ist eine Kreditleihe, da durch das Akzept der Bank der Wechsel marktfähig wird.
- Mit dem *Avalkredit* gibt die Bank eine Bürgschaft oder eine Garantie dafür, dass der Kreditnehmer einer von ihm eingegangenen Verpflichtung einem Dritten gegenüber nachkommt. Dementsprechend handelt es sich beim Avalkredit wie beim Akzeptkredit um eine Form der Kreditleihe.

2.3 Sonderformen der Außenfinanzierung

Neben den oben dargestellten Finanzierungsformen existieren noch einige Mischformen, die sich nicht eindeutig zuordnen lassen. Zu diesen Finanzierungsinstrumenten gehören das Factoring und das Leasing.

Abhängig vom Leistungsumfang des Factorings kann es zu den Instrumenten der Vermögensumschichtung oder zur Kreditfinanzierung zugeordnet werden.

Auch das Leasing kann je nach Ausgestaltung der vertraglichen Struktur diesen beiden unterschiedlichen Finanzierungsformen zugeordnet werden. Um dieser

Sonderstellung gerecht zu werden, sollen diese beiden Kreditinstrumente gesondert dargestellt werden.

2.3.1 Factoring

Factoring ist ein Finanzierungsgeschäft, bei dem ein Finanzierungsinstitut (Factor) die bei seinem Anschlussunternehmen (Klient) entstehenden kurzfristigen Forderungen mit oder ohne Regress ankauft. Regress meint den Rückgriff eines Ersatzpflichtigen auf einen Dritten, der diesem gegenüber zur Haftung verpflichtet ist. Factoringgesellschaften bieten drei Arten von Servicefunktionen an, die von Klienten in Anspruch genommen werden können:

1. *Dienstleistungsfunktion:* Hierbei wird die Verwaltung der Forderung durch den Factor übernommen, d.h. das Inkasso/ Mahnwesen, die Debitorenbuchhaltung, aber auch die Fakturierung.
2. *Finanzierungsfunktion:* Der Faktor bevorschusst die erst später fällige Forderung und nimmt als Kostenersatz einen Abschlag vor.
3. *Delkrederefunktion:* Wird vom Faktor die Delkrederefunktion übernommen, kauft er die Forderung von seinem Klienten regresslos an, d.h. der Factor trägt allein das Risiko des Ausfalls der Forderung.

Je mehr Funktionen vom Factor übernommen werden, desto höher sind die Kosten für den Klienten. Im Wesentlichen setzen sich die Kosten aus folgenden drei Komponenten zusammen:

1. Die Kreditzinsen für die Finanzierung der Forderungen vor Fälligkeit. Sie liegen üblicherweise geringfügig über den banküblichen Zinsen, da sich die Factoringgesellschaft bei Banken refinanzieren muss.
2. Die Factoringgebühr, die die Kosten für die Übernahme der factoringspezifischen Dienstleistungen abdeckt. Sie bemisst sich in aller Regel am Umsatz, der getätigt wird.
3. Die Delkrederegebühr zur Abdeckung der übernommenen Ausfallrisiken. Sie ist abhängig von der Bonität der Abnehmer.

Neben diesen Kosten weist das Factoring für den Klienten allerdings vielfältige Vorteile auf:

- Es kommt zu einer Rentabilitätserhöhung infolge eines schnelleren Umschlages der Forderungen und einer Ablösung teurer Kredite.
- Geringere Aufwendungen für Verwaltungsarbeiten im Mahn- und Inkassowesen.
- Senkung der Kosten in der Debitorenbuchhaltung.
- Verringerung der Verluste aus Insolvenzen von Geschäftspartnern.
- Erhöhung der Liquidität.

Wird die Delkrederefunktion von der Factoringgesellschaft ausgeübt, spricht man auch vom echten Factoring.

2.3.2 Leasing

Unter *Leasing* versteht man die Vermietung von Anlagegegenständen durch Finanzierungsinstitute und andere Unternehmen. Nach der Dauer des Leasing-Geschäftes wird unterschieden in:

- *Operating-Leasing* bei kurzfristigen, jederzeit kündbaren Nutzungsrechten an den Mietgegenständen.
- *Financial-Leasing* bei längerfristigen, prinzipiell unkündbaren Verträgen bei denen das Eigentum des Anlagegutes auf den Mieter übergeht.

Als Vorteil des Leasings werden im Vergleich zum Kreditkauf folgende Punkte angeführt:

- Die Abwicklung des Leasing-Geschäftes erfolgt unkomplizierter als ein Kreditkauf.
- Die Leasing-Verträge werden steuerlich gegenüber der Kreditkaufalternative bevorzugt.
- Bei öffentlichen Aufträgen können die Leasingraten voll, Abschreibung dagegen nur begrenzt berücksichtigt werden.
- Das Bilanzbild wird im Vergleich zur Kreditfinanzierung geschont.
- Die Investitionsflexibilität wird erhöht.

❶ *Begriffe zum Nachlesen*

Außenfinanzierung	Beteiligungsfinanzierung
Aktie	Quotenaktie
Stückaktie	Nennwertaktie
Bezugsrecht	Kapitalerhöhung
Fremdfinanzierung	Zinsdarlehen
Industrieobligationen	Schuldscheindarlehen
Abzahlungsdarlehen	Annuitätendarlehen
Lieferantenkredit	Avalkredit
Lombardkredit	Diskontkredit
Akzeptkredit	Kundenkredit
Factoring	Leasing

❷ *Wiederholungsfragen*

1. Was versteht man unter Eigenkapital und welche Funktionen hat es zu erfüllen?
2. Was ist eine Aktie und welche Rechte erwirbt der Käufer einer Aktie?
3. Wie können Aktienarten systematisiert werden?
4. Differenzieren Sie den Begriff der Kapitalerhöhung.
5. Systematisieren Sie die genannten Möglichkeiten zur kurz- bzw. langfristigen Kreditfinanzierung.
6. Erläutern Sie ausführlich die Begriffe Leasing und Factoring.
7. Der Student Berti Beckenbauer möchte sich einen neuen Fernseher kaufen, damit er kein Fußballspiel seiner Lieblingsmannschaft mehr verpasst. Sein Händler macht ihm eine Offerte: Der Fernseher wird angeliefert. Zahlt Berti sofort, kann er 3% Skonto abziehen. Zahlt er innerhalb der nächsten 30 Tage die Rechnung, muß er 2.450 EURO bezahlen. Wie viel Bargeld muss Berti im Haus haben? Welchem Jahreszinssatz entspricht dieser Kredit?

   ☞ **vgl. Lösungshinweise**

❸ *Literaturhinweise*

Bernecker, M.; Seethaler, P.: Grundlagen der Finanzierung, München 1998.

Olfert, K.: Finanzierung, 14. Aufl. Ludwigshafen 2008.

Perridon, L.; Steiner, M.: Finanzwirtschaft der Unternehmung, 15. Aufl. München 2009.

Schierenbeck, H.: Grundzüge der Betriebswirtschaftslehre, 17. Aufl. München 2008.

Wirtz, H.: Finanzierung – Grundlagen und Übungen, Münster 2009.

3. Innenfinanzierung (interne Finanzierung)

In diesem Kapitel lernen Sie

- die Formen der Innenfinanzierung,
- die Cash-Flow-Finanzierung und
- die Finanzierung durch Kapitalumschichtungen kennen.

Im Rahmen der Innenfinanzierung werden dem Unternehmen keine Finanzmittel von außen zugeführt, sondern die aus den betrieblichen Leistungsprozessen entstehenden Erträge verwendet. Ihre Erscheinungsformen sind die Cash-Flow-Finanzierung und die Umschichtungsfinanzierung.

Innenfinanzierung	Cash-Flow-Finanzierung	durch Einbehaltung von Gewinn	Selbstfinanzierung
		durch verdiente aber noch nicht zahlungswirksame Aufwendungen	Rückstellungsfinanzierung
			Abschreibungsfinanzierung
	Umschichtungsfinanzierung	über außergewöhnliche Verkaufsakte	
		über betriebliche Rationalisierungsmaßnahmen	

Abb. 5-8: Instrumente der Innenfinanzierung

3.1 Cash-Flow-Finanzierung

Der Finanzierungseffekt der Überschussfinanzierung ergibt sich dadurch, dass in einem Unternehmen in einer Periode den Einzahlungen geringere Auszahlungen gegenüberstehen. Die Differenz verteilt sich dabei auf die drei Quellen Gewinne, Abschreibungen und Rückstellungen.

3.1.1 Finanzierung durch einbehaltene Gewinne

Eine Finanzierung durch einbehaltene Gewinne erfolgt aus Gewinnen, die nicht an die Anteilseigner ausgeschüttet werden. Voraussetzung für den Liquiditätszufluss ist, dass der Markt die Gewinnprämien in den geforderten Absatzpreisen vom Markt tatsächlich vergütet. Die Vorteile der Finanzierung durch einbehaltene Gewinne gegenüber der Finanzierung durch neues Beteiligungskapital sind die Vermeidung von Emissionskosten, die Aufrechterhaltung der Herrschaftsverhältnisse und die freie Disposition über die Finanzmittel.

3.1.2 Finanzierung durch Abschreibungsgegenwerte

Wie bei der Finanzierung aus einbehaltenen Gewinnen ist auch die Finanzierung aus Abschreibungen durch die Grundvoraussetzung gekennzeichnet, dass der Markt die in die Absatzpreise eingegangenen Kalkulationsbestandteile vergütet, sodass es zu einem Zufluss von Zahlungsmitteln kommt. Außerdem ist mit der Verrechnung von Abschreibungsraten insofern ein indirekter Liquiditätseffekt verbunden, als der Periodengewinn als Basis für Steuerforderungen des Fiskus und für Ansprüche auf Dividendenzahlungen der Gesellschafter vermindert wird.

Verdiente Abschreibungen, die nicht für Zwecke der Ausschüttung verwendet werden, setzen das in den Abschreibungsobjekten gebundene Kapital im Unternehmen frei. Die somit zeitlich gebundenen finanziellen Mittel können anderweitig eingesetzt werden, da eine Ansammlung der liquiden Mittel in der Kasse bis zum Zeitpunkt der Beschaffung der Nachfolgeobjekte nicht in jedem Fall vernünftig ist.

Im Zusammenhang mit der Finanzierung aus Abschreibungen unterscheidet man zwei Effekte:

1. Kapitalfreisetzungseffekt
Dieser Effekt resultiert daraus, dass ein Teil der Abschreibungsbeträge dauerhaft freigesetzt wird, wenn wegen unterschiedlicher Ersatzbeschaffungszeitpunkte der einzelnen Anlagen ständig ein Teil ausschüttungsfähiger, durch Abschreibungen gebundener Mittel dem Unternehmen zur Verfügung steht.

2. Kapazitätserweiterungseffekt (Lohmann-Ruchti-Effekt)
Werden die durch Abschreibungen gebundenen Beträge ständig in preisgleiche, identische Anlagen investiert, kann eine erhebliche dauerhafte Ausweitung der auf die Perioden bezogenen Leistungsfähigkeit (Perioden-Kapazität) der Anlagen erreicht werden.

Bei einer Reinvestition der Finanzmittel können auf diese Weise maschinelle Anlagen ersetzt werden, ohne dass zusätzliches Kapital von außen notwendig ist.

3.1.3 Finanzierung durch Rückstellungsgegenwerte

Der Finanzierungseffekt von Rückstellungen besteht darin, dass die in die Kalkulation der Absatzpreise eingegangenen Rückstellungsraten bis zur Inanspruchnahme der Rückstellungen im Unternehmen verfügbar sind. Dabei hängt die Dauer des Mittelverbleibs vom Charakter der Rückstellung ab; bei langfristigen Rückstellungen ist der Finanzierungseffekt am stärksten.

Der Finanzierungseffekt durch die Bildung von z.B. Pensionsrückstellungen wird dadurch verstärkt, dass infolge der entsprechenden Aufwendungen die Gewinne reduziert und (insbesondere) die davon abhängigen Steuerzahlungen ermäßigt werden. Bei der Ermittlung des körperschaftssteuerpflichtigen Gewinns sind diese Rückstellungsraten als Aufwand abzugsfähige Betriebsausgaben. Da die Auflösung der Rückstellungen im Versorgungsfall den Gewinn des betreffenden Jahres nicht mehr mindert, handelt es sich um eine Steuerverschiebung, die den Finanzierungseffekt erhöht.

3.2 Vermögensumschichtung

Eine Kapitalbeschaffung mittels einer Finanzierung durch Vermögensumschichtung erfolgt dadurch, dass nicht mehr benötigte Vermögensgegenstände auf der Aktivseite in Kassenbestände umgewandelt werden. Das Unternehmen veräußert bei diesem Finanzierungsvorgang Vermögensgegenstände, die nicht in einem direkten Zusammenhang mit dem Unternehmensprozess stehen, wie zum Beispiel nicht betrieblich genutzte Grundstücke, Wertpapiere im Finanzanlagevermögen oder auch zu hohe Vorratsbestände. Die Kapitalbeschaffung durch Vermögensumschichtung wird vor allem dadurch lukrativ, dass aufgrund dieses Aktivtauschs zum Teil erhebliche stille Reserven aufgedeckt werden können, die zwar zu versteuern sind, aber auch eine zusätzliche Finanzierungsquelle darstellen.

❶ *Begriffe zum Nachlesen*

Innenfinanzierung	Cash-Flow
Lohmann-Ruchti-Effekt	Kapitalfreisetzungseffek
Rückstellungen	Vermögensumschichtungen

❷ *Wiederholungsfragen*

1. Systematisieren Sie die Instrumente der Innenfinanzierung.
2. Erklären Sie den Kapitalfreisetzungseffekt und den Lohmann-Ruchti-Effekt.
3. Erläutern Sie die Finanzierung aus Abschreibungsgegenwerten.

❸ *Literaturhinweise*

Bernecker, M.; Seethaler,P.: Grundlagen der Finanzierung, München 1998.

Olfert, K.: Finanzierung, 14. Aufl. Ludwigshafen 2008.

Perridon, L.; Steiner, M.: Finanzwirtschaft der Unternehmung, 15. Aufl. München 2009.

Schierenbeck, H.: Grundzüge der Betriebswirtschaftslehre, 17. Aufl. München 2008.

Wirtz, H.: Finanzierung - Grundlagen und Übungen, Münster 2009.

VI. Investitionsrechnungen

1. Grundbegriffe der Investitionsrechnungen

In diesem Kapitel lernen Sie

- den Begriff der Investition und
- unterschiedliche Investitionsarten kennen.

Neben den vorgestellten Finanzierungsinstrumenten muss ein Unternehmen dieses Kapital auch investieren. Diese Tätigkeit kann mithilfe zahlreicher Investitionsarten realisiert werden.

Investitionsarten	umschlagsbezogene Investitionen	schnell umschlagende Investitionen	
		langsam umschlagende Investitionen	
	investorbezogene Investitionen	Investitionen der Unternehmen	
		Investitionen der privaten Haushalte	
		Investitionen der öffentlichen Haushalte	
	objektbezogene Investitionen	Sachinvestitionen	
		Finanzinvestitionen	
		Immaterielle Investitionen	
	wirkungsbezogene Investitionen	Nettoinvestitionen	Gründungsinvestitionen
			Erweiterungsinvestitionen
		Reinvestitionen	Sicherungsinvestitionen
			Diversifikationsinvestitionen
			Rationalisierungsinvestitionen
			Ersatzinvestitionen

Abb. 6-1: Investitionsarten

Abhängig von der Wirkung einer Investition unterscheidet man Netto- und Reinvestitionen. Nettoinvestitionen sind tatsächliche Neuinvestitionen. Reinvestitionen werden dagegen für bereits vorhandene Sachmittel und Anlagen getätigt. Abhängig vom Objekt, in das investiert wird, können Sach-, Finanz- und immaterielle Investitionen differenziert werden. Von besonderer Bedeutung für den Investor ist die Frage der Umschlagsgeschwindigkeit der Investition. Schnell umschlagende Investitionen führen zu einer schnellen Rückzahlung der investierten Mittel, während bei langsam umschlagenden Investitionen die Rückzahlungsperiode wesentlich länger ist. Abhängig vom Status des Investors werden Investitionen von Haushalten, Unternehmen und der öffentlichen Hand unterschieden.

Zusammenfassend kann man sagen, dass Investitionen in aller Regel Ausgaben sind, um ein Investitionsobjekt anzuschaffen oder zu errichten.

Unabhängig von der spezifischen Ausprägung einer Investition werden Investitionen häufig als Zahlungsreihen dargestellt. Demnach ist eine Investition eine Zahlungsreihe, die mit einer Auszahlung beginnt. Analog sind in diesem Zusammenhang Finanzobjekte Zahlungsreihen, die mit einer Einzahlung beginnen.

Im Rahmen der Investitionstätigkeit ist sehr häufig eine Entscheidung für oder gegen ein Investitionsobjekt, bzw. eine Entscheidung zwischen einzelnen Investitionsalternativen zu treffen. Neben zahlreichen qualitativen Kriterien gibt es quantitativ orientierte Verfahren zur Berechnung der Vorteilhaftigkeit eines Investitionsobjektes.

Verfahren der Investitionsrechnung			
bei Sicherheit		**bei Unsicherheit**	
Einzelinvestitionen	Investitionsprogramme	Einzelinvestitionen	Investitionsprogramme
Statische Verfahren ▪ Kostenvergleichsrechnung ▪ Gewinnvergleichsrechnung ▪ Rentabilitätsrechnung ▪ Amortisationsvegleichsrechnung	**Interne-Zinsfuß-Methode** ▪ Dean ▪ Baldwin	Korrekturverfahren Sensitivitätsanalyse Risikoanalyse	Portfolio-Methoden
Dynamische Verfahren ▪ Kapitalwertmethode ▪ Annuitätenmethode ▪ Interne-Zinsfuß-Methode ▪ Dynamische Amortisationsrechnung	**Kapitalwertmethode** ▪ Lorie/Savage ▪ Kapitalwertrate ▪ LP-Ansätze		

Abb. 6-2: Verfahren der Investitionsrechnung

Die unterschiedlichen Verfahren der Investitionsrechnung lassen sich zunächst bezüglich der Berücksichtigung der zukünftigen Unsicherheiten einer Investition unterteilen. Weiterhin ist der Einsatzzweck der Methode von Relevanz. Handelt es sich um eine Einzelinvestition oder um ein gesamtes Investitionsprogramm? Im Rahmen dieser Darstellung beschränken wir uns auf Einzelinvestitionen bei Sicherheit und berücksichtigen statische und dynamische Verfahren.

➊ *Begriffe zum Nachlesen*

Investition
Nettoinvestition
Zahlungsreihe
Investitionsobjekt
Ersatzinvestition

➋ *Wiederholungsfragen*

1. Was versteht man unter einer Investition? Systematisieren Sie Investitionen.
2. Nennen Sie alternative Berechnungsverfahren zur Ermittlung optimaler Investitionen.
3. Was ist der Unterschied zwischen einer Investition und einer Finanzierung?

➌ *Literaturhinweise*

Blohm, H.;Lüder, K.; Schäfer, C.: Investition, 9. Aufl. München 2006.
Kruschwitz, L.: Investitionsrechnung, 12. Aufl. München, Oldenbourg 2009.
Olfert, K.; Reichel, C.: Investitionen, 11. Aufl. Ludwigshafen 2009.

2. Statische Verfahren der Investitionsrechnung

In diesem Kapitel lernen Sie

- den Kostenvergleichsrechnung,
- den Gewinnvergleichsrechnung und die Break-Even-Analyse,
- die Rentabilitätsrechnung und
- die Amortisationsvergleichsrechnung kennen.

Zur Ermittlung einer optimalen Investition existieren eine Reihe von Verfahren, die als statische Investitionsrechnungsverfahren bekannt sind. Sie werden als statische Verfahren bezeichnet, da sämtliche Zahlungen mithilfe einer nicht existierenden, theoretischen Durchschnittsperiode vergleichbar gemacht werden. Zu den Verfahren gehören der Kostenvergleich, der Gewinnvergleich, die Rentabilitätsrechnung und die statische Amortisationsrechnung.

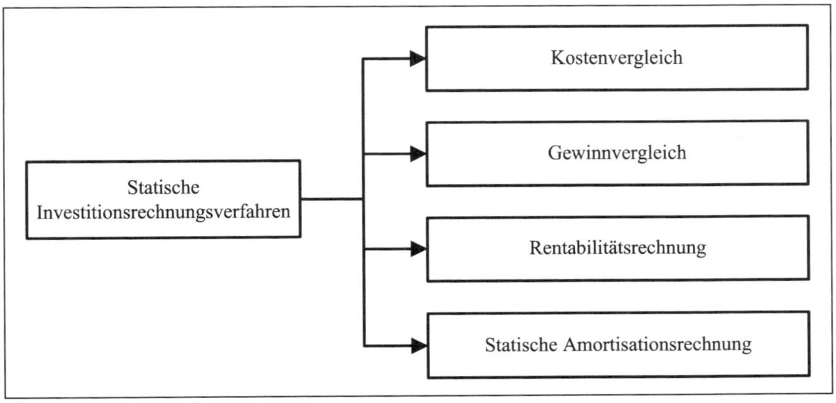

Abb. 6-3: Statische Investitionsrechnungsverfahren

Alle statischen Verfahren besitzen folgende gemeinsame Eigenschaften, die gleichzeitig Ansatzpunkte für die an ihnen geübte Kritik sind:

1. Die Investitionsobjekte werden mit durchschnittlichen Erfolgsgrößen beurteilt, bei denen es unerheblich ist, zu welchem Zeitpunkt sie anfallen.
2. Die statischen Verfahren arbeiten mit Kosten und Erlösen (Leistungen) statt mit Einzahlungen und Auszahlungen.
3. Mittels der statischen Verfahren lassen sich nur Investitionsobjekte, aber nicht vollständige Handlungsalternativen miteinander vergleichen.

Trotz dieser Kritik werden in der Praxis die Verfahren der statischen Investitonsrechnungen regelmäßig zur Auswahl von Investitionsobjekten herangezogen, da sie

- leicht zu handhaben sind,
- an die Entscheider keine hohen mathematischen Anforderungen stellen und

- nur einen geringen Beschaffungsaufwand von Informationen verlangen.

2.1 Kostenvergleichsrechnung

Bei der Beurteilung von Investitionsobjekten im Rahmen der Kostenvergleichsrechnung konzentriert man sich auf die Kosten und formuliert als Entscheidungskriterium:

Wähle die Investition mit den minimalen (durchschnittlichen) Kosten!

Bei der Ermittlung der durchschnittlichen Kosten müssen die Fixkosten und die variablen Kosten pro Periode ermittelt werden. Es empfiehlt sich folgende Vorgehensweise:

Daten	Investitionsobjekt A	Investitionsobjekt B
Anschaffungskosten (A)	600.000 EURO	700.000 EURO
Liquidationserlös (R)	60.000 EURO	50.000 EURO
Nutzungsdauer (n)	6 Jahre	5 Jahre
Fixkosten pro Jahr	70.000 EURO	80.000 EURO
var. Kosten pro Stück	220,- EURO	200,- EURO
Produktionsmenge pro Jahr	5.000 ME	5.000 ME
Kalkulationszinsfuß	10 %	10 %
Ermittlung der relevanten Durchschnittswerte		
Jährliche Abschreibungen $= \frac{A - R}{n}$	90.000 EURO	130.000 EURO
Jährliche Zinsen $= \frac{A + R}{2} \cdot \text{Zinssatz}$	33.000 EURO	37.500 EURO
Gesamte Fixkosten der Anlage	90.000+33.000+70.000 = 193.000 EURO	130.000+37.500+80.000 = 247.500 EURO
Variable Kosten $= k_v \cdot \text{Menge}$	$220 \cdot 5.000 =$ 1.100.000 EURO	$200 \cdot 5.000 =$ 1.000.000 EURO
Gesamtkosten	1.293.000 EURO	**1.247.500 EURO**

Abb. 6-4: Beispiel für eine Investitionsentscheidung

Zunächst werden sämtliche verfügbaren Daten über die Investitionsobjekte zusammengefasst. Anhand der Daten der Investitionsobjekte können dann einige Durchschnittswerte ermittelt werden. Zunächst sind die Abschreibungen zu ermitteln, um die Anschaffungskosten abzüglich der Liquidationserlöse zu normalisieren. Dabei wird immer eine lineare Abschreibung gewählt. Zusätzlich sind die Kapitalkosten in Form von kalkulatorischen Zinsen zu berücksichtigen. Der Kalkulationszins wird dabei mit dem durchschnittlich gebundenen Kapital multipliziert. Zusätzlich sind die variablen Gesamtkosten und die Gesamtfixkosten zu ermitteln. In dem hier gezeigten Beispiel wird sich dann der Investor für das Investitionsobjekt B entscheiden, da dieses die geringeren Kosten pro Periode aufweist.

Bei der Durchführung der Kostenvergleichsrechnung ist es notwendig, sich neben der möglichen Kritik an den allgemeinen Eigenschaften der statischen Verfahren der zusätzlichen Probleme bewusst zu sein:

1. Es wird die Annahme unterstellt, dass die Erlöse aus den Investitionsobjekten identisch sind.
2. Außerdem ist nicht gewährleistet, dass die Investitionsobjekte überhaupt einen Gewinn abwerfen.
3. Bei unterschiedlichen Kapazitäten der zu beurteilenden Investitionsobjekte ist der Kostenvergleich um einen Stückkostenvergleich zu erweitern.

Häufig werden für zu vergleichende Anlagen Kostenfunktionen aufgestellt und die kritische Verfahrensmenge berechnet. Dabei ist die Menge gesucht, bei denen beide Maschinen trotz unterschiedlicher Kostenstruktur die gleichen Kosten verursachen. Liegt die zu produzierende Kapazität unterhalb dieser kritischen Menge, muss die Anlage mit den geringeren Fixkosten gewählt werden. Liegt sie darüber, wird die andere Alternative bevorzugt.

In dem hier gezeigten Beispiel ergeben sich folgende Kostenfunktionen:

$K^A = 193.000 + 220 \cdot x$ $\qquad\qquad$ $K^B = 247.500 + 200 \cdot x$

Durch gleichsetzen der Gleichungen erhält man ihren Schnitt und damit die kritische Menge.

$$K^A = K^B \Leftrightarrow 193.000 + 220x = 247.500 + 200x \Leftrightarrow 20x = 54.500 \Leftrightarrow \underline{x = 2.725}$$

Dieser Zusammenhang lässt sich grafisch sehr leicht verdeutlichen:

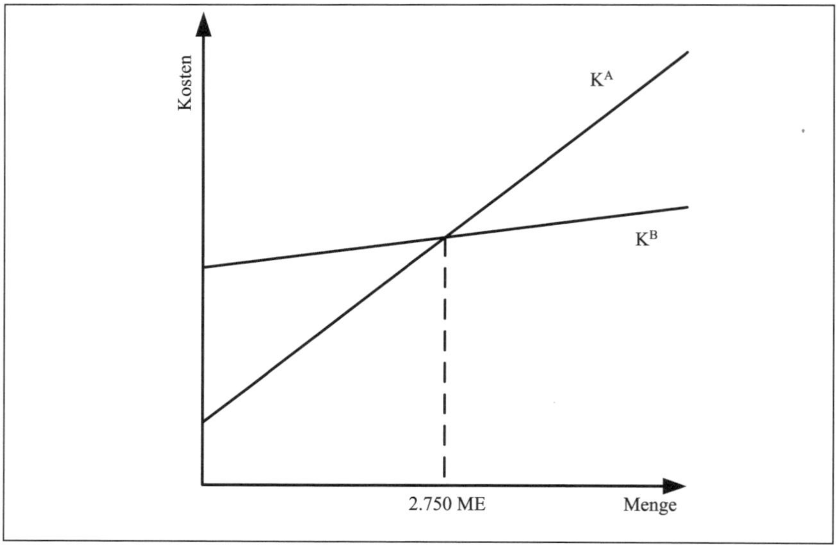

Abb. 6-5: Kostenvergleich

2.2 Gewinnvergleichsrechnung

Die *Gewinnvergleichsrechnung* ist im Gegensatz zum Kostenvergleich auch zur Beurteilung eines einzelnen Investitionsobjektes anwendbar. Ein Investitionsobjekt ist vorteilhaft, wenn es einen positiven Gewinn erwirtschaftet. Das Entscheidungskriterium dafür lautet daher:

Wähle die Investition mit dem maximalen (durchschnittlichen) Gewinn!

Klassisch ist in diesem Zusammenhang die Anwendung der Break-Even-Analyse. Gesucht ist die Menge, bei der die Anlage in die Gewinnzone gelangt. Dafür werden zunächst die Kostenfunktion und die Erlösfunktion erstellt.

Kosten = Fixkosten + variable Kosten $\quad K = K_f + k_v \cdot x$

Die Kosten setzen sich aus Fixkosten und variablen Kosten zusammen. Die variablen Kosten werden aufgesplittet in die variablen Stückkosten und die Menge. Die Erlöse werden durch die Multiplikation von Preis und Menge ermittelt.

Erlös = Preis · Menge $\quad E = p \cdot x$

Die Break-Even-Menge ist genau die Menge, bei der sich die beiden Funktionen schneiden bzw. die Kosten genauso groß sind wie die Erlöse. Mathematisch erhält man dies durch Gleichsetzen der Funktionen:

$$E = K \quad \Leftrightarrow \quad p \cdot x = K_f + k_v \cdot x \quad \Leftrightarrow \quad p \cdot x - k_v \cdot x = K_f$$

$$\Leftrightarrow \quad x \cdot (p - k_v) = K_f \quad \Leftrightarrow \quad x = \frac{K_f}{(p - k_v)}$$

In der zweiten Zeile kann man erkennen, dass die Gewinnschwelle genau dann erreicht ist, wenn die Spanne aus dem Erlöse und den variablen Kosten genau die Fixkosten abdeckt. Dieser Klammerausdruck hat den Namen Deckungsspanne. Wenn diese Deckungsspanne mit der Menge multipliziert wird, erhält man den Deckungsbeitrag. Die untenstehende Abbildung visualisiert diesen Zusammenhang.

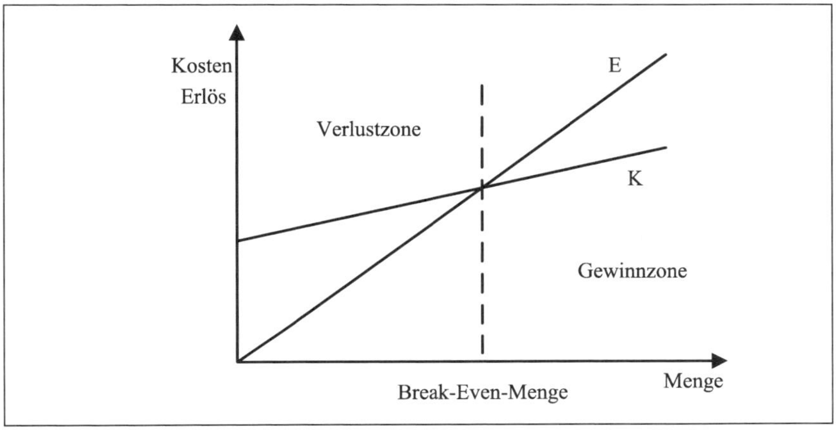

Abb. 6-6: Break-Even-Menge

2.3 Rentabilitätsvergleichsrechnung

Im Gegensatz zur Gewinn- und Kostenvergleichsrechnung berücksichtigt die Rentabilitätsvergleichsrechnung, dass Investitionsobjekte unterschiedlich viel Kapital binden, indem die jährlichen (durchschnittlichen) Gewinne einer Investition vor Zinsen zu ihrem durchschnittlichen Kapitaleinsatz ins Verhältnis gesetzt werden:

$$\text{Investitionsrentabilität} = \frac{\text{Investitionserträge}}{\text{Investitionskapital}}$$

Der Entscheider sollte folgende Regel beachten:

Wähle die Investition mit der maximalen (durchschnittlichen) Rentabilität!

Die Rentabilitätsrechnung sollte immer dann eingesetzt werden, wenn der Kapitaleinsatz der einzelnen Investitionsobjekte stark differiert. Es sollten aber nur Investitionsobjekte mit gleicher Laufzeit verglichen werden.

2.4 Amortisationsvergleichsrechnung

Die Amortisationsrechnung (Pay-off-Methode) ermittelt den Zeitraum, in dem das investierte Kapital über die Cash Flow wieder in das Unternehmen zurückfließt und für weitere Investitionen zur Verfügung steht. Das Entscheidungskriterium lautet:

Wähle die Investition mit der kürzesten Amortisationsdauer!

Die Amortisationsdauer wird mit der folgenden Formel ermittelt:

$$AD = \frac{K_0}{\sum_{t=1}^{m} (G_t + A_t)}$$

K_0 repräsentiert das eingesetzte Kapital, das möglichst schnell wieder durch die Gewinne (G_t) und die Abschreibungsbeträge (A_t) der einzelnen Perioden zurückverdient werden soll.

❶ *Begriffe zum Nachlesen*

Kostenvergleich	Gewinnvergleich
Break-Even-Punkt	Amortisationsdauer
Rentabilität	Deckungsbeitrag

❷ *Wiederholungsfragen*

1. Erläutern Sie die Gemeinsamkeiten der statischen Investitionsrechnungsverfahren.
2. Die BEQUEM-REISEN GmbH überlegt, ob sie einen neuen Reisebus anschaffen soll. Sie ermittelt bzw. schätzt folgende Daten: Investitionsausgabe 500.000 EURO, Einzahlungsüberschüsse pro Periode 100.000 EURO, Nutzungsdauer 8 Jahre, Restverkaufserlös 50.000 EURO. Ein Kredit kostet z. Zt. effektiv 10% Zinsen pro Jahr. Wie groß ist die durchschnittliche Rendite des Busses?

   ☞ **vgl. Lösungshinweise**
3. Der Unternehmer Peter Protzki möchte für sein gut laufendes Unternehmen eine neue Maschine zur Herstellung von Bierfässern mit eingebautem Zapfhahn erwerben. Die Produzenten von Bierfassherstellmaschinen können ihm folgende Angebote machen: Hersteller A: Anschaffungspreis 1.000.000 EURO, garantierter Rückkaufwert nach 8 Jahren 100.000 EURO. Für jedes Fass ist mit 2,20 EURO an variablen Herstellkosten zu rechnen. Die Fixkosten pro Jahr betragen nochmals 25.000 EURO. Hersteller B: Anschaffungspreis 600.000 EURO. Nach 8 Jahren hat die Maschine nur noch einen Schrottwert von 10.000 EURO, der durch die Entsorgungskosten aufgezehrt wird. Die variablen Kosten betragen 6 EURO. An laufenden Kosten muss Peter Protzki noch 30.000 EURO veranschlagen. Der Kauf der Anlage wird durch die Hausbank zu 8 % pro Jahr finanziert. Ermitteln Sie die entscheidungsrelevanten Kostenkomponenten und berechnen Sie die kritische Menge. Für welche Anlage wird er sich entscheiden, wenn seine Absatzkapazität 10.000 Fässer beträgt?

   ☞ **vgl. Lösungshinweise**

4. Peter Protzki hat sich für die Maschine B entschieden. Er kann jedes Fass für 10 EURO an einen bekannten Bierbrauer verkaufen. Da er morgen zur Jahresverhandlung mit dem Einkäufer des Bierbrauers muss, benötigt er von Ihnen die Break-Even-Menge der Anlage.

   ☞ **vgl. Lösungshinweise**

5. Der Taxiunternehmer „Der schnelle Eddi" steht vor der Entscheidung, seinen Fuhrpark um einen Wagen zu erweitern. Für die beiden in die engere Wahl gezogenen Fahrzeuge gilt die folgende Datensituation:

	Typ A	Typ B
Anschaffungskosten	35.000 EURO	40.000 EURO
Fixe Betriebskosten pro Jahr	23.000 EURO	23.500 EURO
Variable Betriebskosten pro km	0,20 EURO	0,24 EURO
Voraussichtliche Fahrleistung pro Jahr	30.000 km	33.000 km
Geplante Nutzungsdauer (n)	3 Jahre	4 Jahre
Restverkaufserlös am Ende der geplanten ND	14.000 EURO	11.000 EURO
Beförderungspreis pro km	1,70 EURO	1,70 EURO
Zinssatz	10 %	10 %

Welches der beiden Fahrzeuge soll „Der schnelle Eddi" anschaffen, wenn die Investitionsentscheidung mithilfe der statischen Rentabilitätsrechnung getroffen wird? Erläutern Sie Ihre Vorgehensweise. Unter welchen Voraussetzungen ist Ihr Ergebnis nur als sinnvoll zu bezeichnen?

☞ **vgl. Lösungshinweise**

❸ *Literaturhinweise*

Blohm, H.;Lüder, K.; Schäfer, C.: Investition, 9. Aufl. München 2006.

Kruschwitz, L.: Investitionsrechnung, 12. Aufl. München, Oldenbourg, 2009.

Olfert, K.; Reichel, C.: Investitionen, 10. Aufl. Ludwigshafen 2006.

3. Dynamische Verfahren der Investitionsrechnung

In diesem Kapitel lernen Sie

- die Kapitalwertmethode,
- den internen Zinsfuß und
- die Annuitätenmethode kennen.

Die dynamischen Verfahren der Investitionsrechnung berücksichtigen im Gegensatz zu den statischen Verfahren den zeitlich unterschiedlichen Anfall von Ein- und Auszahlungen. Zahlungen in der Zukunft werden anders bewertet als Zahlungen, die in der Gegenwart auftreten. Die hier geschilderten dynamischen Verfahren sind unter Beachtung einiger Anwendungsprämissen zu betrachten. Sollten diese Prämissen verletzt werden, müssen die Ergebnisse mit besonderer Vorsicht interpretiert werden.

- Das Investitionsobjekt wird durch eine Zahlungsreihe charakterisiert, da von mehrperiodischen Zahlungen ausgegangen wird.
- Es wird Sicherheit unterstellt, d.h. alle zukünftigen Ein- und Auszahlungen treten tatsächlich auf.
- Sämtliche Ein- und Auszahlungen, die mit einer Investition verbunden sind, sind eindeutig erfassbar.
- Sämtliche Zahlungen zu unterschiedlichen Zeitpunkten werden auf einen Vergleichspunkt auf- bzw. abgezinst.
- Die Auswahl erfolgt zwischen vollständigen Investitionsalternativen.
- Es wird ein vollkommener Kapitalmarkt unterstellt. Auf einem Kapitalmarkt werden Zahlungsströme (also Investitionsobjekte) gehandelt. Vollkommen ist er, wenn folgende Regeln gelten:
  1. Es erfolgt keine Unterscheidung zwischen Eigen- und Fremdkapital, da das homogene Gut „Kapital“ gehandelt wird.
  2. Die Investitions- und Finanzierungsobjekte sind beliebig teilbar.
  3. Es handelt sich um einen Punktmarkt auf dem keine Transaktionskosten oder Steuern auftreten.
  4. Durch eine vollständige Markttransparenz haben Anbieter und Nachfrager vollständige Informationen über alle entscheidungsrelevanten Parameter.

Daraus resultiert:

- ein einheitlicher Marktzinssatz (Sollzins = Habenzins) und
- die unbegrenzte Kapitalaufnahmemöglichkeit, sodass keine Liquiditätsprobleme existieren.

Zur Beurteilung, ob ein Investitionsobjekt besser ist als ein anderes, können je nach Ziel des Entscheiders die Kapitalwertmethode, die Annuitätenmethode und der interne Zinsfuß als Entscheidungshilfe herangezogen werden.

3.1 Kapitalwertmethode

Mithilfe der Kapitalwertmethode wird die Zahlungsreihe durch einen einzelnen Zahlenwert abgebildet, indem sämtliche Zahlungen auf den gleichen Zeitpunkt diskontiert (abgezinst) werden. Der ermittelte Kapitalwert stellt das Entscheidungskriterium für diese Methode dar. Die Entscheidungsregel lautet dann hier:

Realisiere das Investitionsobjekt mit dem größten positiven Kapitalwert bzw. realisiere ein Investitionsobjekt nur dann, wenn der Kapitalwert positiv ist.

Die Berechnung des Kapitalwertes erfolgt nach der Gleichung

$$K_0 = \sum_{t=0}^{n} (E_t - A_t) \cdot \frac{1}{(1+i)^t} \quad oder \quad K_0 = -I_0 + \sum_{t=1}^{n} (E_t - A_t) \cdot \frac{1}{(1+i)^t}$$

Die Einzahlungen (E_t)und Auszahlungen (A_t) jeder Periode t werden mit einem Abzinsungsfaktor multipliziert. Dieser Abzinsungsfaktor ist abhängig vom Zinssatz i und der Periode t, in der die Zahlungen angefallen sind.

Dies soll anhand eines Beispiels erläutert werden.

Der Student Peter Reich verleiht an den Studenten Max Pleite 100 EURO. Dieser garantiert ihm dafür in den nächsten drei Jahren Rückzahlung von jeweils 50 EURO. Diese Zahlungsreihe hat für Peter Reich dann folgendes Aussehen:

t	0	1	2	3
Zahlung	-100	50	50	50

Damit diese Zahlungsreihe leichter vergleichbar ist, wird sie auf den heutigen Zeitpunkt umgerechnet. Die Grundidee ist sehr einfach. Dem rational handelnden Menschen sind 50 EURO, die er heute erhält, lieber als 50 EURO, die er erst in einem Jahr erhält. Daher stellt sich die Frage: Wie viel sind diese 50 EURO, die erst in einem Jahr fällig werden, heute wert? Für diese Bewertung zinst der Entscheider den Geldbetrag mit einem Zinssatz i ab. Der Abzinsungsfaktor kann in der Tabelle abgelesen werden. Wenn der Entscheider einen Geldbetrag in der Periode t=1 mit einem Zinssatz von 5% bewerten möchte, muss er diesen gemäß der Abzinsungstabelle mit 0,952 multiplizieren. Den Tabellenwert können Sie auch mit dem Taschenrechner durch die Formel $\frac{1}{(1+i)^t}$ errechnen. Der Kapitalwert dieser Investition lautet:

$$K_0 = -100 + 50 \cdot \frac{1}{1{,}05^1} + 50 \cdot \frac{1}{1{,}05^2} + 50 \cdot \frac{1}{1{,}05^3}$$

$$= -100 + 50 \cdot 0{,}952 + 50 \cdot 0{,}907 + 50 \cdot 0{,}864$$

$$= -100 + 47{,}6 + 45{,}35 + 43{,}20 = 36{,}16$$

Der Investor erzielt mit diesem Investitionsobjekt einen Ertrag, der um 36,15 EURO über einer Alternativanlage zu 5% liegt.

$\frac{1}{(1+i)^t}$													
t \ i	**0,01**	**0,02**	**0,03**	**0,04**	**0,05**	**0,06**	**0,07**	**0,08**	**0,09**	**0,1**	**0,15**	**0,2**	**0,25**
1	0,990	0,980	0,971	0,962	0,952	0,943	0,935	0,926	0,917	0,909	0,870	0,833	0,800
2	0,980	0,961	0,943	0,925	0,907	0,890	0,873	0,857	0,842	0,826	0,756	0,694	0,640
3	0,971	0,942	0,915	0,889	0,864	0,840	0,816	0,794	0,772	0,751	0,658	0,579	0,512
4	0,961	0,924	0,888	0,855	0,823	0,792	0,763	0,735	0,708	0,683	0,572	0,482	0,410
5	0,951	0,906	0,863	0,822	0,784	0,747	0,713	0,681	0,650	0,621	0,497	0,402	0,328
6	0,942	0,888	0,837	0,790	0,746	0,705	0,666	0,630	0,596	0,564	0,432	0,335	0,262
7	0,933	0,871	0,813	0,760	0,711	0,665	0,623	0,583	0,547	0,513	0,376	0,279	0,210
8	0,923	0,853	0,789	0,731	0,677	0,627	0,582	0,540	0,502	0,467	0,327	0,233	0,168
9	0,914	0,837	0,766	0,703	0,645	0,592	0,544	0,500	0,460	0,424	0,284	0,194	0,134
10	0,905	0,820	0,744	0,676	0,614	0,558	0,508	0,463	0,422	0,386	0,247	0,162	0,107

Abb. 6-7: Tabelle der Abzinsungsfaktoren

Bei endlichen, wiederkehrenden Zahlungen R_t (endliche Rente) vereinfacht sich die Ermittlung des Kapitalwertes durch die Multiplikation des konstanten Einzahlungsüberschusses mit dem dazugehörigen Rentenbarwertfaktor für nachschüssige Renten (RBF):

$$K_0 = -I_0 + R_t \cdot \frac{(1+i)^n - 1}{i \cdot (1+i)^n}$$

Die jährlichen Rückflüsse werden mit dem Rentenbarwertfaktor abgezinst, wobei n die Anzahl der Perioden darstellt und i der Zinssatz ist.

Hier würde die Formel dann zu folgendem Ergebnis führen:

$$K_0 = -100 + 50 \cdot \frac{(1+0{,}05)^3 - 1}{0{,}05 \cdot (1+0{,}05)^3} = -100 + 50 \cdot 2{,}723 = -100 + 136{,}16 = 36{,}16$$

Auch hier kommt als Ergebnis wie erwartet 36,16 EURO heraus.

Eine Investition ist also vorteilhaft, wenn der Kapitalwert positiv ist. Wenn der Kapitalwert 0 ist, bedeutet dies, dass das Investitionsobjekt immer noch einen positiven Ertrag erwirtschaftet, dieser jedoch genauso groß ist, als wenn das Kapital alternativ zum Zinssatz i angelegt worden wäre. Der Ertrag ist tatsächlich 0, wenn Sie die Investitionsauszahlung am Anfang komplett mit einem Zinssatz i fremdfinanzieren. Sollte dieser Zinssatz steigen, dann wird der Kapitalwert negativ.

Soll eine Auswahl von sich gegenseitig ausschließenden Investitionsobjekten vorgenommen werden, ist die Investitionsalternative auszuwählen, die den höchsten Kapitalwert aufweist.

$$\mathbf{RBF} = \frac{(1+i)^n - 1}{i \cdot (1+i)^n}$$

t \ i	**0,01**	**0,02**	**0,03**	**0,04**	**0,05**	**0,06**	**0,07**	**0,08**	**0,09**	**0,1**	**0,15**	**0,2**	**0,25**
1	0,990	0,980	0,971	0,962	0,952	0,943	0,935	0,926	0,917	0,909	0,870	0,833	0,800
2	1,970	1,942	1,913	1,886	1,859	1,833	1,808	1,783	1,759	1,736	1,626	1,528	1,440
3	2,941	2,884	2,829	2,775	2,723	2,673	2,624	2,577	2,531	2,487	2,283	2,106	1,952
4	3,902	3,808	3,717	3,630	3,546	3,465	3,387	3,312	3,240	3,170	2,855	2,589	2,362
5	4,853	4,713	4,580	4,452	4,329	4,212	4,100	3,993	3,890	3,791	3,352	2,991	2,689
6	5,795	5,601	5,417	5,242	5,076	4,917	4,767	4,623	4,486	4,355	3,784	3,326	2,951
7	6,728	6,472	6,230	6,002	5,786	5,582	5,389	5,206	5,033	4,868	4,160	3,605	3,161
8	7,652	7,325	7,020	6,733	6,463	6,210	5,971	5,747	5,535	5,335	4,487	3,837	3,329
9	8,566	8,162	7,786	7,435	7,108	6,802	6,515	6,247	5,995	5,759	4,772	4,031	3,463
10	9,471	8,983	8,530	8,111	7,722	7,360	7,024	6,710	6,418	6,145	5,019	4,192	3,571

Abb. 6-8: Tabelle der Rentenbarwertfaktoren

3.2 Annuitätenmethode

Die Annuitätenmethode ist eine Variation der Kapitalwertmethode. Der Kapitalwert wird bei der Annuitätenmethode unter Beachtung der Zinseffekte gleichmäßig auf die einzelnen Perioden verrechnet. Der Entscheider wählt das Investitionsobjekt, das ihm den größten, gleichmäßigen Ertrag über die Laufzeit bringt.

Die Umwandlung des Kapitalwertes in eine Annuität erfolgt, indem der Kapitalwert der ursprünglichen Zahlungsreihe mit dem Kapitalwiedergewinnungsfaktor für nachschüssige Renten (KWF) multipliziert wird.

$$A = \frac{K_0}{RBF_n^i} = \frac{K_0}{\frac{(1+i)^n - 1}{i \cdot (1+i)^n}} = K_0 \cdot KWF_n^i = K_0 \cdot \frac{i \cdot (1+i)^n}{(1+i)^n - 1}$$

Wie man sieht, ist der Kapitalwiedergewinnungsfaktor nichts anderes als der reziproke Wert des Rentenbarwertfaktors. Beide können ohne Probleme unter Beachtung des Zinssatzes i und der Laufzeit n berechnet oder abgelesen werden.

In unserem Beispiel wird der Kapitalwert wie folgt in eine Annuität umgewandelt:

$$A = \frac{36{,}16}{RBF_3^{0,05}} = \frac{36{,}16}{\frac{(1{,}05)^3 - 1}{0{,}05 \cdot (1{,}05)^3}} = 36{,}16 \cdot KWF_3^{0,05} = 36{,}16 \cdot \frac{0{,}05 \cdot (1{,}05)^3}{(1{,}05)^3 - 1} = 13{,}279$$

Da der Berechnung immer positive Zinsen zugrunde liegen (negative Zinsen stellen ökonomisch keine sinnvolle Alternative dar), gelangen Annuitätenmethode und Kapitalwertmethode zur gleichen Entscheidung. Die Gleichheit der Entscheidungen ist einleuchtend, da die Annuität einen auf die Laufzeit der Investition verteilten Kapitalwert darstellt. Wird ein positiver Kapitalwert mit dem Kapitalwiedergewinnungsfaktor multipliziert, dann muss sich somit auch immer eine positive Annuität ergeben.

3.3 Interner Zinsfuß

Sowohl die Höhe des Kapitalwertes als auch die Höhe der Annuität sind abhängig vom berücksichtigten Zinssatz. Steigt dieser Zinssatz, wird der Kapitalwert kleiner. Dies ist auch verständlich, da der Kapitalwert lediglich den Wert widerspiegelt, der als Ertrag über die Alternativanlage zum berücksichtigten Zinssatz hinausgeht.

Den Studenten Peter Reich aus obigem Beispiel interessiert jetzt, bei welchem Zinsangebot seiner Hausbank er das Geld dorthin bringen soll und nicht mehr verleihen sollte.

Dieser Zinssatz, der sogenannte interne Zinsfuß der Investition, lässt sich mithilfe der Kapitalwertformel errechnen. In diesem Fall ist nicht der Kapitalwert gesucht, sondern der Zinssatz bei dem der Kapitalwert 0 wird.

$$0 = -I_0 + \sum_{t=1}^{n} (E_t - A_t) \cdot \frac{1}{(1+i)^t} \Leftrightarrow I_0 = \sum_{t=1}^{n} (E_t - A_t) \cdot \frac{1}{(1+i)^t}$$

Da alle Größen bis auf i bekannt sind, kann man diesen Zinsfuß berechnen. Lediglich ein kleiner Haken ist zu berücksichtigen. Bei Investitionsobjekten, die mehr als zwei Perioden umfassen, lässt sich das Ergebnis nur näherungsweise errechnen. Dabei hilft aber folgende Abbildung:

Ermittlung des internen Zinses:

1. Errechnen Sie mit einem beliebigen Zins den Kapitalwert.
2. Wenn der Kapitalwert positiv war, müssen Sie einen größeren Zins ansetzen, sodass der Kapitalwert negativ ist.
3. Interpolieren Sie nun zwischen diesen Zinssätzen, bis Sie eine Näherungslösung gefunden haben.

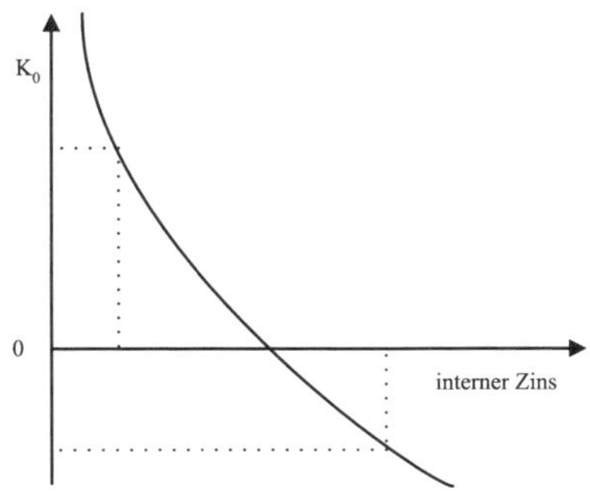

Abb. 6-9: Der Interne Zinssatz

Wie in der Grafik zu sehen ist, sinkt der Kapitalwert mit steigendem Zinsfuß. Der Schnittpunkt mit der Abszisse gibt den kritischen Zinsfuß an, bei dem der Kapitalwert des Investitionsobjektes gleich null wird.

Interpretation:

1. Ökonomisch lässt sich der interne Zinsfuß als Verzinsung des im Investitionsobjekt jeweils gebundenen Kapitals interpretieren.
2. Der interne Zinsfuß ist damit die Rendite des Investitionsobjektes.
3. Der interne Zinsfuß wird häufig als kritischer Zinssatz betrachtet, da ein Ansteigen der Fremdkapitalzinsen über diesen Zinssatz hinaus zu einem negativen Kapitalwert führen wird.

❶ *Begriffe zum Nachlesen*

Kapitalwert
Annuität
Rentenbarwertfaktor
Barwert
Interner Zinsfuß

❷ *Wiederholungsfragen*

1. Erläutern Sie die Gemeinsamkeiten der dynamischen Investitionsrechnungsverfahren.
2. Welche Verfahren der dynamischen Investitionsrechnung bieten sich an, um die Vorteilhaftigkeit eines Investitionsobjektes zu überprüfen? Erläutern Sie die einzelnen Verfahren, deren Vorteilhaftigkeitskriterien sowie deren Anwendungsvoraussetzungen (insbesondere im Hinblick auf einen Vergleich mit anderen, alternativen Investitionsobjekten).

3. Betrachtet wird ein Investitionsobjekt mit folgender Zahlungsreihe:

Zeitpunkt	0	1	2	3
Einzahlungsüberschüsse (E_t-A_t)	- 10.000,-	+ 5.000,-	+ 7.000,-	+ 8.000,-

Ermitteln Sie den Kapitalwert dieses Investitionsobjektes sowie die Annuität. Der Kapitalmarktzins beträgt 6%.

☞ **vgl. Lösungshinweise**

4. Einem Investor eröffnen sich drei unterschiedliche Möglichkeiten, 10.000 EURO zu Beginn des ersten Jahres anzulegen:
   1) Kauf von Rentenpapieren zum Kurs von 100% und einem Nominalzins von 6%. Der Investor erhält den investierten Betrag inklusive Zinseszinsen am Ende des dritten Jahres ausbezahlt.
   2) Vergabe eines Kredites. Der Schuldner bezahlt am Ende des ersten Jahres 11.500 EURO an den Investor zurück.
   3) Kauf einer Maschine. Am Ende des ersten und zweiten Jahres fällt ein Einzahlungsüberschuss von 1.000 EURO, am Ende des dritten Jahres von 11.000 EURO an.
      a) Welcher Zinsfuß bietet sich als Kalkulationszinsfuß an? Begründen Sie Ihre Antwort.
      b) Stellen Sie eine Rangfolge auf, gemäß der Sie als Anlageberater die anhand der Kapitalwertmethode eingeschätzten Alternativen empfehlen können.

☞ **vgl. Lösungshinweise**

❸ *Literaturhinweise*

Blohm, H.; Lüder, K; Schäfer, C.: Investition, 9. Aufl. München 2006.

Kruschwitz, L.: Investitionsrechnung, 12. Aufl. München, Oldenbourg 2009.

Olfert, K.; Reichel, C.: Investition, 11. Aufl. Ludwigshafen 2006.

Schierenbeck, H.: Grundzüge der Betriebswirtschaftslehre, 17. Aufl. München 2008.

Schneider, D.: Investition, Finanzierung und Besteuerung, 7. Aufl. Wiesbaden 1992.

VII. Marketing

1. Grundbegriffe des Marketings

In diesem Kapitel lernen Sie

- den Begriff des Marketings,
- unterschiedliche Anwendungsbereiche des Marketingkonzeptes sowie
- das Marketingmanagement kennen.

Der Begriff *Marketing* ist in einem engen Zusammenhang mit der betrieblichen Absatzfunktion zu betrachten. Der Absatz ist mit der Veräußerung der erstellten Waren- und Dienstleistungen verbunden. Je nach dem Blickwinkel der Analyse des Absatzes und des Marktgeschehens lassen sich verschiedene Ansätze einer Theorie des Absatzes unterscheiden. So existiert ein

- institutioneller Ansatz,
- güterbezogener Ansatz,
- funktionsbezogener Ansatz,
- instrumentaler Ansatz und
- der Marketingansatz.

Gerade Letzterer erlangte in der Zeit nach dem Zweiten Weltkrieg zunehmend an Bedeutung und lässt sich wie folgt definieren:

„Marketing ist die Planung, Koordination und Kontrolle aller auf die aktuellen und potenziellen Märkte ausgerichteten Unternehmensaktivitäten. Durch eine dauerhafte Befriedigung der Kundenbedürfnisse sollen die Unternehmensziele im gesamtwirtschaftlichen Güterversorgungsprozess verwirklicht werden.“ (Meffert 2008)

Für dieses Marketingverständnis sind folgende Merkmale typisch:

1. Die bewusste Absatz- und Kundenorientierung aller Unternehmensbereiche (**Philosophieaspekt**).
2. Die Erfassung, Beobachtung und Analyse der Verhaltensmuster aller für das Unternehmen relevanter Umweltschichten (**Verhaltensaspekt**).
3. Die planmäßige Erforschung des Marktes als Voraussetzung für kundengerechtes Verhalten (**Informationsaspekt**).
4. Die Festlegung marktorientierter Unternehmensziele und langfristiger Verhaltenspläne (**Strategieaspekt**).
5. Die planmäßige Gestaltung des Marktes mit einem zielgerichteten Einsatz aller Marketinginstrumente (**Aktionsaspekt**).
6. Die Anwendung des Prinzips der differenzierten Marktbearbeitung (**Segmentierungsaspekt**).

7. Koordination aller marktgerichteter Unternehmensaktivitäten und deren organisatorische Verankerung (**Koordinations- bzw. Organisationsaspekt**).
8. Einordnung der Marketingentscheidungen in ein größeres, soziales System (**Sozialaspekt**).

Eine neuere, weitere Interpretation des Begriffes liefert folgende Definition: „Marketing hat als Unternehmensaufgabe den Aufbau, die Aufrechterhaltung und die Verstärkung der Beziehungen zum Kunden, anderen Partnern (Stakeholder) und gesellschaftlichen Anspruchsgruppen zu gestalten. Mit der Sicherung der Unternehmensziele sollen auch die Bedürfnisse der beteiligten Gruppen befriedigt werden.“ (Meffert 2000)

Die heutige Sicht des Marketings ist das Ergebnis eines längeren Prozesses, der die permanente Weiterentwicklung dieses Konzeptes widerspiegelt.

Orientierungs-schwerpunkt	Anspruchsspektrum	Zeit
Produktions-orientierung	Marketing als Vertriebsfunktion	50er Jahre
Verkaufsorientierung	Marketing als Verkaufsfunktion	60er Jahre
Marktorientierung	Marketing als Führungsfunktion	70er Jahre
Wettbewerbs-Orientierung	Marketing als strategisches Management	80er jahre
Umweltorientierung	Marketing als integriertes Führungskonzept	90er Jahre
Hyperwettbewerb (ab 2000)		

Abb. 7-1: Die Entwicklung des Marketings

Ausgangspunkt ist ein Verständnis des Marketings, das auf einem rein distributionsorientierten Ansatz basiert. Danach umfasst Marketing alle Funktionen, die den Fluss von Gütern und Dienstleistungen vom Produzenten zum Kunden betreffen.

In der Phase der *Produktionsorientierung* in den 50er Jahren standen die meisten Unternehmen in Verkäufermärkten, da nicht der Absatz den Engpass im Unternehmen darstellte, sondern häufiger die Rohstoffversorgung. Mit wachsendem Güterangebot musste dieses im Handel nun verkauft werden. Daher spricht man in dieser Phase von einer *Verkaufsorientierung* des Marketings. Mit steigendem Überangebot an Waren und Dienstleistungen wandelten sich die Verkäufer- in Käufermärkte. In dieser Situation ist eine *Kundenorientierung* unabdingbar, um erfolgreich zu sein. Die 80er Jahre waren durch eine starke

Wettbewerbsorientierung gekennzeichnet. Bei zunehmend gleichgerichteten Marketingaktivitäten wurde es für die Unternehmen immer schwerer, sich im Wettbewerb durchzusetzen. Daher versuchten die Unternehmen, gezielt Wettbewerbsvorteile im Vergleich zur Konkurrenz aufzubauen. Mit steigender Komplexität der Umwelt und steigendem Einfluss von ökologischen, sozialen und technologischen Umweltfaktoren muss sich das Verhalten der Unternehmen zu einer *Umfeld- und Zukunftsorientierung* wandeln.

Damit ist die Entwicklung des Marketinggedankens noch nicht am Ende angekommen. Es sollte aber nun nachvollziehbar sein, dass Marketing nicht nur auf den reinen Absatz zu beschränken ist. Neuere Entwicklungen wie der Informationsökonomische Ansatz, der Transaktionsansatz, das Relationship-Marketing und prozessorientierte Ansätze deuten darauf hin (Meffert 2008).

Zurzeit befinden sich die meisten Märkte in einem sogenannten Hyperwettbewerb. Dieser ist durch mehrere Faktoren gekennzeichnet, die bei der Marketingimplementierung zu berücksichtigen sind.

Globalisierung: Die Weltwirtschaft wächst kontinuierlich zusammen. Global Sourcing und Global Marketing sind die aktuellen Herausforderungen für die Unternehmen.

Beschleunigung: Marktprozesse laufen immer schneller ab. Waren vor wenigen Jahren noch Marktzyklen von fünf bis acht Jahren im Schnitt üblich, so haben sich mittlerweile viele Märkte zu so genannten SPOT-Märkten gewandelt, auf denen nur noch aktuelle Sonderposten gehandelt werden.

Digitalisierung: Geschäftsprozesse werden digital abgebildet. Internet und Intranet sind mittlerweile Standardanwendungen in vielen Bereichen.

Dynamische Wettbewerbsstrukturen: Bedingt durch strukturelle Veränderungen in vielen gesättigten Märkten brechen häufig branchenfremde Anbieter in Teilsegmente ein und verändern die vorherrschenden Marktspielregeln nachhaltig.

Abb 7-2: Hyperwettbewerb

Marketingmanagement

Das Marketingmanagement umfasst die zielgerichtete Gestaltung aller marktgerichteter Unternehmensaktivitäten. Es beschreibt funktional die Aufgaben und Prozesse, die innerhalb und außerhalb des Unternehmens mit dem Marketing verbunden sind. Dabei sind marktbezogene, unternehmensbezogene sowie gesellschafts- und umweltbezogene Aufgaben zusammenzufassen (Meffert 2008).

Bezogen auf den Markt ergeben sich aus unterschiedlichen Nachfrage--konstellationen folgende Aufgaben:

- vorhandene Nachfrage ⇨ Bedarf decken
- fehlende Nachfrage ⇨ Bedarf schaffen
- latente Nachfrage ⇨ Bedarf entwickeln
- stockende Nachfrage ⇨ Bedarf beleben
- schwankende Nachfrage ⇨ Bedarf synchronisieren
- übersteigerte Nachfrage ⇨ Bedarf reduzieren

Es lassen sich zur Erfüllung dieser Aufgaben prinzipiell zwei Stoßrichtungen auf die Märkte beobachten:

1. Durchdringung und Abdeckung der vorhandenen Märkte mit vorhandenen Produkten (**Intensivierung**).
2. Exploration und Schaffung neuer Märkte mit neuen Produkten (**Extensivierung**).

Die unternehmensbezogenen Aufgaben ergeben sich aus dem Koordinationsbedarf der einzelnen betrieblichen Funktionen auf die gemeinsamen Unternehmensziele. Es sind Konflikte auszugleichen, marktorientierte Prioritäten festzulegen und die Bereiche und Mitarbeiter zu marktorientiertem Verhalten anzuleiten. Im Rahmen der Umwelt- bzw. Gesellschaftsorientierung des Marketings ist die besondere soziale Verantwortung des Marketings zu berücksichtigen. Marketing muss den Weg von der monoistischen ökonomischen Zielausrichtung zu einer umfassenden Anspruchsgruppenausrichtung vollziehen.

Formen des Marketings

Die große Bedeutung des Marketings zur heutigen Zeit lässt sich auf die vielfältigen Anwendungserfolge zurückführen. Ausgehend vom Konsumgüterbereich hat sich die Marketingphilosophie auch im Bereich der Investitionsgüter und im Dienstleistungssektor durchgesetzt.

Marketing	Konsumgüter-Marketing
	Investitionsgüter- bzw. Industriegüter-Marketing
	Dienstleistungsmarketing
	Social-Marketing
	Non-Profit-Marketing

Abb. 7-3: Einsatzfelder des Marketings

Das *Konsumgütermarketing* richtet sich an die Endstufe des Wirtschaftsprozesses, d.h. an private Konsumenten bzw. Haushalte. Zu unterscheiden sind Verbrauchs- und Gebrauchsgüter bzw., klassifiziert nach dem Einkaufsverhalten der Konsumenten, Güter des täglichen Bedarfs (Convenience goods), Güter des gehobenen Bedarfs (Shopping goods) und Güter des Spezialbedarfs (Speciality goods). Im Wesentlichen lässt sich das Konsumgütermarketing aber wie folgt charakterisieren:

- Das Marketing richtet sich an große anonyme Massen (Massenmarketing).
- Der Vertrieb ist in aller Regel mehrstufig vom Produzenten über den Handel zum Endverbraucher.
- Die Kaufentscheidungen sind überwiegend Individualentscheidungen der Konsumenten.
- Die Marktkontakte sind häufig anonym.
- Aufgrund des großen Angebotes und dem begrenzten Platz im Handel liegt oft ein Verdrängungswettbewerb vor.

Das *Investitionsgüter-* oder *Industriegüter-Marketing* befasst sich im weitesten Sinne mit der Vermarktung von Wiedereinsatzfaktoren, die in Industriebetrieben bzw. Organisationen zum Einsatz gelangen.

Merkmale des Investitionsgütermarketings:

- Der Bedarf der Nachfrager ist ein abgeleiteter Bedarf, abhängig vom Nachfrageverhalten der nachgeschalteten Wirtschaftsstufen.
- Die Kaufprozesse sind häufig kollektive und formalisierte Beschaffungsentscheidungen (Gruppenentscheidungen).
- Es liegt eine geringere Zahl und eine höhere Konzentration von Bedarfsträgern vor.
- Es liegt ein direkter Interaktions- oder Verhandlungsprozess vor.
- Die Schwerpunkte beim Einsatz der Marketinginstrumente sind andere als bei Konsumgütern.
- Industriegütermarketing ist durch ein höheres Maß an Internationalität gekennzeichnet.

Dienstleistungen sind selbständige, marktfähige Leistungen, die auf die Bereitstellung (z.B. Versicherung) und/oder den Einsatz von Potenzialfaktoren (z.B. Fahrschule) gerichtet sind. Die Faktorkombination des Diensteanbieters (Einrichtung, Ausrüstung) vollzieht an einem externen Dienstobjekt (Kunde, Objekt des Kunden, z.B. Auto) eine nutzenstiftende Verrichtungen (z.B. Taxifahrt, Autoinspektion, Banküberweisung).

Merkmale des Dienstleistungsmarketings sind

- Es handelt sich um eine abstrakte, immaterielle Leistung.
- Die Leistungen sind nicht lagerfähig und nur in Ausnahmefällen transportfähig.
- Die Leistungen werden an einem externen Faktor (Sache oder Person) vollzogen.

- Dienstleistungen sind häufig individualisierte und einmalige Leistungen.
- Es handelt sich oftmals um personalintensive Leistungen, die schwer zu standardisieren sind.

Social-Marketing und *Marketing für Non-Profit Organisationen* stellen die Anwendung des Marketings für nicht kommerzielle Einrichtungen und öffentliche Anliegen dar.

Marketing für nicht-kommerzielle Einrichtungen ist überwiegend ein Marketing für öffentliche Unternehmen wie gemeinnützige Vereine, Hilfsorganisationen, Kirchen oder Universitäten. Social Marketing geht einen Schritt weiter und ist eine Ausdehnung des Marketingbegriffes auf soziale Anliegen wie zum Beispiel Kampagnen gegen Tabak, Alkohol oder AIDS.

❶ *Begriffe zum Nachlesen*

Marketing	Absatz
Dienstleistungsmarketing	Social-Marketing
Investitionsgütermarketing	Marketingmanagement
Konsumgütermarketing	Käufermärkte
Verkäufermärkte	

❷ *Wiederholungsfragen*

1. Was verstehen Sie unter Marketing?
2. Erläutern Sie die Entwicklung, die das Marketing-Konzept durchlaufen hat.
3. Marketing wird häufig als „marktorientierte Unternehmensführung" charakterisiert. Erläutern Sie diese Interpretation.
4. Welche der nachfolgenden Aussagen sind richtig?

   Für die Managementkonzeption des Marketings sind folgende Merkmale typisch:

   - eine bewußte Produktionsorientierung aller Unternehmensbereiche ( );
   - eine systematische Marktsuche und Markterschließung ( );
   - eine systematische Ausrichtung aller Instrumente nach dem Ziel Gewinnmaximierung ( );
   - eine systematische Ausrichtung aller Instrumente am „Durchschnittskäufer" ( );
   - eine Koordination aller marktgerichteten Unternehmensaktivitäten ( ).

☞ **vgl. Lösungshinweise**

5. Verdeutlichen Sie anhand von drei ausgewählten Kriterien die Unterschiede zwischen den Absatzmärkten von Konsumgüterherstellern einerseits und Investitionsgüterherstellern andererseits.
6. Definieren Sie den klassischen Marketingbegriff! Kennzeichnen Sie anschließend kurz die Entwicklung des Absatzbereiches hin zum Marketingmanagement.

❸ *Literaturhinweise*

Meffert, H.: Marketing, 10. Aufl. Wiesbaden 2008.

Nieschlag, R.; Dichtl, E.; Hörschgen, H.: Marketing, 19. Aufl. Berlin 2002.

Pepels, W.: Handbuch des Marketing, 5. Aufl. München 2009.

Preißner, A.; Engel, S.: Marketing, 4. Aufl. München 1999.

Sandhusen, R.L.: Marketing, 4. Aufl. New York 2008.

Weis, H.C.: Marketing, 15. Aufl. Ludwigshafen 2009.

2. Marktforschung

In diesem Kapitel lernen Sie

- den Begriff der Marktforschung,
- die Unterscheidung einzelner Marktforschungsarten und Methoden und
- den Marktforschungsprozess kennen.

2.1 Grundbegriffe und Aufgaben der Marktforschung

Für alle Entscheidungen im Marketing werden zunächst Informationen über die Kunden, die Konkurrenz und die eigene Situation benötigt. Diese Informationen lassen sich mithilfe der Marktforschung ermitteln.

Marktforschung ist die systematisch betriebene Erforschung der Märkte (Zusammentreffen der Pläne von Anbieter und Nachfrager), insbesondere die Analyse der Fähigkeiten dieser Märkte, Umsätze hervorzubringen (**Market Research**).

Vom Begriff der Marktforschung ist die Marketingforschung zu unterscheiden, die sich nicht nur auf die Märkte beschränkt, sondern ein Hauptaugenmerk auf innerbetriebliche Sachverhalte legt.

<table>
<tr><th colspan="2">Marketingforschung (Absatzforschung)</th><th></th></tr>
<tr><td>Marketingaktivitäten, z.B.
Distributionsforschung,
Preisforschung,
Werbeforschung</td><td>Absatzmarkt, z.B.
Marktpotenziale</td><td>Beschaffungsmarkt, z.B
Arbeitsmarkt,
Kapitalmarkt</td></tr>
<tr><td>Innerbetriebliche
Sachverhalte, z.B
Vertriebskostenanalyse,
Kapazitätsprogramme,
Lagerprobleme</td><td>Absatzpotenziale
Marktvolumen</td><td>Rohstoffmarkt</td></tr>
<tr><td></td><th colspan="2">Marktforschung</th></tr>
</table>

Abb. 7-4: Marktforschung vs. Marketingforschung

Die Marktforschung hat zahlreiche Aufgaben zu erfüllen:

1. Sie sorgt dafür, dass Risiken frühzeitig erkannt und berechenbar gemacht werden (*Frühwarn-Funktion*).
2. Sie trägt dazu bei, dass Chancen und Entwicklungen aufgedeckt und antizipiert werden können (*Innovations-Funktion*).
3. Sie trägt im willensbildenden Prozess zur Unterstützung der Arbeit der Unternehmensführung bei (*Intelligenzverstärker-Funktion*).
4. Sie trägt in der Phase der Entscheidungsfindung zur Präzisierung und Objektivierung der Sachverhalte bei (*Unsicherheitsreduktions-Funktion*).

5. Sie fördert das Verständnis bei der Zielvorgabe und die Lernprozesse in der Unternehmung (*Strukturierungs-Funktion*).
6. Sie sorgt dafür, dass aus der umweltbedingten Informationsflut die für die unternehmerischen Ziel- und Maßnahmenentscheidungen relevanten Informationen selektiert und aufbereitet werden (*Selektions-Funktion*).

2.2 Arten der Marktforschung

Die Marktforschung kann nach Art des Untersuchungsobjektes in eine demoskopische und eine ökoskopische Marktforschung unterteilt werden. Die *demoskopische Marktforschung* ermittelt die mit den Marktteilnehmern untrennbar verbundenen Tatbestände objektiver Art wie Alter, Geschlecht und Beruf und die Tatbestände subjektiver Art wie Einstellungen, Meinungen und Bedürfnisse. Die *ökoskopische Marktforschung* erfasst dagegen die objektiven, von den Marktteilnehmern losgelösten Marktgrößen wie Umsätze und Distributionsquoten. Diese Größen stellen das Resultat der Handlungen bzw. der Verhaltensweisen dar.

Marktforschung	Art des Untersuchungsobjektes	demoskopische Marktforschung
		ökoskopische Marktforschung
	Arten	qualitative Marktforschung
		quantitative Marktforschung
	Funktionen	Frühwarn-Funktion
		Innovations-Funktion
		Intelligenzverstärker-Funktion
		Unsicherheitsreduktions-Funktion
		Strukturierungs-Funktion
		Selektions-Funktion
	Art der Information	Sekundäranalyse
		Primäranalyse
	Methoden	Befragung
		Beobachtung
		Experiment
	Daten	objektive Daten
		subjektive Daten

Abb. 7-5: Systematisierung der Marktforschung

Die Unterteilung nach der Art der Informationsgewinnung führt zur Primär- und zur Sekundärforschung. Die *Sekundärforschung* hat die Beschaffung, die

Zusammenstellung und die Analyse von bereits vorhandenem Datenmaterial zur Aufgabe (Quellenforschung). Bei der *Primärforschung* wird der Informationsbedarf durch eigene Untersuchungen gedeckt. Als Methoden sind Befragungen, Beobachtungen und Tests zu unterscheiden.

Die *Befragung* ist die am weitesten verbreitete und wichtigste Informationsgewinnungsmethode in der Marktforschung. Die Ziele und Aufgaben bestehen darin, ausgewählte Personen zu bestimmten vorgegebenen Sachverhalten Auskunft geben bzw. Stellung nehmen zu lassen. An Befragungsformen stehen in der Marktforschung die persönliche, schriftliche und telefonische Befragung zur Auswahl. Befragungen können einmalig oder wiederholt durchgeführt werden. Ein Spezialfall der wiederholenden Befragungsform stellt das *Panel* dar. Ein Panel ist eine Gruppe von Personen, Haushalten, Betrieben usw., die sich laufend befragen lässt und auch selbst Aufzeichnungen über das eigene Verhalten vornimmt. Die wichtigsten Formen sind das *Handels- und Verbraucherpanel.*

Methoden der Informationsgewinnung	Erhebung von Primärdaten (Field-Research)	Befragung		**qualitativ:**
				Qualitatives Interview
				Gruppendiskussion
				quantitativ:
				standardisiertes mündliches Interview
				Telefoninterview
				schriftliche Befragung
				computergestützte Befragung
		Beobachtung		**qualitativ und quantitativ**
		Mischformen zwischen Befragung und Beobachtung	Experiment	Laborexperiment
				Feldexperiment
			Panelforschung	Verbraucherpanel
				Handelspanel
	Erhebung von Sekundärdaten (Desk-Research)	Auswertung interner Quellen: ▪ Umsatzstatistiken ▪ Außendienstberichte ▪ Werbekostenstatistik etc.		
		Auswertung externer Quellen: ▪ amtliche Statistiken ▪ Branchenstatistiken ▪ Fachzeitschriften etc.		

Abb. 7-6: Methoden der Informationsgewinnung

Im Gegensatz zur Befragung kennt die *Beobachtung* keine Auskunftspersonen, d.h. sie ist unabhängig von der Auskunftsbereitschaft der Probanden. Es handelt sich um systematische, planmäßige Verhaltensstudien.

Unter einem *Experiment* wird eine wiederholbare, unter kontrollierten, vorher festgelegten Umweltbedingungen durchgeführte Versuchsanordnung verstanden, die es gestattet, Marktreaktionen auf die Variation einzelner Marketinginstrumente zu messen.

2.3 Marktforschungsprozess (5 D´s der Marktforschung)

Der Ablauf der Marktforschung lässt sich als systematischer Prozess darstellen und in mehrere Phasen unterteilen. Idealtypisch läuft er in fünf Phasen ab, zwischen denen in der Realität zahlreiche Rückkopplungen und Überlappungen existieren.

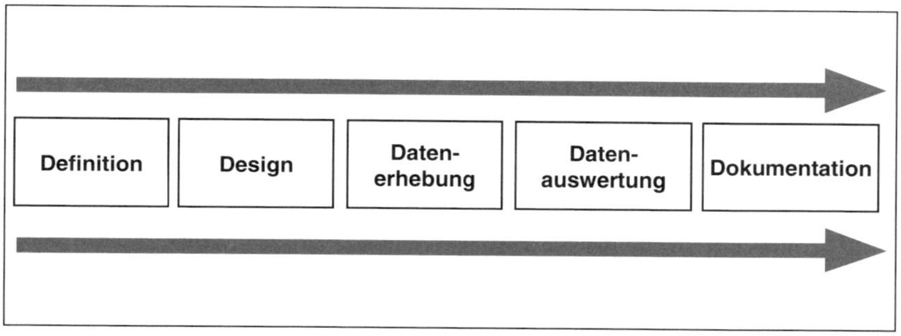

Abb. 7-7: Prozess der Marktforschung (5 D´s)

In der ersten Phase der Marktforschung *(Definition)* geht es darum, die Problemstellung möglichst genau zu formulieren. Nur eine genaue Problemformulierung stellt die Erhebung und Auswertung relevanter Informationen sicher. Im Rahmen der *Designphase* sind Entscheidungen über die grundsätzliche Informationsbeschaffungsmethode, die Bestimmung von Skalen zur Messung sowie über die zu befragenden oder zu beobachtenden Merkmalsträger zu treffen. Im Rahmen der *Datenerhebung* werden die verschiedenen Erhebungsinstrumente eingesetzt. Die verschiedenen Methoden der Datengewinnung liefern eine große Anzahl von Einzelinformationen. Im Rahmen der *Datenauswertung* erfolgt die Ordnung, Verdichtung, Analyse und Interpretation der Daten, um auf dieser Basis Marketingentscheidungen sinnvoll unterstützen zu können. Den letzten Schritt eines jeden Marktforschungsprojektes bildet die *Dokumentation* und Präsentation der Ergebnisse. Dabei erfolgen bei Marktforschungsprojekten in der Regel eine schriftliche Dokumentation sowie eine mündliche Präsentation.

❶ *Begriffe zum Nachlesen*

Marktforschung
Befragung
Experiment
Beobachtung
Marketingforschung
Sekundärforschung
Panel

❷ *Wiederholungsfragen*

1. Definieren Sie den Begriff der Marktforschung unter Berücksichtigung des Begriffes Marketingforschung.
2. Skizzieren Sie den Marktforschungsprozess.
3. Erläutern Sie die Methoden der Primäranalyse.

❸ *Literaturhinweise*

Bauer, E.: Internationale Marketingforschung, 4. Aufl. München 2009.

Bernecker, M.; Baumgarth, C.: Marketingforschung, München, Wien 1999.

Hüttner, M.: Grundzüge der Marktforschung, 7. Aufl. München 2002.

Koch, J.: Marktforschung, 5. Aufl. München 2009.

Meffert, H.: Marketingforschung und Käuferverhalten, 2. Aufl. Wiesbaden 1992.

Weber, G.: Strategische Marktforschung, München 1996.

3. Einsatz der Marketinginstrumente

3.1 Einführung

In diesem Kapitel lernen Sie

- den Marketing-Mix,
- die Unterscheidung einzelner Marktforschungsarten und Methoden und
- die Marktforschung kennen.

Die im vorigen Kapitel gesammelten Marketinginformationen dienen zur Fundierung des Instrumenteneinsatzes im Marketing.

„Der Marketing-Mix umfasst jene Kombinationen außengerichteter absatzpolitischer Instrumente, mit deren Hilfe eine Unternehmung versucht, in unmittelbarer Weise ihre Beziehungen zu den für sie absatzbedeutsamen Marktteilnehmern zu gestalten und deren marktrelevantes Verhalten im Sinne der Marketingziele zu beeinflussen." (Meffert 2008)

Der Einsatz der Marketinginstrumente lässt sich durch folgende Fragestellungen charakterisieren:

1. Welche Leistung soll wie angeboten werden? (*Produkt- & Sortimentspolitik*)
2. An wen und auf welchem Weg soll die Leistung verkauft werden? (*Distributionspolitik* - auch *Absatzpolitik* genannt)
3. Zu welchen Bedingungen sollen die Leistungen angeboten werden? (*Preis- und Konditionenpolitik* - auch Kontrahierungspolitik genannt)
4. Welche Kommunikationsmaßnahmen werden ergriffen? (*Kommunikationspolitik*)

Die *Leistungspolitik* wird als Kernstück des Marketing-Mix betrachtet und umfasst die Verpackungs-, Kundendienst-, Marken-, Sortimentspolitik sowie Entscheidungen über die eigentliche Produktqualität.

Die *Distributionspolitik* befasst sich mit:

- der Wahl der Absatzform zwischen eigenen und fremden Verkaufsorganen,
- der Wahl des Vertriebssystems, mit der Unterteilung in zentralen und dezentralen Absatz,
- der Wahl des Absatzweges, worunter der direkte und der indirekte Absatz (über den Handel) verstanden werden.

Die Logistik mit der Betriebs- und Lieferbereitschaft, die Standortbestimmung sowie die Betriebsgröße müssen als akquisitorische Entscheidungsinstrumente mit in die Distributionspolitik einfließen.

Die *Kontrahierungspolitik* (Preis- und Konditionenpolitik) galt über 150 Jahre als die einzige Variable, durch die sich die abzusetzende Menge steuern lässt. Sie beinhaltet die Preisbildung, die Rabattgewährung sowie Liefer- und Zahlungsbedingungen.

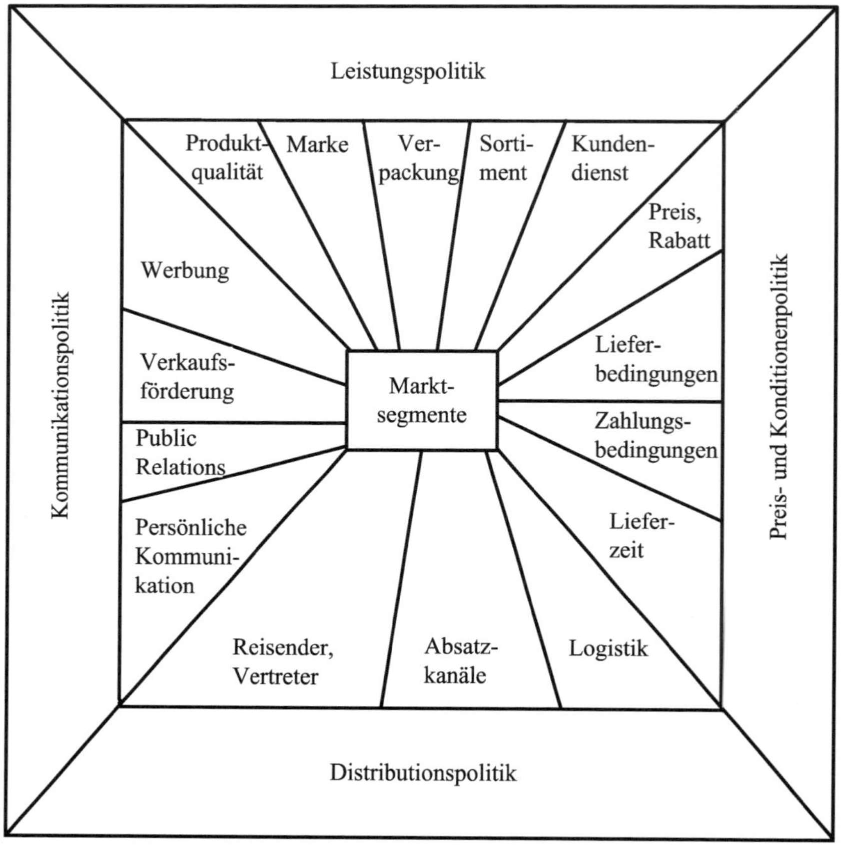

Abb. 7-8: Komponenten des Marketing-Mix

Die *Kommunikationspolitik* lässt sich abschließend in vier Unterpunkte aufteilen:

- Klassische Werbung ist die absichtliche und zwangfreie Form der Beeinflussung, die Menschen zur Erfüllung von Werbezielen veranlassen soll.
- Public Relations, die dazu dienen, das Firmen-Image aufzubauen und die Beziehung zur Öffentlichkeit systematisch zu pflegen.
- Verkaufsförderung (Sales-Promotion), bei denen der Verbraucher direkt angesprochen und ein Kaufanreiz durch eine Verbesserung des wahrgenommenen Preis-/Leistungsverhältnisses angestrebt wird.
- Persönliche Kommunikation. Hier wird ein schlagkräftiger Außendienst angesprochen, der den direkten Kontakt zum Kunden knüpft und dies durch ein direktes Feedback erreicht.

❶ *Begriffe zum Nachlesen*

Marketing-Mix	Leistungspolitik
Kontrahierungspolitik	Kommunikationspolitik
Distributionspolitik	Logistik
Kommunikation	Vertriebswege

❷ *Wiederholungsfragen*

1. Definieren Sie die Begriffe Marketing-Mix, Marketinginstrumente und erklären Sie die Zusammenhänge.
2. Charakterisieren Sie kurz jeden der vier zum Marketing-Mix zusammengefassten Bereiche.
3. Ordnen Sie die nachfolgenden Marketinginstrumente den vier Bereichen zu.
   - Verpackungspolitik
   - Verkaufsförderung
   - Sortimentspolitik
   - Markenpolitik
   - Absatzkreditpolitik
   - Werbung
   - Rabattpolitik
   - persönlicher Verkauf
   - Preispolitik
   - Kundendienstpolitik
   - Öffentlichkeitsarbeit
   - Gestaltung der Lieferungs- und Zahlungsbedingungen
4. Skizzieren Sie kurz das Instrumentarium der Distributionspolitik.
5. Erläutern Sie die Instrumente des Marketing-Mix, und am Beispiel eines HIFI-Geräte-Herstellers ihr Zusammenwirken.
6. Erklären Sie, was allgemein unter den Marketinginstrumenten zu verstehen ist! Welche Submixbereiche sind zu unterscheiden, und welche Fragestellungen leiten sich daraus ab?

❸ *Literaturhinweise*

Meffert, H.: Marketing, 10. Aufl. Wiesbaden 2008.

Nieschlag, R.; Dichtl, E.; Hörschgen, H.: Marketing, 19. Aufl. Berlin 2002.

Pepels, W.: Marketing, 3. Aufl. München 2004.

Preißner, A.; Engel, S.: Marketing, 4. Aufl. München 1999.

Sandhusen, R.L.: Marketing, 4. Aufl. New York 2008.

Scharf, A.; Schubert, B.: Marketing , 4. Aufl. Stuttgart 2009.

Weis, H.C.: Marketing, 15. Aufl. Ludwigshafen 2009.

3.2 Produkt- und Sortimentspolitik

In diesem Kapitel lernen Sie

- die Ziele der Leistungspolitik,
- die Entscheidungsfelder der Leistungspolitik,
- den Produktlebenszyklus und die Portfolioanalyse sowie
- die Instrumente Service, Markierung und Verpackung kennen.

Die *Produkt- und Sortimentspolitik* (Leistungspolitik) umfasst alle Entscheidungstatbestände, die sich auf die marktgerechte Gestaltung des Leistungsprogramms einer Unternehmung beziehen.

3.2.1 Ziele der Leistungs- und Sortimentspolitik

Die Ziele der Produktpolitik lassen sich in ökonomische und psychografische Ziele systematisieren. Zu den ökonomischen Zielen gehören die *Wachstumssicherung*, *Gewinnziele* (Erreichung eines bestimmten Deckungsbeitrages oder einer bestimmten Kapitalrentabilität), die *Verbesserung der Wettbewerbsposition* (Marktanteilssteigerung, Qualitätsführerschaft), die *Risikostreuung* und das *Sicherheitsstreben* (Gewinnung eines breiteren Kundenkreises, saisonaler und konjunktureller Beschäftigungsausgleich), die *Auslastung überschüssiger Kapazitäten* sowie die *Rationalisierung* des Produktionsprozesses zur Nutzung von Synergieeffekten. Zu den psychografischen Zielen gehören die *Steigerung des Goodwills* (Aufbau eines bestimmten Produkt- bzw. Firmenimages, Technologieführer) oder die *Verbesserung der Einstellung* der Konsumenten zur angebotenen Leistung.

3.2.2 Entscheidungstatbestände der Leistungspolitik

1. *Produktvariation*: Die Änderungen physikalischer, funktionaler, ästhetischer oder symbolischer Eigenschaften oder die Änderung von Zusatzleistungen des Produktes.
2. *Produktinnovation*: Die Entwicklung von Neuprodukten.
3. *Produkteliminierung*: Die Aussonderung von Produkten aufgrund systematischer Programmüberwachung.
4. *Diversifikation*: Die Aufnahme von neuen Produkten, die auch auf neuen Märkten angeboten werden.

Der einfachste Entscheidungstatbestand innerhalb der Leistungspolitik besteht darin, gewisse Eigenschaften bereits produzierter und am Markt befindlicher Produkte zu ändern. Man spricht in diesem Zusammenhang von *Produktvariation*. Sie beinhaltet die Änderung physikalischer, funktionaler, ästhetischer und/oder symbolischer Eigenschaften oder die Änderung von Zusatzleistungen des Produktes.

Das Ziel ist es, das Produkt in den Augen aller Konsumenten attraktiver erscheinen zu lassen (Produktverbesserung) oder das Produkt dem Bedarf bestimmter Marktsegmente anzupassen (Produktdifferenzierung).

Grundelemente eines Produktes	symbolische Eigenschaften
	Zusatzleistungen
	physikalische und funktionale Eigenschaften
	ästhetische Eigenschaften

Abb. 7-9: Grundelemente eines Produktes

In der Literatur wie in der Praxis wird heute die Produktentwicklung des Unternehmens vielfach mit dem Begriff der Produktinnovation belegt. Der Innovationsbegriff wird dabei insofern missbraucht, als damit nicht nur die Schaffung originärer Produkte, sondern auch die Produktverbesserungen und implizit sogar reine Nachahmungsprodukte gemeint sind.

Produktinnovationen spielen eine sehr große Rolle für die Sicherung und Entwicklung der Unternehmung. In vielen Branchen sind Umsatz- und Gewinnzuwächse nur über Neuprodukte zu erreichen. Die Aufgabe der *Neuproduktplanung* ist es, produktpolitische Alternativen zu entwickeln, die Chancen und Risiken der Produktinnovation aufzuzeigen und sorgfältig gegeneinander abzuwägen. Im Hinblick auf die Verwirklichung sind alle Maßnahmen zu berücksichtigen, die geeignet erscheinen, die Risiken einzuschränken bzw. die Erfolgswahrscheinlichkeit am Markt zu erhöhen.

Eine *Produkteleminierung* kommt aus zahlreichen Gründen in Frage. Ökonomische Aspekte wie sinkende Erträge, steigende Kosten und fallender Umsatz sind neben qualitativen Gründen wie schlechtes Image, Störungen im Produktionsablauf und der Einführung von Konkurrenzprodukten zu berücksichtigen.

Der Begriff *Diversifikation* wird in der Literatur und in der Praxis auf vielfältige Weise benutzt. Gemeinsam ist allen Begriffen der Produktdiversifikation jedoch, dass ein Unternehmen sich mit neuen Produkten bzw. Leistungen auf neuen Märkten betätigt. Die möglichen Veränderungen können sich dabei auf das Produkt, den Markt oder auf beides gemeinsam beziehen. Man unterscheidet drei Formen der Diversifikation: die horizontale, die vertikale und die laterale Diversifikation. Die *horizontale Diversifikation* liegt vor, wenn das Unternehmen Produkte mit verwandter Technologie oder Produkte über den gleichen Vertriebsweg neu anbietet. Von der *vertikalen Diversifikation* spricht man, wenn das Produktionsprogramm in Richtung Absatz (Vorwärtsintegration) oder in Richtung Rohstoffe (Rückwärtsintegration) erweitert wird. Mit der *lateralen Diversifikation* sind Vorstöße in neue Branchen und Wirtschaftsstufen verbunden (beispielsweise kaufte Daimler Benz den Haushaltsgerätehersteller AEG).

3.2.3 Produktlebenszyklus

Das Konzept der Produktlebenszyklusanalyse basiert auf der Idee, dass ein Produkt einen Weg vom Werden zum Vergehen beschreitet und das dieser mithilfe der Zeit erklärt werden kann. Es handelt sich um ein zeitbezogenes Marktreaktionsmodell, bei dem ein Produkt oder eine Produktgruppe mehrere Phasen durchläuft. Die grundlegende Aussage ist, dass jedes Produkt zunächst steigende und dann sinkende Umsätze erzielt und dass jedes Produkt bestimmte Phasen durchläuft. Je nach Autor sind dies zwischen vier und zwölf Phasen.

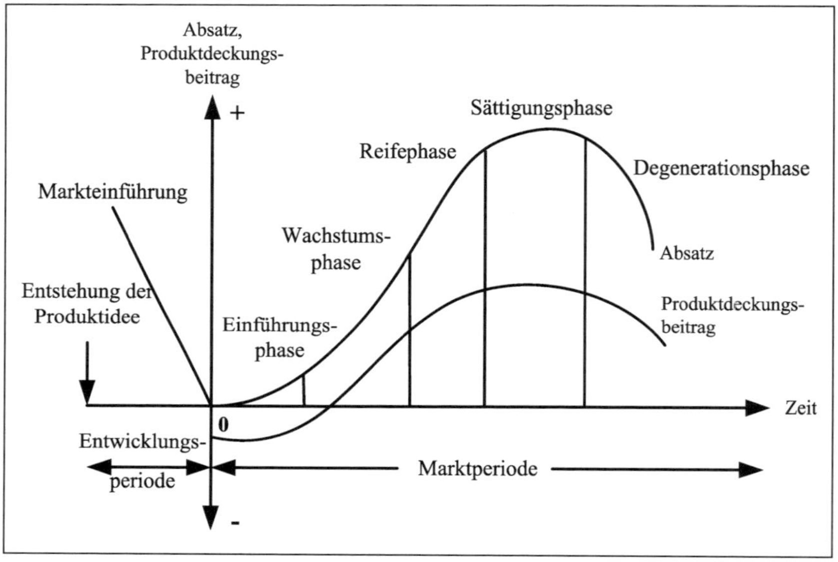

Abb. 7-10: Produktlebenszyklus

- Die *Einführungsphase* beginnt mit dem Eintritt des Produktes in den Markt. Dies ist im Wesentlichen die Phase der Marktinvestitionen; in dieser wichtigen Phase wird durch Werbung, aktive Preispolitik, Verkaufsförderung etc. das Produkt in den Markt eingeführt. In dieser Phase ist noch mit negativen Deckungsbeiträgen zu rechnen. Ein Großteil der neu eingeführten Produkte erreicht die Phase der positiven Deckungsbeiträge nicht (Flop).
- Während der *Wachstumsphase* erfolgen überproportionale Umsatzzuwächse, die Gewinnschwelle (positive Deckungsbeiträge) wird erreicht. Die ersten Folgekäufe werden getätigt und die Konkurrenz wird auf das Produkt aufmerksam.
- Weiterhin steigende Umsätze mit fallenden Wachstumsraten und sinkenden Umsatzrentabilitäten kennzeichnen die *Reifephase.*
- In der *Sättigungsphase* erreicht der Produktlebenszyklus sein Maximum und die Grenzumsätze sinken auf null.
- Nun folgen sinkende Umsätze und Deckungsbeiträge, die nicht mehr aufzuhalten sind. Dies wird als die *Degenerationsphase* bezeichnet.

Bei der Analyse des Lebenszykluskonzeptes ist stets zu prüfen, auf welcher Aggregationsebene die Analyse durchgeführt wird. Als Bezugsgrößen kommen Produkte, Produktgruppen oder Branchen in Frage. Je allgemeiner die Bezugsgröße ist, umso plausibler erscheint die Aussagekraft dieses Konzeptes. Allerdings sind zahlreiche Kritikpunkte gegen dieses Konzept vorgebracht worden. Insbesondere die Aussagekraft des Konzeptes wird negativ beurteilt, da weder eine Gesetzmäßigkeit noch eine Allgemeingültigkeit vorliegt. Die exakte Phasenabgrenzung und die Identifizierung der eigenen Stellung sind nicht möglich.

3.2.4 Programmstrukturanalysen

Im Mehrproduktunternehmen ist der Produktlebenszyklus nur der erste Schritt in der Programmstrukturanalyse. Die Analyse der *Programmstruktur* ist darauf gerichtet, Informationen über das gesamte Leistungsprogramm in komprimierter Form zu erhalten. Insbesondere dient sie zur Erkennung von Sortimentsteilen, die eliminiert oder erweitert werden sollen. Zur Programmstrukturanalyse gehören die Altersstruktur-, die Umsatzstruktur- und die Deckungsbeitragsstrukturanalyse.

Im Rahmen der *Altersstrukturanalyse* wird versucht zu ermitteln, in welcher Lebenszyklusphase sich einzelne Produkte befinden, um so einen Überblick zu erhalten, wie das Verhältnis zwischen alten und jungen Produkten ist. Ein großer Anteil an jungen Produkten verspricht tendenziell günstigere Wachstumsaussichten. Bei überwiegend älteren Produkten im Programm besteht die Gefahr der Überalterung des Produktprogramms.

Neben der Altersstruktur ist die Umsatzzusammensetzung eines Sortiments von herausragender Bedeutung. Mithilfe der *Umsatzstrukturanalyse* kann ermittelt werden, wieviel % der Produkte welchen Umsatzanteil (in %) erwirtschaften. Die Darstellung erfolgt mithilfe einer Lorenzkurve. Anhand der Altersstruktur und der Umsatzstruktur wird ersichtlich, welchen Beitrag ein Produkt zum Erfolg eines Unternehmens beisteuert. Dabei wird allerdings nicht berücksichtigt, dass Produkte erst dann zu Umsatz führen, wenn sie von Kunden gekauft werden. Die *Kundenstrukturanalyse* zeigt an, wieviel % des Umsatzes auf wieviel % der Kunden entfallen. Damit wird erkennbar, welche Kunden besonders wichtig für das Unternehmen sind. Häufig wird dabei eine Unterteilung in drei Gruppen vorgenommen und man spricht von einer ABC-Analyse, da man A-, B- und C-Kunden hat.

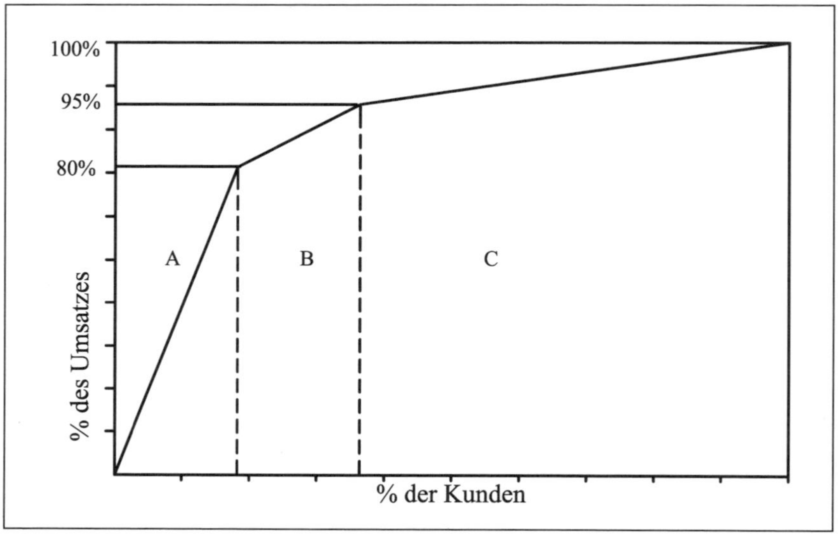

Abb. 7-11: ABC-Analyse

Die *Deckungsbeitragsstrukturanalyse* dient der Ermittlung der ertragsträchtigen Produkte und kann verwendet werden, um Produkte mit einer negativen Deckungsspanne zu eliminieren.

3.2.5 Portfolioanalyse

Die *Portfolioanalyse* ist ein Analyseverfahren, das aus dem allgemeinen Management stammt. Die Ursprungsform wurde von dem Beratungsunternehmen Boston Consulting Group entwickelt. Die Grundidee ist, ein Analyseinstrument einzusetzen, das es erlaubt, Unternehmensbereiche (sogenannte strategische Geschäftseinheiten) zu steuern. In Anlehnung an Wertpapierportfolios soll eine optimale Mischung von Produkten und Produktgruppen hinsichtlich des Investitionsbedarfs und des Ertrags erfolgen. Ausgehend von den erfolgsrelevanten Schlüsselfaktoren des Unternehmens, den Erkenntnissen der Produktlebenszyklen und der Erfahrenskurven ist das Produktprogramm anhand des Marktwachstums und des relativen Marktanteils zu bewerten. Der relative Marktanteil ergibt sich für eine einzelne Strategische Geschäftseinheit, indem der Umsatz der Strategischen Geschäftseinheit ins Verhältnis zum Umsatz des größten Wettbewerbers gesetzt wird. Die Position der Produkteinheiten innerhalb der vier Felder gibt Auskunft über den Investitionsbedarf bzw. hilft bei der Ableitung sogenannter Normstrategien. Die Produkteinheiten werden mit den Feldnamen belegt und daraus Handlungsstrategien abgeleitet. Bei großem Marktwachstum und einem kleinen relativen Marktanteil handelt es sich um ein *Question Mark*. Dort empfiehlt sich ein selektives Vorgehen als Normstrategie. Wenn die Produkteinheit erfolgsversprechend ist, sollte investiert werden, um den Marktanteil zu erhöhen. Handelt es sich um eine weniger versprechende Einheit, sollte sie eleminiert werden. Von einem *Star* spricht man, wenn die Einheit einen großen relativen Marktanteil (>1) und ein großes Marktwachstum aufweist. Als Normstrategie empfiehlt sich hier zu investieren, um am Marktwachstum teilzunehmen. Bei einem großen Marktanteil und einem geringen Wachstum spricht man von einer *Cash Cow*. Die hier entstehenden Überschüsse sollten für die anderen Produktgruppen verwendet und die Position sollte gehalten werden. Produkte mit geringem relativem Marktanteil in stagnierenden Märkten (*Dogs*) sind zu eliminieren.

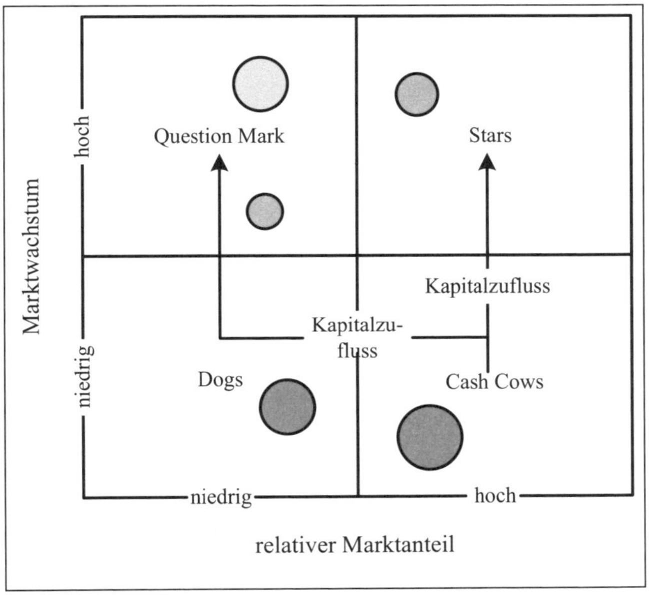

Abb. 7-12: Portfolioanalyse

Die Portfoliomethode ist sehr anschaulich, leicht zu operationalisieren, hat eine weite Verbreitung und ist leicht zu handhaben. Die Bewertung der Produkte erfolgt aber nur mit zwei Größen, die Abgrenzung der Sektoren ist relativ willkürlich und die Reaktion der Wettbewerber nur bedingt berücksichtigt.

Weitere Portfolio-Modelle sind das Strategie-Portfolio von McKinsey, Kundenportfolios und Technologieportfolios.

3.2.6 Markenartikelpolitik

Die Markenartikelpolitik umfasst alle Entscheidungen, die mit der Markierung von Produkten zusammenhängen.

Ein *Markenartikel* ist ein Produkt,

- das mit einem seine Herkunft kennzeichnenden Merkmal (z.B. Namen, Bildzeichen-Markierung) versehen ist und
- durch gleichbleibende Aufmachung und Menge,

- gleichbleibende oder verbesserte Qualität,
- Verbraucherwerbung,
- hohen Bekanntheitsgrad und
- weite Verbreitung im Absatzmarkt charakterisiert ist.

Je nach Anbieter unterscheidet man zwischen *Hersteller- und Handelsmarken*, wobei Letztere nur in den Verkaufsstellen bestimmter Handelsunternehmen bzw. Handelsgruppen erhältlich sind.

Die Ziele der Markenpolitik sind die Schaffung eines Identifikations- und Kommunikationsmittels, der Aufbau von Markentreue, die Gestaltung eines positiven Markenimages und die Erhaltung eines preispolitischen Spielraums.

3.2.7 Verpackungspolitik

Die Verpackung wird als Sammelbezeichnung für jegliche Art von Umhüllung eines oder mehrerer Produkte verstanden, unabhängig davon, welche Funktionen sie erfüllen soll (Meffert 2008). Der verwandte Begriff Packung wird hingegen als Umhüllung nur eines Produktes gesehen. Die Verpackung hat in den letzten Jahren aufgrund veränderter Umweltbedingungen zahlreiche Einflüsse erfahren. Insbesondere der unaufhaltsame Trend zur Selbstbedienung, die Rationalisierungsbestrebungen bei dem Transport und der Lagerung sowie das veränderte Kaufverhalten der Konsumenten haben zu einer steigenden absatzwirtschaftlichen Bedeutung der Verpackung beigetragen.

Verpackung	Konsument	
	Hersteller	Marketing
		Produktion
		Logistik
	Produkteigenschaften	
	Umwelt	
	Konkurrenz	

Abb. 7-13: Einflussfaktoren der Verpackungsgestaltung

Die Verpackung wird unterteilt in Transport-, Um- sowie Verkaufsverpackungen. Die Ausgestaltung der Verpackung wird im Wesentlichen vom Produkt selber, vom Konsumenten und dessen Kaufgewohnheiten, der Absatzpolitik und -technik sowie der Umwelt beeinflusst.

Die Verpackung hat zahlreiche Funktionen zu erfüllen. Neben der originären Funktion, dem Schutz beim Transport und Lagerung sind mit der Zeit zahlreiche weitere Funktionen hinzugekommen, die prinzipiell in logistische, kommunikative und Zusatzfunktion unterteilt werden können.

logistische Funktionen	kommunikative Funktionen	zusätzliche Funktionen
▪ Schutz/ Sicherung beim Transport ▪ Sicherung der Stapelfähigkeit ▪ Mengendimensionierung (Paletten/ Gebinde/Packung)	▪ Vermittlung von Produktinformationen (Markenbezeichnung/ EAN-Code) ▪ Selbstpräsentation des Produktes im Geschäft	▪ Gebrauchs-, Zubereitungserleichterung (Dosierer) ▪ Weiterverwendungsmöglichkeit (Senfglas) ▪ sozialer Nutzen (Geschenkpackung)

Abb. 7-14: Funktionen der Verpackung

3.2.8 Sortimentspolitik

Alle Entscheidungen zur Produktpolitik oder zur Verpackung führen zu einer optimalen Sortimentsgestaltung, wobei die Entscheidungen sich auf die art- und mengenmäßige sowie die zeitliche Zusammensetzung des Sortiment beziehen. Ein Sortiment kann mithilfe unterschiedlicher Kriterien zusammengestellt werden. Wesentlich ist dabei die Sortimentstiefe und -breite.

<table>
<tr><td rowspan="10">Kriterien zur Sortimentsbildung</td><td rowspan="4">vorökonomische Kriterien</td><td colspan="2">Bedarfs- oder Erlebnisorientierung</td></tr>
<tr><td colspan="2">Preisorientierung</td></tr>
<tr><td colspan="2">Selbstverkäuflichkeit</td></tr>
<tr><td colspan="2">Herkunftsorientierung</td></tr>
<tr><td rowspan="6">ökonomische Kriterien</td><td rowspan="2">ertragswirtschaftliche Kriterien</td><td>Nachfragevolumen</td></tr>
<tr><td>Nachfragestruktur</td></tr>
<tr><td rowspan="2">finanzwirtschaftliche Kriterien</td><td>Kapitalbindung</td></tr>
<tr><td>Lagerumschlag</td></tr>
<tr><td rowspan="2">kostenwirtschaftliche Kriterien</td><td>Warenkosten</td></tr>
<tr><td>Handlungskosten</td></tr>
</table>

Abb. 7-15: Kriterien zur Sortimentsbildung

Sortimentsbreite: Vielfalt der von einem Handelsbetrieb geführten unterschiedlichen Warenbereiche. Man unterscheidet zwischen schmalen Sortimenten mit wenigen Warengruppen und breiten mit einer Vielzahl von Warengruppen.

Sortimentstiefe: Vielfalt der von einem Handelsbetrieb innerhalb eines Warenbereiches geführten Artikel, die von Typen, Größen, Farben, Qualitätsstufen usw. bestimmt wird. Es stehen sich flache Sortimente mit wenigen und tiefe Sortimente mit einer Fülle von Alternativen gegenüber.

3.2.9 Kundendienstpolitik

Kundendienst oder Service wird in der Literatur nicht eindeutig definiert. Als Abgrenzungsmerkmal wird meistens die Freiwilligkeit, die Unentgeltlichkeit und der Zusatzcharakter der Leistung herangezogen.

In der Praxis ist die Unterteilung in einen technischen und einen kaufmännischen Kundendienst üblich. Der technische Kundendienst erstreckt sich vor allem auf die Gewährleistung oder die Wiederherstellung der einwandfreien und kostengünstigen Funktionen eines Aggregates, die Mithilfe bei der Lösung eines technischen Problems sowie der Installations-, Inspektions-, Wartungs- und Reparaturdienst. Zu den kaufmännischen Kundendienstleistungen gehören verschiedene Einkaufserleichterungen, Beratungs- und Zustelldienste, Kostenvoranschläge sowie vielfältige Gefälligkeiten, die oftmals nicht in Rechnung gestellt werden.

In Abhängigkeit vom Kaufakt werden Serviceleistungen unterschieden in:

Vor-Leistungen	Neben-Leistungen	Folge-Leistungen
▪ Beratung ▪ Lieferbereitschaft	▪ Anlieferung ▪ Montage ▪ Schulung	▪ Wartung ▪ Reparatur ▪ Ersatzteillager

❶ *Begriffe zum Nachlesen*

Leistungspolitik
Produktentwicklung
Marktentwicklung
Kundenstrukturanalyse
Altersstrukturanalyse
Kundendienst
Sortimentstiefe
Verpackung
Diversifikation
Marktdurchdringung
Produktlebenszyklusanalyse
ABC-Analyse
Service
Sortiment
Sortimentsbreite

Wiederholungsfragen

1. Erläutern Sie die Begriffe a) Produktvariation, b) Produktinnovation, c) Produktelimierung und d) Diversifikation.
2. Nennen Sie die Phasen des Produktlebenszyklus?
3. Beurteilen Sie den Aussagewert des Produktlebenszyklus-Konzeptes für die Praxis.
4. Zeichnen Sie den Umsatz- und Produktdeckungsbeitragsverlauf des Produktlebenszyklus.

5. Welche Strategien bieten sich nach dem Überschreiten des Produktlebenszyklus-Maximums an?
6. Diskutieren Sie die Bedeutung der Produktlebenszyklen im Rahmen der Produktpolitik.
7. Welche der folgenden Aussagen zum Produktlebenszyklus sind richtig?
   - Der Lebenszyklus von Produkten kann als ein zeitbezogenes Marktreaktionsmodell beschrieben werden. ( )
   - Die Aussagekraft des Modells des Lebenszyklus von Produkten ist lediglich beschreibender Natur. ( )
   - Die grundlegende Modellaussage ist, dass jedes Produkt - unabhängig von seinem spezifischen Umsatzverlauf - zunächst sinkende und dann steigende Grenzumsätze erzielt. ( )
   - Das Modell des Lebenszyklus kann Empfehlungen geben, wann welcher Marketing-Mix konkret einzusetzen ist. ( )
   - Eine Gesetzmäßigkeit des Lebenszyklus lässt sich nicht nur theoretisch ableiten, sondern auch empirisch belegen. ( )

   ☞ **vgl. Lösungshinweise**
8. Erläutern Sie den Begriff der Diversifikation.
9. Nennen und kennzeichnen Sie die vier grundlegenden Entscheidungstatbestände der Produkt- und Sortimentspolitik.
10. Analysieren Sie die Funktionen der Verpackung unter Berücksichtigung produkt-, kommunikations- und distributionspolitischer Aspekte.
11. Kennzeichnen Sie mindestens vier verschiedene Zielsetzungen, an denen sich produktpolitische Entscheidungen orientieren können.
12. Geben Sie einen Überblick über verschiedene Formen von Kundendienstleistungen und stellen Sie die Bedeutung des Kundendienstes für das Marketing heraus.
13. Bezeichnen Sie die beiden zentralen Erfolgsfaktoren (Dimensionen) des von der Boston Consulting Group entwickelten Portfolios. Wie lauten die üblicherweise verwendeten englischsprachigen Kennzeichnungen für die vier Felder dieser Portfolio-Matrix? Welche strategischen Erfordernisse (Normstrategien) ergeben sich für diese vier Felder?

Literatur

Koppelmann, U.: Produktmarketing, 6. Aufl. Berlin 2001.

Kotler, P.; Bliemel, F.: Marketing-Management, 12. Aufl. Stuttgart 2007.

Meffert, H.: Marketing, 10. Aufl. Wiesbaden 2008.

Nieschlag, R.; Dichtl, E.; Hörschgen, H.: Marketing, 19. Aufl. Berlin 2002.

3.3 Distributionspolitik

In diesem Kapitel lernen Sie

- die Distributionspolitik,
- Vertriebswege und Handelsfunktionen,
- das Entscheidungsproblem Reisender vs. Handelsvertreter sowie
- die Marketinglogistik kennen.

Die *Distributionspolitik* bezieht sich auf alle Entscheidungen und Aktionen, die im Zusammenhang mit dem Weg eines Produktes zum Endkäufer stehen.

Die Hauptaufgaben der Distribution liegen in der Festlegung der Absatzkanäle und der Festlegung des logistischen Systems.

Unter *Absatzkanälen* bzw. Absatzwegen versteht man die rechtlichen, ökonomischen und kommunikativ-sozialen Beziehungen aller am Distributionsprozess beteiligten Institutionen und Personen. *Absatzmittler* sind in die Absatzkanäle eingebundene selbständige Organe, die Marketinginstrumente selbständig einsetzen (Händler). *Absatzhelfer* dagegen unterstützen den Absatzkanal als rechtlich selbständige Organe (Speditionen, Rackjobber, Merchandiser).

Entscheidungen zum logistischen System betreffen den physischen Transport, die Lagerhaltung und die Standortproblematik.

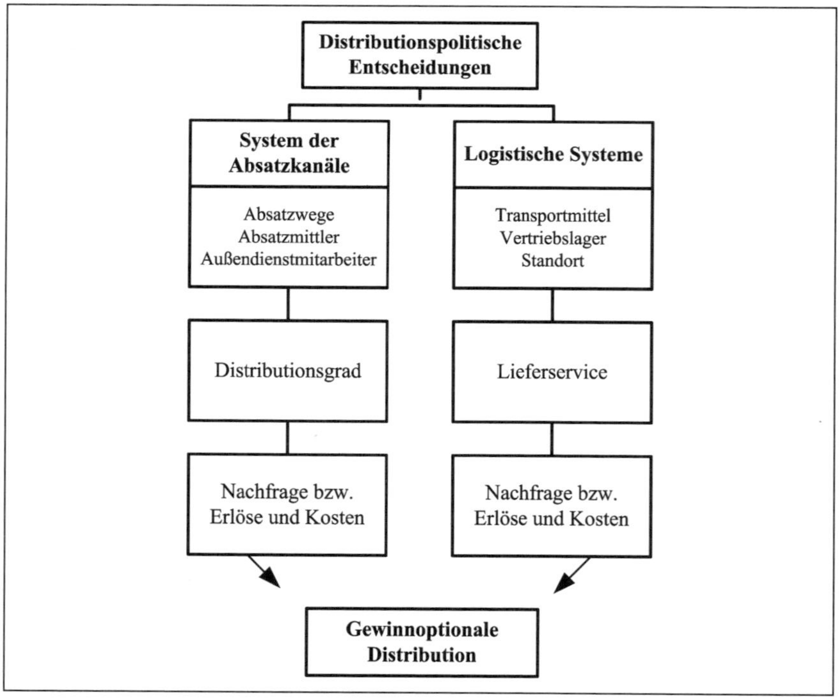

Abb. 7-16: Entscheidungstatbestände der Distribution

3.3.1 Absatzwege

Die Vielzahl der potenziellen Absatzwege muss durch jedes Unternehmen auf eine effiziente Anzahl reduziert werden. Dabei bieten sich unterschiedliche Entscheidungskriterien für die Wahl des optimalen Vertriebsnetzes an.

Unabhängig von der spezifischen Wahl existieren zwei Grundstrukturen zur Überwindung der Distanzen zwischen dem Produzenten und den Verbrauchern oder Verwendern. Ein *direkter Absatz* liegt vor, wenn zwischen Produzent und Verbraucher keine unternehmensfremde Institution zwischengeschaltet ist, die Eigentümer der Waren und Dienstleistungen werden. Der Begriff des *indirekten Absatzes* wird verwendet, wenn zwischen Produzent und Konsument unternehmensfremde Institutionen zwischengeschaltet sind (Händler etc.), die auch zwischenzeitlich Eigentümer der Waren werden. In der nachfolgenden Abbildung 7-17 sind alternative direkte und indirekte Vertriebskanäle dargestellt.

Kriterien bei der Absatzwegewahl	
Konsumentenbezogen ▪ Einkaufsgewohnheiten ▪ Bevölkerungszahl ▪ Aufgeschlossenheit	**Konkurrenzbezogen** ▪ Zahl der Mitbewerber ▪ Art der Produkte ▪ Angebotsmodalitäten
Produktbezogen ▪ Erklärungsbedürftigkeit ▪ Lagerfähigkeit ▪ Transportfähigkeit ▪ Bedürfnishäufigkeit	**Unternehmensbezogen** ▪ Größe ▪ Finanzkraft ▪ Erfahrung ▪ Art der übrigen Produkte
Absatzmittlerbezogen ▪ Art und Anzahl der Absatzmittler ▪ Standort und Verfügbarkeit ▪ Vertriebskosten ▪ Art und Struktur der Bindungen	**soziale & rechtliche Faktoren** ▪ Öffentliche Meinung, Wertvorstellungen ▪ Gesetzliche Einschränkungen (Diskriminierungs- & Boykottverbot) ▪ Vorbehalte bestimmter Geschäftsformen

Abb. 7-17: Kriterien bei der Absatzwegewahl (Meffert 2008)

Als wesentliche Zielgröße zeigt der *Distributionsgrad* die relative Verfügbarkeit der Waren im Absatzkanal an. Ein hoher Distributionsgrad deutet darauf hin, dass die Waren des Herstellers in nahezu jeder Verkaufsstelle verfügbar sind. Ein niedriger Distributionsgrad muss durch einen hohen Lieferservice kompensiert werden, um eine Ubiquität (Überallerhältlichkeit) zu realisieren.

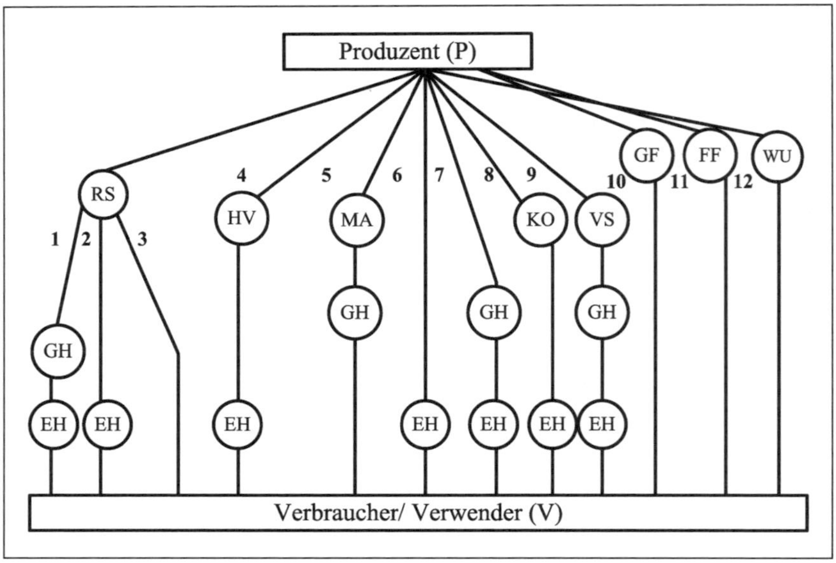

Abb. 7-18 : Alternative Absatzwege (Nieschlag/Dichtl/Hörschgen 2002)

GF = Mitglied der Geschäftsführung; RS = Reisender;
HV = Handelsvertreter; FF = Fabrikfilialen; WU = Werksgebundene Unternehmen; KO = Kommissionäre; VS = Verkaufssyndikate;
MA = Makler; GH = Großhandel; EH = Einzelhandel

Typisch für Markenartikelhersteller sind z.B. die Absatzwege 1, 2, 3, 4 und 8; für Investitionsgüterhersteller die Wege 3, 10 und 11 oder für Automobilhersteller die Wege 11 und 12.

3.3.2 Handelsfunktionen

Die Einschaltung des Handels führt für den Produzenten zu einer Senkung seines Verkaufspreises, da der Handel für seine Bemühungen eine Handelsspanne erhält. Die Höhe der Handelsspanne ist regelmäßig von den Funktionen abhängig, die der Handel im Einzelnen übernimmt.

Handelsfunktionen	
	Zeitausgleichsfunktion
	Kreditfunktion
	Raumausgleichsfunktion
	Sortimentsfunktion
	Preisausgleichsfunktion
	Vordispositionsfunktion
	Mengenausgleichsfunktion
	Beratungsfunktion

Abb. 7-19: Handelsfunktionen

Zeitausgleichsfunktion: Wenn die Herstellung und der Verbrauch bzw. die Verwendung nicht parallel verlaufen, wird eine Lagerhaltung nötig, die entweder vom Hersteller oder vom Handel übernommen wird.

Kreditfunktion: Manche Verbraucher ziehen das Absparen nach dem Kauf dem Ansparen vor dem Kauf vor, damit sie sofort über die Güter verfügen können.

Raumausgleichsfunktion: Der Handel bietet dem Verbraucher bzw. Verwender die Ware direkt am Verbrauchs- bzw. Verwendungsort an.

Sortimentsfunktion: Der Handel stellt aus den einzelnen Produkten der diversen Hersteller ein nachfrageorientiertes Sortiment zusammen.

Preisausgleichsfunktion: Durch Aufkauf von Waren in Zeiten eines Überangebots und schrittweisen Lagerabbau in Zeiten eines Nachfrageüberschusses werden Preiszusammenbrüche und übermäßige Preissteigerungen vermieden.

Vordispositionsfunktion: Durch die Übernahme der Verteilungsaufgabe erleichtert der Handel dem Hersteller die Produktionsmengenplanung und nimmt ihm das Absatzrisiko ab.

Mengenausgleichsfunktion: Da die meisten Güter in kleinen haushaltsüblichen Mengen nachgefragt werden, aber in Großserien gefertigt werden, übernimmt der Handel die Verteilung der Großmengen an die Einzelnachfrager.

Beratungsfunktion: Ein ständig steigender Anteil an den privaten Einkäufen fällt auf komplizierte technische Artikel, die der Verbraucher ohne eine eingehende Beratung vor dem Kauf und eine Betreuung nach dem Kauf nicht optimal nutzen kann.

3.3.3 Reisender vs. Handelsvertreter

Zu den klassischen distributionspolitischen Entscheidungskalkülen zählt die Entscheidung zwischen dem betriebsfremden Handelsvertreter und dem angestellten Reisenden.

Der Handelsvertreter vermittelt nach § 84 Abs. 1 HGB als selbständiger Gewerbetreibender für andere Unternehmen Geschäfte und schließt sie in deren Namen ab. Handelsvertreter können als Einfirmen- oder als Mehrfirmenvertreter in Erscheinung treten. Die Entlohnung erfolgt durch ein relativ geringes Fixum für grundlegende administrative Aufgaben und eine relativ hohe Provision für die vermittelten Umsätze.

Der Reisende ist fest angestellt und dadurch sehr viel stärker weisungsgebunden als der Handelsvertreter. Auch sein Gehalt beinhaltet meist variable, erfolgsabhängige Bestandteile, die aber keinen so großen Anteil ausmachen, wie beim Handelsvertreter.

Trotz der grundlegenden Unterschiede erfüllen beide im Rahmen der Distribution ein gleiches Aufgabenfeld. Daher konzentriert sich das Entscheidungsproblem zwischen Handelsvertreter und Reisendem auf die Frage, wer die Aufgaben kostengünstiger und effizienter erfüllen kann. Für dieses Entscheidungsproblem empfiehlt sich ein zweistufiges Vorgehen. Zunächst wird ein quantitativer Kostenvergleich durchgeführt. Da sich die Aufgabenerfüllung aber auch qualitativ unterscheidet, wird anschließend ein qualitativer Vorteilhaftigkeitsvergleich durchgeführt.

1. Schritt: Kostenvergleich Reisender vs. Handelsvertreter
Für beide Alternativen sind zunächst Kostenfunktionen aufzustellen, die das Fixum und die üblicherweise umsatzabhängigen, variablen Bestandteile beinhaltet.

Kostenfunktion Reisender: $K^R = K_f^R + q^R \cdot x \cdot p$

Kostenfunktion Handelsvertreter: $K^{HV} = K_f^{HV} + q^{HV} \cdot x \cdot p$

Anschließend ist der kritische Umsatz zu ermitteln, bei dem beide Alternativen die gleichen Kosten verursachen.

$$K^R = K^{HV} \Leftrightarrow K_f^R + q^R \cdot x \cdot p = K_f^{HV} + q^{HV} \cdot x \cdot p$$

$$\Leftrightarrow q^R \cdot (x \cdot p) - q^{HV} \cdot (x \cdot p) = K_f^{HV} - K_f^R$$

$$\Leftrightarrow U \cdot (q^R - q^{HV}) = K_f^{HV} - K_f^R$$

$$\Leftrightarrow U_{krit} = \frac{K_f^{HV} - K_f^R}{(q_R - q_{HV})}$$

Die Struktur der Gleichungen zeigt, dass bei unterhalb des kritischen Wertes zu erwartenden Umsätzen die Alternative zu wählen ist, die die geringeren Fixkosten verursacht, also der Handelsvertreter. Erst über diesen Werten hinaus sollte das Unternehmen einen fest angestellten Reisenden einsetzen.

2. Schritt: Qualitativer Vorteilhaftigkeitsvergleich
Beschränkt man den Vergleich auf einen reinen Kostenvergleich, dann werden wichtige qualitative Einflussfaktoren nicht berücksichtigt. Daher sollte zusätzlich ein Alternativenvergleich mithilfe eines Punktbewertungsverfahrens durchgeführt werden. Dabei sind einzelne qualitative Kriterien gemäß ihrer subjektiv empfundenen Bedeutung zu gewichten und dann beide Alternativen hinsichtlich der Kriterien zu bewerten. Die Alternative, die die höchste gewichtete Punktsumme erhält, wird gewählt. Die Abbildung 7-20 zeigt einen exemplarischen Vergleich.

Kriterien	Gewicht	Reisender		Handelsvertreter	
Flexibilität	5	6	30	4	20
Marktkenntnis	3	3	9	8	24
Steuerbarkeit	2	8	16	5	10
Zusatzaufgaben	2	6	12	3	6
Qualität der Beratung	4	7	28	5	20
Verkaufsaktivitäten	6	6	36	9	54
Punktsumme			**131**		**134**
Vergabe der Punkte und der Gewichtungsfaktoren erfolgt auf einer Skala von 1 bis 10.					

Abb. 7-20: Scoringmodell

Das Punktbewertungsverfahren (Scoringmodell) ist ein subjektives Verfahren, mit dem mehrdimensionale Probleme durch den Anwender situationsspezifisch abgebildet werden können. Die Auswahlentscheidung kann mit dieser Methode dokumentiert werden und ist damit intersubjektiv nachprüfbar. Das Verfahren ist aber leicht zu manipulieren und schon leichte Veränderungen der Gewichtungsfaktoren und der Punktwerte können zu anderen Ergebnissen führen.

3.3.4 Marketinglogistik

Zusätzlich zu den Überlegungen der Absatzkanalanalyse müssen Probleme der physischen Distribution gelöst werden. Diese physische Distribution wird in der Regel Logistik genannt und umfasst den Transport, die Lagerung von Roh-, Halb- und Fertigfabrikaten sowie die damit zusammenhängenden Informationen vom Liefer- zum Empfangspunkt (Meffert 2008).

Der Lieferservice ist die dominierende Zielgröße in der Marketinglogistik und setzt sich aus den Komponenten Lieferzeit, Lieferzuverlässigkeit, Lieferbeschaffenheit und Lieferflexibilität zusammen.

Im Rahmen der operativen Gestaltung der Marketinglogistik sind Entscheidungen über die Lagerhaltung und Entscheidungen über die einzusetzenden Transportmittel zu treffen.

Das Problem der Lagerhaltung muss in folgende Teilprobleme aufgesplittet werden:

- *Festlegung der Anzahl der Stufen des Warenverteilungssystems.* Analog zur Entscheidung der Absatzkanäle muss entschieden werden, ob und wie viele Zwischenlager einzuschalten sind.
- *Entscheidung über die Lagereinrichtung.* Neben der Anzahl ist der Lagerstandort, die Lagergröße, das Einzugsgebiet und die Ausstattung des Lagers zu determinieren.

- *Entscheidung über die Errichtung eines Eigenlagers oder fremden Lagers.* Dabei handelt es sich um eine Make-or-Buy-Entscheidung, die mithilfe von Scoringmodellen unterstützt werden kann.
- *Entscheidung über die Lagerbestände.* Zusätzlich ist die Entscheidung zu treffen, ob eine selektive oder vollständige Lagerhaltung aller Produkte in den ausgewählten Lagern zu realisieren ist.

Die Entscheidungen über den Einsatz von Transportmitteln lassen sich meistens mithilfe eines einfachen Kostenvergleichs lösen. Dabei sind die Kosten der verschiedenen Transportmittel in Abhängigkeit von der Liefermenge darzustellen. Die nachfolgende Abbildung zeigt einen solchen Kostenvergleich. Dabei werden die drei Alternativen Luftfracht, Einsatz einer Spedition und Bahntransport gegenübergestellt.

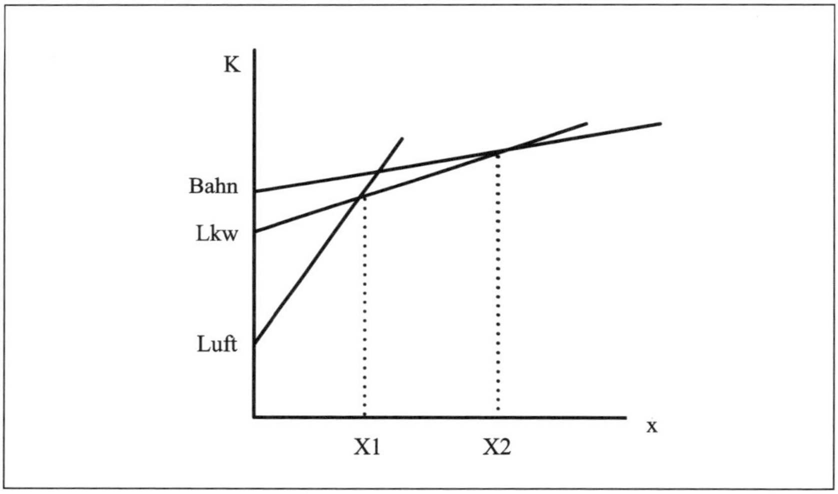

Abb. 7-21: Kostenvergleich alternativer Transportmittel

Die Ermittlung des optimalen Transportmittels erfolgt unter Anwendung eines Kostenvergleichs mit Berücksichtigung des zu transportierenden Volumens.

❶ *Begriffe zum Nachlese*

Distribution	Distributionsgrad
Absatzwege	Absatzkanal
Handelsfunktionen	Logistik
Reisender	Handelsvertreter
Lagerhaltung	Lieferservice
Transportproblem	Warenverteilung

❷ *Wiederholungsfragen*

1. Nennen Sie die Ziele der Distributionspolitik und erstellen Sie eine Übersicht über die distributionspolitischen Entscheidungstatbestände.
2. Skizzieren Sie kurz die Funktionen, die im Rahmen der Distribution übernommen werden müssen.
3. Für ein gegebenes Absatzgebiet kann ein Reisender (Fixum: 2.400 EURO, Provision 2% vom Umsatz) oder ein Handelsvertreter (Fixum: 800 EURO; Provision 5% vom Umsatz) eingesetzt werden. Ist der Reisende oder der Handelsvertreter kostengünstiger (Berechnung und grafische Darstellung)?
   ☞ **vgl. Lösungshinweise**
4. Nennen Sie die Kriterien anhand derer sich ein qualitativer Vorteilhaftigkeitsvergleich zwischen Reisenden und Handelsvertretern ziehen lässt. Entwerfen Sie hierzu weiter ein beispielhaft befülltes Scoringmodell, das die Kriterien gewichtet.
5. Die Produkte einer Unternehmung lassen sich mit zwei alternativen Transportmitteln (I und II) zu den Kunden transportieren. Welches Transportmittel ist kostengünstiger, wenn folgende Kostenverläufe gelten?

   $K_I = 100 + 10x$ $\qquad$ $K_{II} = 160 + 4x$

   ☞ **vgl. Lösungshinweise**
6. Diskutieren Sie Vor- und Nachteile des indirekten Vertriebs über den Groß- und Einzelhandel aus der Sicht des Konsumgüterherstellers.
7. Reisender vs. Handelsvertreter
   a) Stellen Sie knapp den grundlegenden Unterschied zwischen dem Handelsvertreter und dem Reisenden dar!
   b) Ermitteln Sie mithilfe eines Kostenvergleichs die Bereiche der Vorteilhaftigkeit für den Einsatz einer der beiden, Handelsvertreter oder Reisender, in einem bestimmten Verkaufsgebiet! In diesem Gebiet wird mit einem möglichen Absatz von 1200 Stück pro Jahr gerechnet, der Verkaufspreis beträgt 10 EURO! Die Kosten für den Reisenden setzen sich aus 700 EURO als Fixum zusammen und er wird mit 25 % an jedem abgesetzten Stück beteiligt. Der Handelsvertreter hingegen erhält ein Fixum von nur 200 EURO, aber pro abgesetztem Stück 40 % des Verkaufspreises.
      ☞ **vgl. Lösungshinweise**
   c) Stellen Sie den Kostenvergleich grafisch dar!
8. Erläutern Sie anhand eines ausgewählten Beispiels die Entscheidungsfelder, die im Rahmen der Marketinglogistik zu treffen sind.

9. Der Unternehmer Trinkviel möchte sein Logistiksystem von Ihnen überprüfen lassen. Als Hersteller einer wohlschmeckenden Biersorte muss er größere Mengen in die Republik transportieren lassen. Dabei stehen ihm folgende Alternativen zur Auswahl. Er kann eigene Lkws anschaffen, die pro Jahr 250.000,- EURO an Fixkosten verursachen und pro Palette Bierkästen nochmals 15,- EURO an variablen Kosten. Die Bundesbahn ist bereit, ihm einen Bahnanschluss zur Verfügung zu stellen, der pro Jahr mit 500.000 EURO zu Buche schlägt, dafür muss er allerdings pro Palette nur noch 5,- EURO bezahlen. Aufgrund seiner guten Verbindungen zu lokalen Spediteuren hat er zurzeit einen Pauschalvertrag, bei dem er pro transportierter Palette 35,- EURO bezahlen muss. Da der Unternehmer auf bedingungslose Expansion setzt, möchte er von Ihnen wissen, ab welchen Mengen welches Transportmittel für ihn günstiger ist.
   ☞ **vgl. Lösungshinweise**

❸ ***Literaturhinweise***

Kotler, P.; Bliemel, F.: Marketing-Management, 12. Aufl. Stuttgart 2007.

Meffert, H.: Marketing, 10. Aufl. Wiesbaden 2008.

Nieschlag, R.; Dichtl, E.; Hörschgen, H.: Marketing, 19. Aufl. Berlin 2002.

Weis, H.C.: Marketing, 15. Aufl. Ludwigshafen 2009.

3.4 Kommunikationspolitik

In diesem Kapitel lernen Sie

- die Instrumente der Kommunikationspolitik,
- Werbung, Verkaufsförderung, Öffentlichkeitsarbeit und
- den persönlichen Verkauf kennen.

Der Prozess der Informationsabgabe des Unternehmens mit dem Zweck, zielentsprechende Reaktionen auf der Empfängerseite auszulösen, umfasst die Aktionsmöglichkeiten der *Kommunikationspolitik*.

Der *Kommunikationsprozess* zwischen dem Sender und dem Empfänger kann persönlich, nicht persönlich, direkt oder indirekt ablaufen. Persönlich läuft die Kommunikation ab, wenn es zu einem Kontakt von Angesicht zu Angesicht kommt. Von einer indirekten Kommunikation spricht man dagegen, wenn zwischen dem Sender und dem Empfänger ein Medium zwischengeschaltet ist. Ein Brief mit persönlicher Anrede ist zum Beispiel eine direkte, aber unpersönliche Kommunikation.

Mit der Kommunikation werden zahlreiche Ziele verbunden, die sowohl ökonomischer als auch psychografischer Natur sein können. Viele bezeichnen die psychografischen Ziele als vorökonomische Ziele, da sie indirekt auf die ökonomischen Zielgrößen einwirken.

ökonomische Kommunikationsziele	psychografische Kommunikationsziele
▪ Umsatzexpansion ▪ Ausweitung des Marktanteils ▪ Erhöhung der Deckungsspannen ▪ Gewinnerhöhung	▪ Erhöhung des Bekanntheitsgrades ▪ Beeinflussung des Produktimages ▪ Erhaltung der Kundentreue ▪ Erhöhung der Wiederkaufrate

Abb. 7-22: Kommunikationsziele

Im Rahmen einer integrierten Unternehmenskommunikation müssen sämtliche Kommunikationsinstrumente einheitlich und wirksam auf die relevanten Zielgruppen ausgerichtet werden.

Kommunikationsinstrumente	
	direkte Kommunikation
	Event-Marketing
	klassische Werbung
	Sponsoring
	Verkaufsförderung
	Öffentlichkeitsarbeit
	Multimedia-Kommunikation
	Messen und Ausstellungen

Abb. 7-23: Kommunikationsinstrumente

Zu den klassischen Instrumenten Werbung, Verkaufsförderung, Öffentlichkeitsarbeit und persönliche Kommunikation werden mittlerweile noch Sponsoring, Event-Marketing, Messen und Ausstellungen sowie die multimediale Kommunikation gezählt.

3.4.1 Werbung

Die klassische Werbung hat von allen Instrumenten der Kommunikationspolitik noch immer die weitaus größte Bedeutung. *Werbung* ist ein kommunikativer Beeinflussungsprozess mithilfe von Massenkommunikationsmitteln in verschiedenen Medien, der das Ziel hat, beim Adressaten Verhaltens- und Einstellungsveränderungen im Sinne der Werbeziele auszulösen (Meffert 2008).

Die Wirkung der Werbung beschäftigt Forschung und Praxis seit über 100 Jahren. Eine sehr verbreitete Vorstellung stellt dabei das *AIDA-Schema* dar. Dieses Stufenkonzept der Werbewirkung unterstellt, dass Werbung zunächst Aufmerksamkeit (**A**ttention), dann Interesse (**I**nterest), einen Wunsch (**D**esire) und zum Abschluss eine Aktion (**A**ction) auslösen soll. Weitere Erklärungsversuche zur Werbewirkung sind die Modelle der Wirkungspfade, Involvement-Modelle und neobehavioristische Verhaltensmodelle.

Im Rahmen der Werbung ist die sogenannte *Werbebudgetierung* von herausragender Bedeutung. Das Werbebudget umfasst alle Aufwendungen der Periode, die mit dem Einsatz der Kommunikationsinstrumente verbunden sind. Die Ermittlung des optimalen Budgets erfolgt mithilfe zahlreicher unterschiedlicher Methoden:

- *Orientierung am Umsatz der Vorperiode.* Zahlreiche Unternehmen wählen einen %-Satz des Umsatzes, des Deckungsbeitrages oder des Gewinns als Werbebudget. Dieses Verfahren stellt allerdings den Wirkungszusammenhang von Umsatz und Werbung auf den Kopf und führt zu einer zyklischen Werbung. In guten Zeiten wird viel geworben und in schlechten Zeiten wenig.

- *Orientierung an den finanziellen Möglichkeiten.* Dieser „All-you-can-afford"-Ansatz fordert, die maximal verfügbaren finanziellen Reserven für Werbung einzusetzen.
- *Orientierung an der Konkurrenz.* Oftmals orientieren sich Werbetreibende am Kommunikationsbudget der Wettbewerber und bilden Auf- bzw. Abschläge.
- *Orientierung an den Kommunikationszielen.* Eine proaktive Vorgehensweise ist die Orientierung an den Kommunikationszielen der Unternehmung.
- *Marginalanalytische Ansätze.* Marginalanalytische Ansätze begründen auf der Basis von Grenzkosten und Grenzerlösen das gewinnmaximale Werbebudget.

Die Gestaltung der Werbebotschaft erfordert den Einsatz von Werbemitteln, d.h. von formalen Medien, die die Verbindung zwischen Sender und Empfänger zur Übertragung der Botschaft ermöglichen. Hierbei ist im Hinblick auf die zu übermittelnde Botschaft das geeignete Werbemittel auszuwählen. Werbemittel sind z.B.: Plakate, Anzeigen, Briefsendungen, Leuchtwerbung, Funk- und Fernsehspots etc.

Um Werbemittel einsetzen zu können, ist die Nutzung von *Werbeträgern* notwendig; solche sind z.B.: Zeitschriften, Plakatwände, Funk- und Fernsehsendungen, Verpackungen, Objektoberflächen (Autos, Hauswände etc.).

Die Selektion von Werbemitteln, die sogenannte *Mediaselektion*, erfolgt sukzessive mit folgenden Teilproblemen.

1. Die *Inter-Mediaselektion* befasst sich mit der Auswahl geeigneter Werbeträgerarten (z.B. Funk, Fernsehen, Plakatsäule etc.).
2. Die *Intra-Mediaselektion* betrifft die Auswahl eines oder mehrerer spezieller Werbeträger innerhalb einer Art (z.B. spezielle Fachzeitschriften, bestimmte Sendezeiten oder Kanäle etc.).

Für die Auswahl der Medien werden *Kriterien* herangezogen, die sich aus der gewünschten Funktionserfüllung ergeben.

- Funktion des Mediums (Unterhaltung, Informationsversorgung, etc.)
- Situation der Nutzung
- Auswahlmöglichkeit
- Darstellungsmöglichkeit
- räumliche Reichweite
- zeitliche Verfügbarkeit
- quantitative Reichweite
- qualitative Reichweite
- Nutzungspreis

Eines der wichtigsten Kriterien bei der Mediaselektion ist der Nutzungspreis. Dieser wird in Form eines Tausenderpreises (auch Tausenderkontaktpreis, kurz

TKP) erhoben. Mithilfe des Tausenderpreis lassen sich die unterschiedlichsten Medien vergleichen, da er die Kosten für 1.000 Werbekontakte angibt. Damit kann die Schaltung einer Anzeige in einer regionalen Tageszeitung mit einem Werbespot im Fernsehen verglichen werden.

$$\text{Tausenderpreis} = \frac{\text{Preis je Anzeigeseite} \cdot 1.000}{\text{Werbeträgerkontakt}}$$

Da die zeitliche Reichweite der Werbung nur beschränkt ist, muss der Entscheider die Zeiträume der Schaltung bestimmen (*Timing* der Werbung). Man spricht von *zyklischer Werbung*, wenn die Werbung zur Kaufsaison erfolgt (Spielzeugwerbung vor Weihnachten) und von *antizyklischer Werbung*, wenn dies während den nachfrageschwächeren Zeitpunkten geschieht (Werbung für Eis im Winter).

3.4.2 Verkaufsförderung

Die Definition des Begriffes der *Verkaufsförderung* bereitet Schwierigkeiten, werden doch in der Literatur die Begriffe Absatzförderung, Verkaufsförderung und Sales-Promotions vielfach synonym ohne eine Abgrenzung und inhaltliche Festlegung verwandt. Unter die Verkaufsförderung fallen Aktionen wie die Direktwerbung, Produktpräsentationen etc. Das gemeinsame Merkmal sämtlicher Handlungsmöglichkeiten in diesem Rahmen ist die Kurzfristigkeit der Aktionen, die den Absatz stimulieren sollen. Im Hinblick auf die Zielrichtung der Verkaufsförderung werden die folgenden drei Kategorien unterschieden:

- *Verbraucher-Promotions* zielen auf die Auslösung eines Kaufentscheidungsprozesses beim Endkonsumenten und damit auf die Entstehung einer nachfrageseitigen Sogwirkung (Pull-Effekt), welchen der Handel durch einen Nachfragezuwachs zu spüren bekommt. Beispiele für Verbraucher Promotions sind Gewinnspiele, Preisnachlässe, Treuerabatte, Rückerstattungsangebote, Proben und Demonstrationen.
- *Händler-Promotions* sollen im Vergleich zu den Verbraucher Promotions einen entgegengesetzten Effekt bewirken, nämlich den des Hereindrückens der Ware in den Handel (Push-Effekt). Trachtet der Anbieter danach, dies zu erreichen, so bieten sich ihm Maßnahmen an, die entweder an den Inhaber oder an seine Mitarbeiter gerichtet sind, z.B. Preiszugeständnisse in Form von Bar- oder Naturalrabatten, Finanzierung von Demonstrationshilfen oder kostenlosen Produktproben, Bereitstellung von Displaymaterial (Plakate, Preistafeln etc.), Gewährung von Werbekostenzuschüssen.
- *Außendienst-Promotions* dienen der Motivation und/oder der Unterstützung der Mitarbeiter des Außendienstes. Hierbei können z.B. folgende Maßnahmen ergriffen werden: Schulungsmaßnahmen, Bereitstellung von Verkaufshilfen, Veranstaltung von Verkaufswettbewerben.

3.4.3 Persönlicher Verkauf

Der *persönliche Verkauf* als direktes Kommunikationsinstrument wird vornehmlich im Fall erklärungsbedürftiger Produkte angewandt, da er relativ hohe Kosten für jeden Kontakt verursacht.

Die Aufgaben des Außendienstes im Rahmen des persönlichen Verkaufs sind z.B. die Gewinnung von Informationen über die Kunden und Wettbewerber, die Gewinnung neuer Kunden, die Sicherung bisheriger Kunden, die Unterstützung der Logistik, das Erlangen von Kundenaufträgen (Angebote erstellen/Aufträge einholen) und die Verkaufsunterstützung (Beratung/Warenpräsentation).

Zu den Instrumenten des persönlichen Verkaufs zählen: Telefon, Messe, Handelsvertreter, Verkaufsgespräche des Managements und der Außendienst oder Verkauf.

3.4.4 Öffentlichkeitsarbeit

Der Einsatz der bisher genannten kommunikationspolitischen Instrumente diente in erster Linie direkt der Absatzförderung der Produkte. Die *Öffentlichkeitsarbeit* (auch *Public Relation, kurz PR*) zielt darauf ab, die Unternehmung, eine Unternehmensgruppe, einen Wirtschaftszweig, eine öffentliche Institution oder einen Verein durch Pflege der Beziehungen mit der Umwelt in einem positiven Licht darzustellen. Dadurch wird versucht, Vertrauen aufzubauen, das Firmenimage zu verbessern oder den Bekanntheitsgrad einer Institution zu erhöhen. Als positive Wirkung dieser genannten Effekte verspricht sich ein kommerzieller Anwender zudem eine Steigerung seines Absatzes.

Funktionen der Öffentlichkeitsarbeit

- *Informationsfunktion:* Vermittlung von Informationen nach innen und außen.
- *Kontaktfunktion:* Aufbau und Aufrechterhaltung von Verbindungen zu allen für das Unternehmen relevanten Lebensbereichen.
- *Führungsfunktion:* Repräsentation geistiger und realer Machtfaktoren sowie Schaffung des Verständnisses für bestimmte Entscheidungen.
- *Imagefunktion:* Aufbau, Änderung und Pflege des Vorstellungsbildes von einem Meinungsgegenstand (z.B. Personen, Organisationen, Sachen).
- *Harmonisierungsfunktion:* Public Relation soll zur Harmonisierung der wirtschaftlichen, gesellschaftlichen und innerbetrieblichen Verhältnisse beitragen.
- *Absatzförderungsfunktion:* Die Anerkennung in der Öffentlichkeit fördert den Verkauf der Waren und Dienstleistungen.
- *Stabilisierungsfunktion:* Die Standfestigkeit des Unternehmens in kritischen Situationen wird aufgrund der stabilen Beziehungen zu den Teilöffentlichkeiten erhöht.

- *Kontinuitätsfunktion:* Ein einheitliches Erscheinungsbild des Unternehmens nach innen und nach außen sowie in die Zukunft wird gewährleistet.

Als Zielgruppen der Öffentlichkeitsarbeit kommen sowohl interne als auch externe Gruppen in Frage. Zu den internen Zielgruppen gehören leitende Angestellte, Arbeiter, Betriebsrat und Gewerkschaften. Zu den externen Zielgruppen zählen Meinungsbildner, Lieferanten, Kreditinstitute, Absatzmittler etc.

Als Instrumente kommen zum Beispiel Pressekonferenzen, Stiftungen, Betriebsbesichtigungen oder die Förderung von wissenschaftlichen Arbeiten in Frage.

❶ *Begriffe zum Nachlesen*

Kommunikation
Werbebudgetierung
Promotion
Persönlicher Verkauf
Werbung
Öffentlichkeitsarbeit
Event-Marketing

❷ *Wiederholungsfragen*

1. Ordnen Sie bitte alle nachfolgenden Instrumente der Kommunikationspolitik den Bereichen Öffentlichkeitsarbeit oder Verkaufsförderung zu.
   a) Herausgabe von Jubiläumszeitschriften,
   b) Veranstaltung von Gewinnspielen,
   c) attraktive Gestaltung von Geschäftsberichten,
   d) Schulung von Händlern,
   e) Abhalten von Pressekonferenzen,
   f) Bereitstellung von Display-Material,
   g) Veranstaltung von Verkaufswettbewerben,
   h) Verteilung von Produktproben,
   i) Förderung von wissenschaftlichen Vorhaben und
   j) Bau von Sportstätten.
2. Erläutern Sie die Elemente und die Aufgaben der Kommunikationspolitik.
3. Nehmen Sie Stellung zum Problem der zyklischen oder antizyklischen Werbung.
4. Nehmen Sie kritisch zu der Vorgehensweise Stellung, das Werbebudget als einen Prozentsatz vom Umsatz der Vorperiode zu bestimmen.

5. Erläutern Sie die Bedeutung von Verkaufsförderungsmaßnahmen im Rahmen des Kommunikationsmix von Konsumgüterherstellern.
6. Nennen Sie jeweils zwei Verkaufsförderungsmaßnahmen für die drei Zielgruppen der Verkaufsförderung.
7. Grenzen Sie die Begriffe Inter- und Intramediaselektion gegeneinander ab.
8. Erläutern Sie den Unterschied zwischen Werbung und Public Relations.
9. Verkaufsförderung: Nennen Sie die Zielsetzung und beispielhafte Maßnahmen für Außendienst-, Händler- und Verbraucher-Promotions.
10. Skizzieren Sie die Aufgaben des persönlichen Verkaufs.
11. Was verstehen Sie unter Public Relations und welche Funktionen kennen Sie?

❸ *Literaturhinweise*

Bruhn, M.: Kommunikationspolitik, 6. Aufl. München 2010.

Kotler, P.; Bliemel, F.: Marketing-Management, 12. Aufl. Stuttgart 2007.

Kroeber-Riel, W.: Konsumentenverhalten, 9. Aufl. München 2008.

Meffert, H.: Marketing, 10. Aufl. Wiesbaden 2008.

Nieschlag, R.; Dichtl, E.; Hörschgen, H.: Marketing, 19. Aufl. Berlin 2002.

Schweiger, G.; Schrattenecker, G.: Werbung, 7. Aufl. Stuttgart 2009.

Weis, H.C.: Marketing, 14. Aufl. Ludwigshafen 2009.

3.5 Preis- und Konditionenpolitik

In diesem Kapitel lernen Sie

- die Preis-Absatz-Funktion,
- die Preisbildung im Monopol und Polypol,
- kosten-, wettbewerbs- und kundenorientierte Preisbildung sowie
- Rabatte kennen.

Die *Preis- und Konditionenpolitik* (*Kontrahierungspolitik*) umfasst die Gesamtheit aller Entscheidungen, die die Entwicklung, Planung und Durchsetzung von Preisalternativen für die Leistungsströme eines Anbieters betreffen.

Im Allgemeinen können vier Situationen als Anlass zur Veränderung der Ausprägung des preispolitischen Instruments unterschieden werden:

- Erste Festlegung des Preises, z.B. bei neuen Produkten, neuen Absatzwegen, neuen Märkten, Submissionen, Einzelfertigungen etc.
- Preisänderungen, initiiert durch das anbietende Unternehmen, z.B. bei Nachfrage-Kostenänderungen oder bei Inflation, Knappheiten etc.
- Preisveränderung, initiiert durch die Konkurrenz.
- In Mehrproduktunternehmen bei Verbundwirkungen zu anderen Produkten.

Im Rahmen der weiteren Ausführungen werden zunächst einige volkswirtschaftliche, theoretische Begriffe erläutert und anschließend die praxisorientierte Preisbildung dargestellt.

3.5.1 Marktformen

Im Rahmen der Preispolitik ist die Marktsituation von besonderer Bedeutung. Auf dem Markt treffen die Pläne von Anbietern und Nachfragern aufeinander. Durch die Koordination der Nachfragepläne und des Angebotes entsteht der gleichgewichtige Marktpreis. Dabei kann man vollkommene und unvollkommene Märkte unterscheiden, sowie unterschiedliche Konstellationen, die von der Anzahl der Nachfrager und der Anbieter abhängig sind.

Ein vollkommener Markt ist durch folgende Kriterien gekennzeichnet:

- Auf einem vollkommenen Markt wird nur ein homogenes Gut gehandelt.
- Alle Marktteilnehmer handeln ökonomisch rational.
- Es existieren keine Präferenzen persönlicher, räumlicher, sachlicher oder zeitlicher Art, sodass nur der Preis als Entscheidungskriterium berücksichtigt wird.
- Es existieren keine Transaktionskosten oder Steuern.
- Es herrschen vollkommene Informationen.
- Unendlich hohe Reaktionsgeschwindigkeit der Marktteilnehmer.

Der Markt gilt als unvollkommen, falls eines der Kriterien nicht erfüllt ist.

Betrachtet man die Anzahl der Marktteilnehmer, dann kann ein morphologisches Marktformenschema mit den Strukturausprägungen viele kleine, einige mittelgroße und ein großer Nachfrager bzw. Anbieter aufgestellt werden.

	viele kleine Anbieter	**wenige mittelgroße Anbieter**	**ein großer Anbieter**
viele kleine Nachfrager	polypolistische Konkurrenz	Angebots-Oligopol	Angebots-Monopol
wenige mittelgroße Nachfrager	Nachfrage-Oligopol	bilaterales Oligopol	beschränktes Angebots-monopol
ein großer Nachfrager	Nachfrage-Monopol	beschränktes Nachfragemonopol	bilaterales Monopol

Abb. 7-24: Morphologisches Marktformenschema

Nach dem Verhalten aller Marktteilnehmer werden die drei Marktformen Polypol, Oligopol und Monopol unterschieden. Wichtig ist bei dieser Dreiteilung, dass nicht die absolute Anzahl der Marktteilnehmer ausschlaggebend für das Verhalten ist, sondern die Erwartungen des Anbieters. Ein Anbieter verhält sich wie ein Monopolist, wenn er glaubt, dass er keine Konkurrenten hat. Er verhält sich wie ein Oligopolist, wenn er der Meinung ist, dass einige Wettbewerber auf seine Aktionen reagieren werden. Hat der Anbieter keinen Spielraum bei der Preisbildung, da er dem Druck vieler Konkurrenten ausgesetzt ist, dann übernimmt er den Marktpreis und kann nur die Angebotsmenge variieren (Polypolist).

3.5.2 Preis-Absatz-Funktion

Die Preis-Absatz-Funktion (PAF) ist eine Marktreaktionsfunktion, die einen Zusammenhang zwischen dem Verkaufspreis sowie der nachgefragten Menge liefert und kann daher auch als Nachfragefunktion interpretiert werden. Sie stellt mathematisch die Nachfragestruktur dar. In der Normalversion hat sie folgenden Aufbau

$$p(x) = a - b \cdot x$$

p ist der Verkaufspreis, x die Nachfragemenge, a der sogenannte Prohibitivpreis, der den Preis charakterisiert, der so hoch ist, dass kein Kunde mehr das Gut nachfragt und b ist die Steigung der Funktion. Anhand der Preis-Absatz-Funktion kann der Anwender erkennen, wie flexibel die Nachfrager auf Preisveränderungen reagieren. Wenn die Nachfragekurve sehr flach verläuft, dann muss er damit rechnen, dass eine Preiserhöhung zu großen Nachfrageverlusten führen wird. Wenn die Nachfragekurve sehr steil verläuft, dann sind die Nachfrager sehr inflexibel und werden das Produkt weiterhin nachfragen. Dies geschieht immer dann, wenn die Konsumenten nicht ausweichen können, da keine Substitutionsprodukte vorhanden sind und sie auf die Waren angewiesen sind.

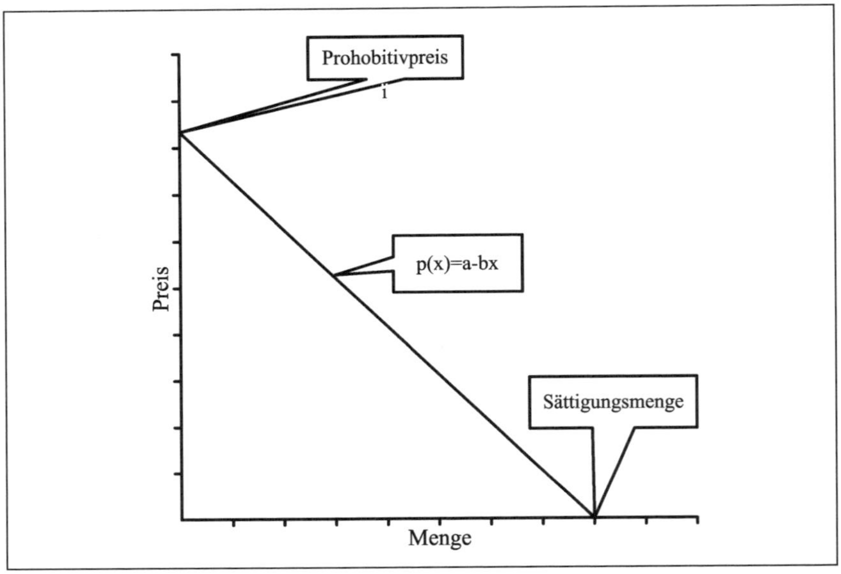

Abb. 7-25: Preis-Absatz-Funktion

3.5.3 Elastizität der Nachfrage

In der betrieblichen Realität bereitet die Ermittlung einer gesamten Nachfragefunktion unüberwindbare Probleme, sodass man sich damit begnügen muss, entweder nur Teile der Nachfragefunktion oder aber die Nachfragereaktion bei geringen Preisänderungen zu ermitteln. Die dies ausdrückende *Preiselastizität der Nachfrage* ist ein Maß für die Konsequenzen, die aus einer Preisänderung resultieren und ist determiniert als Quotient aus der relativen Veränderung der Nachfragemenge und der dies verursachenden, relativen Preisänderung.

$$E_{x,p} = \left| \frac{p}{x} \cdot \frac{\partial x}{\partial p} \right| = \left| \frac{\frac{\partial x}{x}}{\frac{\partial p}{p}} \right|$$

In der Normalform, bei monoton fallenden Preis-Absatz-Funktionen, liegt der Absolutwert der Elastizität zwischen 0 und unendlich. Erfolgen auf Preisänderungen keine Nachfragemengenänderungen, so ist die Nachfrage vollkommen unelastisch E = 0. Als vollkommen elastisch wird die Nachfrage hingegen bezeichnet, wenn $E = \infty$.

Im Prohibitivpreis ist die Elastizität demnach unendlich, bei der Sättigungsmenge beträgt sie 0 und im Halbierungspunkt der Nachfragefunktion ist sie genau eins. Die nachfolgende Tabelle zeigt die Umsatzwirkung einer Preisveränderung bei unterschiedlichen Elastizitätswerten.

	$E_{x,p} > 1$	$E_{x,p} = 1$	$E_{x,p} < 1$
Preiserhöhung	Umsatzsenkung	Umsatz konstant	Umsatzsteigerung
Preissenkung	Umsatzsteigerung	Umsatz konstant	Umsatzsenkung

Abb. 7-26 : Elastizität und Preisänderung

3.5.4 Preisbildung im Polypol

Das Polypol (atomistische Konkurrenz) ist durch eine große Anzahl an Anbietern und Nachfragern gekennzeichnet. Falls der Anbieter versucht, den Preis für sein Produkt anzuheben, wird er aufgrund der vollkommenen Marktsituation sofort sämtliche Nachfrager verlieren, da diese sofort zu einem günstigeren Anbieter wechseln werden. Eine Preissenkung wird der Polypolist auch nicht durchführen können, da bei einer Preissenkung alle Konkurrenten sofort folgen werden, bis die langfristige Preisuntergrenze erreicht ist. Jeder Betrieb, der aufgrund seiner Kostenstruktur nicht mehr mithalten kann, wird aus diesem Markt ausscheiden. Daher geht man in der Marktsituation des Polypols von konstanten Preisen aus. Der Polypolist hat demnach ein Price-taker-Verhalten und kann nur seine Angebotsmenge anpassen. Die Preis-Absatz-Funktion reduziert sich dadurch auf eine horizontale Gerade mit einem konstanten Preis. Die Erlösfunktion ist dann linear. Unterstellt man zusätzlich eine lineare Kostenfunktion, dann maximiert der Polypolist seinen Gewinn an der Kapazitätsgrenze x^{max}, da dort die Spanne von Erlös E(x) und Kosten K(x) am größten ist. Die nachfolgende Abbildung zeigt diesen Zusammenhang:

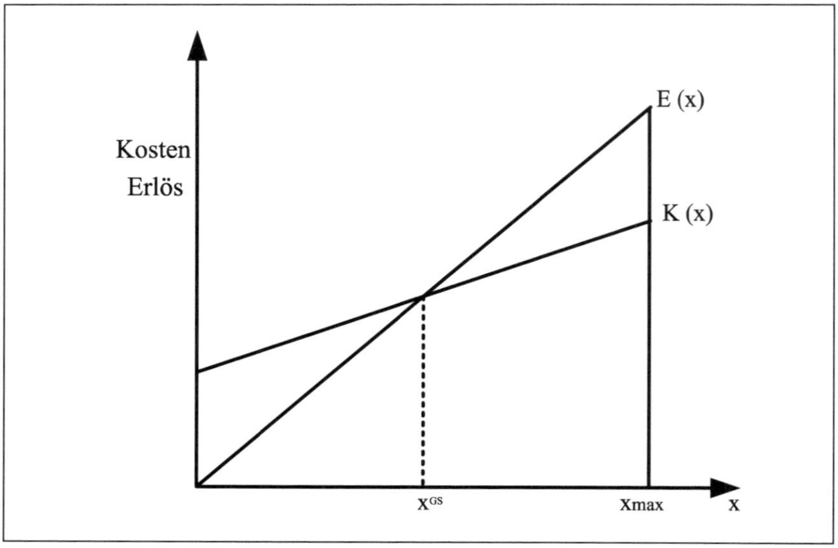

Abb. 7-27: Mengenanpassung im Polypol

Der hierbei erreichte Gewinn ermittelt sich gemäß:

$$G(x) = E(x) - K(x) = p \cdot x - K_v(x) - K_f$$

$$= p \cdot x - k_v \cdot x - K_f = (p - k_v) \cdot x - k_f$$

Ein positiver Gewinn wird nur unter der Annahme erzielt, dass der Marktpreis (Steigung der Erlösfunktion) die variablen Kosten pro Stück (Steigung der Kostenfunktion) übersteigt; nur dann schneidet die Erlösfunktion die Kostenfunktion. E' (Grenzerlöse) > K' (Grenzkosten) und $p > k_V$. Ist dies gegeben, so steigt mit jeder zusätzlich abgesetzten Produktionseinheit auch der Gewinn.

3.5.5 Aktive Preispolitik (Monopol)

Dem Monopolisten stehen im Gegensatz zum Polypolisten die Möglichkeiten zur aktiven Preisgestaltung auf dem Markt offen.

Für das theoretische Grundmodell des Monopols gelten zum einen dieselben Prämissen des vollkommenen Marktes wie auch für den Polypolisten und zum anderen die ergänzenden Voraussetzungen, dass die einzigen Aktionsvariablen des Monopolisten der Preis oder die Menge sind. Alle anderen absatzpolitischen Instrumente gelten als konstant oder werden vernachlässigt. Ferner wird unterstellt, dass die Marktreaktionen auf Preisforderungen im Modell der linear fallenden Nachfragefunktion abgebildet werden.

Für den alleinigen Anbieter gilt im Gegensatz zum Polypolisten, dass mit niedrigeren Preisen höhere Absatzmengen verbunden sind. Aus dieser Annahme folgt die fallende Preis-Absatz-Funktion vom Prohibitivpreis zur Sättigungsmenge. Multipliziert man die aus der Nachfragefunktion ermittelte Absatzmenge mit dem dazugehörigen Preis, so erhält man den jeweiligen Erlöswert.

Preis-Absatz-Funktion: $p(x) = a - b \cdot x$

Erlösfunktion (Umsatz): $E = p \cdot x = (a - b \cdot x) \cdot x = a \cdot x - b \cdot x^2$

Zusätzlich sieht sich der Monopolist einer linearen Kostenfunktion aus Fixkosten und variablen Kosten gegenüber: $K(x) = K_f + k_v \cdot x$

Der Monopolist wird so lange seinen Absatz steigern, bis der Erlöszuwachs aus der nächsten Einheit genauso groß ist wie der Kostenzuwachs, da er ansonsten bei weiter steigenden Mengen seinen Gewinn wieder schmälern würde. Mathematisch lässt sich dieser Zusammenhang sehr einfach ermitteln. Der Ertragszuwachs für die nächste Einheit wird durch die 1. Ableitung der Erlösfunktion (Grenzerlös) abgebildet, der Kostenzuwachs für die nächste Einheit analog durch die 1. Ableitung der Kostenfunktion (Grenzkosten). Gesucht ist der Schnittpunkt dieser beiden Ableitungen, da in diesem Punkt die Grenzkosten und die Grenzerlöse gleich sind.

Grenzkosten: $\frac{\partial K(x)}{\partial x} = k_v$

Wie man sieht reduziert sich die Kostenfunktion auf die variablen Stückkosten. Daran kann man erkennen, warum die Teilkostenrechnung auch Grenzkostenrechnung genannt wird.

Grenzerlös: $\frac{\partial E(x)}{\partial x} = a - 2bx$

Die Grenzerlösfunktion kann ihre Herkunft nicht verleugnen. Ein Vergleich mit der Nachfragefunktion zeigt, dass beide den gleichen Ordinatenabschnitt haben (a), aber die Grenzerlösefunktion eine Steigung aufweist, die absolut doppelt so groß ist (2b).

Durch Gleichsetzung der Grenzerlöse und der Grenzkosten erhält man die Optimierungsbedingung für den Cournotschen Punkt. Dieser Punkt, benannt nach seinem Entdecker Cournot (1838), liegt auf der Preis-Absatz-Funktion und charakterisiert die gewinnmaximale Preis-/Mengenkombination.

$$\frac{\partial E(x)}{\partial x} = \frac{\partial K(x)}{\partial x} \Leftrightarrow a - 2bx = k_v \Leftrightarrow x^{max} = \frac{a - k_v}{2b}$$

Auch wenn die Anwendungsprämissen sehr theoretisch sind, kann für die Praxis bemerkt werden, dass für die Preisbildungen lediglich die variablen Kosten ausschlaggebend sind und nicht wie häufig fälschlich angenommen wird, die Gesamtkosten.

Der Cournotsche Punkt lässt sich auch grafisch ableiten. In der Abbildung kann man zunächst die Nachfragefunktion (bzw. PAF) und die sich daraus ergebene

Erlösparabel (E) erkennen. Die Kostenfunktion (K) kann jetzt parallel nach oben verschoben werden.

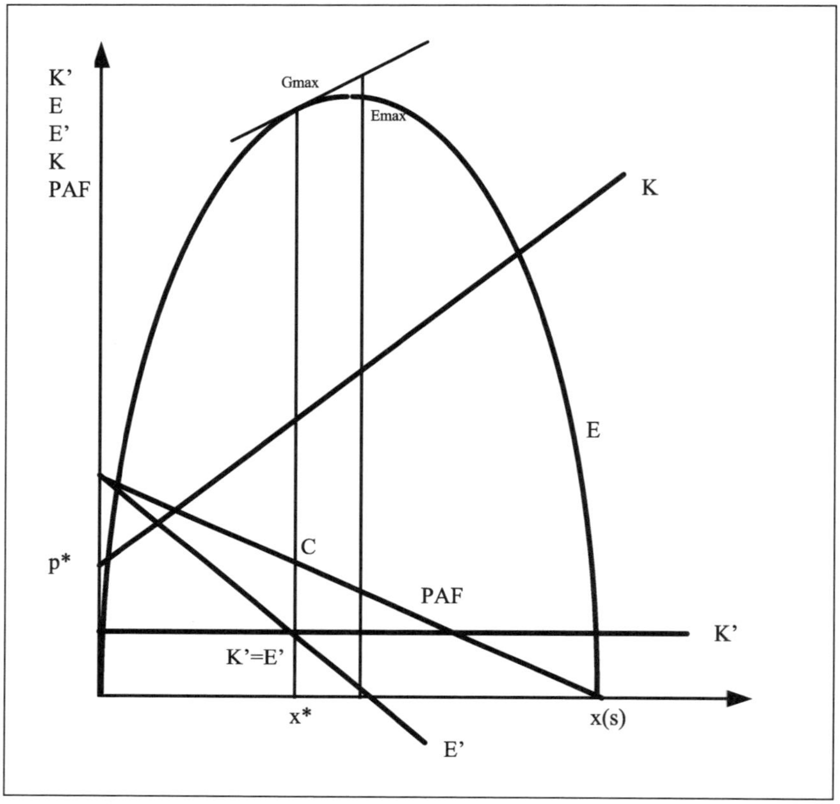

Abb. 7-28: Ableitung des Cournotschen Punktes

Am Tangentialpunkt der verschobenen Kostenfunktion und der Erlösfunktion ist die Menge (x^{max}) definiert, bei der die Differenz aus Kosten und Erlösen (Gewinn) am größten ist. Lotet man diesen Punkt auf die Preis-Absatz-Funktion (PAF), erhält man die zugehörige gewinnmaximale Preisforderung (p^{max}). Lotet man weiter, trifft man auf den Schnittpunkt von Grenzerlös und Grenzkosten, womit bewiesen ist, dass die mathematische und die grafische Lösung übereinstimmen.

3.5.6 Praxisorientierte Preisfindung

In der Praxis lassen sich die oben gewonnen theoretischen Erkenntnisse unterschiedlich umsetzen. Man unterscheidet eine kostenorientierte, eine wettbewerbsorientierte und eine kundenorientierte Preisfindung.

Kundenorientierte Preisfindung

Die Gestaltung der Preispolitik kann im Hinblick auf die am relevanten Markt befindlichen Nachfrager erfolgen. Die Preisbildung muss nach den

Kaufpräferenzen und den individuellen Kosten-Nutzen-Relationen der Käufer erfolgen. Dabei ist das Konzept der Preisdifferenzierung von herausragender Bedeutung.

Als *Preisdifferenzierung* bezeichnet man die Tatsache, wenn von einem Anbieter das gleiche Gut oder leicht veränderte Güter in der gleichen Periode auf verschiedenen Teilmärkten zu unterschiedlichen Preisen angeboten werden (preisorientierte Marktsegmentierung).

Damit die Preisdifferenzierung funktioniert, müssen die Teilmärkte isolierbar sein, um einen Wechsel der Nachfrager zwischen den Märkten zu verhindern. Die zweite Voraussetzung ist, dass auf den verschiedenen Teilmärkten unterschiedliche Preiselastizitäten der Nachfrage vorherrschend sind.

Es können im Hinblick auf verschiedene Kriterien folgende Formen der (vertikalen) Preisdifferenzierung unterschieden werden:

- *Personelle* Preisdifferenzierung, z.B. Eintrittspreisermäßigung für Kinder.
- *Verwendungsbezogene* oder prozessbedingte Preisdifferenzierung, z.B. Alkohol für den Konsum oder für Produktionszwecke.
- *Zeitliche* Preisdifferenzierung, z.B. Haupt- oder Nebensaisonpreise.
- Qualitativ bedingte Preisdifferenzierung, z.B. Standard- oder Luxusausführung eines Produktes.
- *Räumliche* Preisdifferenzierung, z.B. Dumpingpreise auf Exportmärkten.
- *Quantitative* Preisdifferenzierung. Eine nichtlineare Preispolitik führt bei kleineren Packungen häufig zu höheren Preisen als bei größeren Einheiten.
- *Preisbündelung*. Verlässt man die Annahme des Einproduktunternehmens, dann können Produktbündel häufig mit unterschiedlichen Preisen differenziert werden.

Wettbewerbsorientierte Preisfindung

Die Nachfragereaktionen auf Preise eines Anbieters werden ebenfalls stark von den Preisen der Konkurrenten beeinflusst, sodass es notwendig erscheint, bei der eigenen Preisforderung die der Konkurrenten für substitutive Güter mitzuberücksichtigen. In Bezug auf die Marktsituation, d. h. die Anzahl und die Macht der Konkurrenten, lassen sich drei prinzipielle Strategien der Preisfestsetzung unterscheiden:

- *Wirtschaftsfriedliches Verhalten*: Die Wettbewerber legen ihre Preise nach absatz- und preispolitschen Regeln fest, ohne der Konkurrenz schaden zu wollen.

- *Kampfverhalten*: Die Wettbewerber versuchen sich mit allen zur Verfügung stehenden Mitteln aus dem Markt zu verdrängen. Es kommt zu Preiskämpfen, die nicht selten allen Wettbewerbern schaden.
- *Koalitionsverhalten*: Die Unternehmen einer strategischen Gruppe kommen stillschweigend oder durch Abreden zur Vereinbarung, sich durch preispolitische Aktionen nicht zu schaden. Dabei wird häufig das Signaling angewendet, bei dem Preisvariationen öffentlich angekündigt werden, um die Wettbewerber vorzubereiten und zu ähnlichen Verhaltensweisen zu veranlassen.

Betrachtet man Preisstrategien in Relation zum Gesamtmarkt, so können statisch die Hoch- und die Niedrigpreisstrategie identifiziert werden. Mit der *Hochpreisstrategie* (Prämienpreise) wird häufig auch eine qualitative Besserstellung des Produktes signalisiert, die über höhere Preise auch in höhere Gewinne für das Unternehmen transformiert werden soll. Mit der *Niedrigpreisstragie* (Promotionspreise) versuchen viele Anbieter, zu großen Marktanteilen zu gelangen, um Erfahrungskurveneffekte zu realisieren.

Im Rahmen der Einführung von Neuprodukten können zwei dynamische Preisstrategien identifiziert werden.

Ein Anbieter, der die *Penetrationspreisstrategie* verfolgt, bietet sein Produkt anfänglich zu einem äußerst niedrigen Preis im Verhältnis zu den Konkurrenten an. Die Ziele dieser Niedrigpreisstrategie sind die schnelle Gewinnung von Marktanteilen, die rasche Erhöhung des Produktionsvolumens und die Ausnutzung von economies of scale. Zudem werden in der Regel neue, potenzielle Konkurrenten durch die Barriere der niedrigen Preise abgeschreckt. In späteren Phasen werden die Preise dann kontinuierlich angehoben.

Setzt ein Anbieter zum Zeitpunkt des erstmaligen Angebots eines neuen Produktes einen relativ hohen Anfangspreis an, so spricht man von einer *Skimming-Preisstrategie*. Diese Preisstrategie empfiehlt sich in erster Linie für Produkte mit einem hohen Innovationsgehalt und in der Situation des anfänglichen Fehlens von Wettbewerbern, sowie für Produkte mit einem hohen Prestige- oder Imagewert. Nach dem Verglimmen des Neuheitswertes, dem Absinken des Images und/oder dem Auftreten neuer Mitanbieter (Imitatoren) können durch eine Preissenkung weitere Konsumentenschichten angesprochen werden.

Kostenorientierte Preisfindung

Grundgedanke hierbei ist, mit der Preisforderung bestimmte, verfahrensabhängige (Voll- oder Teilkostenrechnung) Kostenbestandteile abzudecken. Kalkuliert man die Preisforderung auf der Basis der betrieblich angefallenen Kosten, so spricht man von einer *progressiven Kalkulation*. Im Rahmen der *retrograden Kalkulation* überprüft man, ob ein bestimmter Verkaufspreis, der durch Markt- und Machtsituation geprägt ist, unter Kostendeckungsgesichtspunkten vertretbar ist.

Im Hinblick auf das Gesamtsortiment eines Anbieters kann es zweckmäßig erscheinen, nachfrager- und marktseitige Aspekte mit kostenorientierten zu verbinden. Hierbei, bei der sog. *Mischkalkulation* (kalkulatorischer Ausgleich), ist man bereit, bei bestimmten Produkten Kostenunterdeckung, bei anderen Kostenüberdeckung hinzunehmen, wenn das Gesamtergebnis des Sortiments positiv ist. Dies gelingt mit Produkten, die untereinander in Verbundbeziehungen stehen. So ist man z.B. bereit, bei Produkten, die den Abverkauf anderer aufgrund komplementärer Beziehung stützen, negative Deckungsbeiträge hinzunehmen, wenn die großen, positiven Deckungsbeiträge der anderen Produkte dies überkompensieren.

3.5.7 Konditionenpolitik

Unter Konditionenpolitik werden alle kontrahierungspolitischen Instrumente zusammengefasst, die außer dem Preis Gegenstand vertraglicher Vereinbarungen über das Leistungsentgelt sein können.

Rabatte sind Preisnachlässe, die für bestimmte Leistungen des Abnehmers gewährt werden, die mit dem Produkt zusammenhängen.

Ziele der Rabattpolitik:

- Umsatz- bzw. Absatzausweitung,
- Erhöhung der Kundentreue,
- Rationalisierung der Auftragsabwicklung,
- Steuerung der zeitlichen Verteilung des Auftragseinganges,
- Sicherung des Images hochpreisiger Güter und trotzdem preiswert anbieten.

Rabattarten

- Funktionsrabatte werden in der Regel dem Handel gewährt, für die Übernahme der Handelsfunktionen oder zusätzlicher Funktionen (z.B. Aktionsrabatt).
- Mengenrabatte werden, wie der Name schon sagt, mit steigender Auftragsgröße gewährt.
- Zeitrabatte haben die Funktion, die Nachfrage zeitlich zu verlagern oder zu steuern (Saisonrabatt, Auslaufrabatt).
- Treuerabatte werden zur Kundenbindung eingesetzt.
- Verbraucherrabatte sind eine Sonderform des Treuerabattes auf der Verbraucherebene.

Liefer- und Zahlungsbedingungen

Die Lieferbedingungen legen den Umfang der Lieferverpflichtungen des Anbieters fest. Bei der Überbrückung der räumlichen Distanz zwischen Anbieter und Nachfrager muss sehr präzise festgelegt werden, zu welchem Zeitpunkt Rechte und Pflichten und somit die Gefahren und Kosten auf den Kunden übergehen. Als extreme Situationen sind die Konditionen „Ab Werk" und „Frei Haus" zu verstehen. Bei erstem muss der Käufer für den Transport und damit für die Kosten und das Risiko aufkommen, während im zweiten Fall der Verkäufer die Waren auf seine Kosten und auf sein Risiko bis vor die Haustür liefert. Zwischen diesen beiden Situationen gibt es eine Reihe von Variationen, die in den *Incoterms* festgelegt sind. Diese sind von der internationalen Handelskammer für den internationalen Warenverkehr festgelegt worden.

Die Zahlungsbedingungen beinhalten die wesentlichen Bestimmungen hinsichtlich des Zahlungszeitpunktes und der Zahlungsart. Dabei können Teilzahlungen und die Gesamtzahlung zu einem Zeitpunkt differenziert werden, bzw. die unterschiedlichen Zahlungsmittel (Bar, Scheck, Kreditkarte, Überweisung etc.).

3.5.8 Absatzkreditpolitik

In vielen Branchen wird die Finanzierung der angebotenen Leistung durch den Anbieter immer wichtiger. So werden zum Beispiel Autos immer häufiger durch die eigenen Banken und Finanzinstitute der Automobilhersteller finanziert. Auch bei internationalen Großprojekten in Entwicklungs- und Schwellenländern müssen die Anbieter nicht nur die Warenerstellung, sondern auch die Finanzierung sicherstellen.

Die *Absatzkreditpolitik* umfasst sämtliche Maßnahmen eines Unternehmens, potenzielle Kunden mittels der Gewährung bzw. Vermittlung von Krediten oder sonstigen Finanzierungsinstrumenten zum Kauf zu veranlassen (Meffert 2008).

Die beiden bekanntesten Instrumente sind der Lieferantenkredit und das Leasing.

Beim *Lieferantenkredit* räumt der Lieferant dem Käufer ein Zahlungsziel ein. Insbesondere im Handel ist diese Finanzierungsform sehr beliebt, da der Käufer die Zeit zwischen Warenlieferung und Zahlung nutzen kann, um die Waren zu verkaufen und erst dann die Rechnung aus den Verkaufserlösen zu bezahlen.

Das *Leasing* wird genutzt, um teurere Anlagegüter abzusetzen. Dabei wird das Verhältnis von Ansparungs- und Nutzungsphase verändert. Üblicherweise muss für den Kauf eines teuren Gutes über mehrere Perioden gespart werden, bevor man das Gut nutzen kann. Beim Leasing entfällt die Ansparphase und die Zahlungs- und Nutzungsphase verlaufen parallel. Dabei geht das Eigentum an der Anlage erst schrittweise auf den Käufer über.

➊ *Begriffe zum Nachlesen*

Preis	Elastizitäten
Preisdifferenzierung	Preispolitik
Rabatt	Skimmingpreisstrategie
Hochpreisstrategie	Cournotscher Punkt
Monopolpreis	Monopol
Polypol	Oligopol
Incoterms	Kalkulation
Kontrahierungspolitik	Konditionenpolitik
Grenzerlöse	Prohibitivpreis
Sättigungsmenge	

➋ *Wiederholungsfragen*

1. Erläutern Sie den Begriff der Preispolitik.
2. Wann werden preispolitische Entscheidungen getroffen?
3. Was versteht man unter einem vollkommenen Markt?
4. Nennen Sie drei Segmentierungskriterien für die Preisdifferenzierung und geben Sie jeweils ein Beispiel an. Welche wesentlichen Voraussetzungen ermöglichen eine derartige Preispolitik?
5. Preisstrategien bei der Einführung neuer Produkte: Vergleichen Sie die Einsatzmöglichkeiten der Penetrations- und der Abschöpfungspolitik miteinander.
6. Erläutern Sie die folgenden Rabattarten: a) Funktions-(Stufen-), b) Mengen-, c) Einführungs- und d) Verbraucherrabatt.
7. Ein Unternehmen sieht den Marktpreis für sein anzubietendes Produkt als gegeben in Höhe von $p = 50{,}00$ EURO an. Seine Gesamtkosten glaubt es hinreichend genau durch die Funktion $K = 100 + 2x$ abbilden zu können. Die Kapazitätsgrenze liegt bei $x^{max} = 100$ ME.
   a) Welche Menge soll das Unternehmen anbieten, wenn es seinen Gewinn maximieren will?

b) Wie ist zu entscheiden, wenn bei gleicher Kostenstruktur die Kapazitätsgrenze bei x^{max} = 150 ME liegt?

☞ **vgl. Lösungshinweise**

8. Skizzieren Sie das klassische Marktformenschema.

9. Beurteilen Sie folgende Aussagen mit richtig oder falsch:

	Bei einer linear fallenden Preis-Absatz-Funktion der Form p = a - bx	r	f
a)	wird der Umsatz mit sinkendem Preis immer höher.		
b)	weist jeder Punkt auf der Preis-Absatz-Kurve eine andere Preiselastizität der Nachfrage auf.		
c)	kann eine Preissenkung zu einer Umsatzsenkung führen.		
d)	fallen gewinnmaximale und umsatzmaximale Preisforderung zusammen.		

☞ **vgl. Lösungshinweise**

10. Eine Preis-Absatz-Funktion hat die Form p = 10 - 0,5x. Berechnen Sie die direkte Preiselastizität der Nachfrage bei folgenden Preisen: p = 2 und p = 5.

☞ **vgl. Lösungshinweise**

11. Die linear fallende Preis-Absatz-Funktion eines Monopolisten lautet p = 10 - 0,5x. Die Kostenfunktion lautet K = 2x + 10.

a) Berechnen Sie die gewinnmaximale Preisforderung.

b) Wie lautet die Preisforderung, wenn sich die Fixkosten verdoppeln?

c) Wie lautet die Preisforderung, wenn aufgrund einer Rationalisierungs-Investition die variablen Stückkosten auf 1 GE sinken?

☞ **vgl. Lösungshinweise**

❸ *Literaturhinweise*

Diller, H.: Preispolitik, 4. Aufl. Stuttgart 2008.

Meffert, H.: Marketing, 10. Aufl. Wiesbaden 2008.

Nieschlag, R.; Dichtl, E.; Hörschgen, H.: Marketing, 19. Aufl. Berlin 2002.

Simon, H.: Preismanagement, 3. Aufl. Wiesbaden 2009.

Weis, H.C.: Marketing, 15. Aufl. Ludwigshafen 2009.

VIII. Lösungshinweise zu ausgewählten Aufgaben

zu Kapitel II: Betriebliches Management

Kapitel II.1

☞ Lösung Aufgabe 4: Die Lösungen lauten: R,R,F,F,F,F

Kapitel II.3.3

☞ Lösung Aufgabe 7: Die Lohnfunktionen lauten:

$$L^{Zeit} = 12{,}40 \text{ EURO}$$

$$L^{Prämie} = \begin{cases} \text{Menge} < 10: 7{,}00 \text{ EURO} \\ \text{Menge} \geq 10: 7{,}00 \text{ EURO} + 0{,}20 \text{ EURO} \cdot (\text{Menge} - 9) \end{cases}$$

Gesucht ist die Menge, bei der sich Zeitlohn und Prämienlohn entsprechen. Liegt die erstellte Leistung über dieser Menge, dann steht sich der Mitarbeiter mit dem Prämienlohn besser.

$$12{,}40 = 7{,}00 + 0{,}20 \cdot (x - 9) \Leftrightarrow 12{,}40 = 7{,}00 + 0{,}20x - 1{,}8$$

$$\Leftrightarrow 7{,}2 = 0{,}20x \Leftrightarrow x = 36$$

Unterhalb einer Menge von x = 36 steht sich der Mitarbeiter mit dem Zeitlohn besser. Grafisch lässt sich der Sachverhalt wie folgt darstellen:

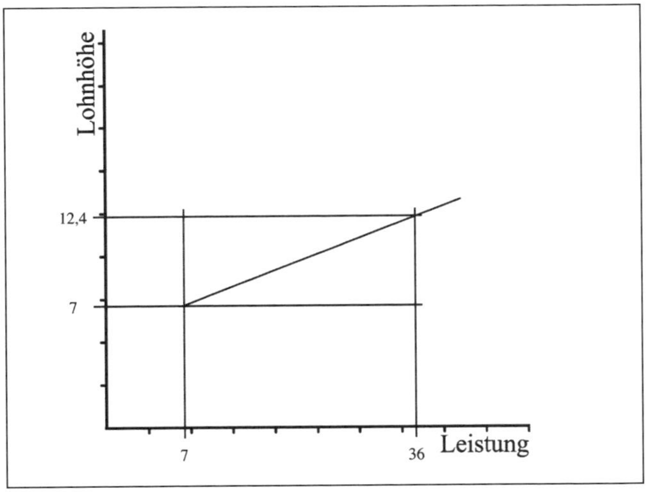

zu Kapitel III: Kosten- und Leistungsrechnung

Kapitel III.2

☞ Lösung Aufgabe 6:

Wiederbeschaffungswert	150.000,00 EURO
Restwert	15.000,00 EURO
Nutzungsdauer	5 Jahre
Linearer Abschreibungsbetrag	27.000,00 EURO
Degressionsbetrag (arithmetisch-degressiv Abschreibung)	9.000,00 EURO
Prozentsatz (geometrisch-degressive Abschreibung)	36,904%

Hinweis: Im Rahmen der kalkulatorischen Abschreibung ist es unerheblich, ob der Abschreibungsprozentsatz über 30% liegt, wie es in der Bilanzierung gesetzlich maximal erlaubt ist.

t	lineare Abschreibung Restwert	geometrisch-degressiv		arithmetisch-degressiv	
		Abschr.	Restwert	Abschr.	Restwert
0	150.000,00	-	150.000,00	-	150.000,00
1	123.000,00	55.356,40	94.643,60	45.000,00	105.000,00
2	96.000,00	34.927,53	59.716,08	36.000,00	69.000,00
3	69.000,00	22.037,78	37.678,30	27.000,00	42.000,00
4	42.000,00	13.904,90	23.773,40	18.000,00	24.000,00
5	15.000,00	8.773,40	15.000,00	9.000,00	15.000,00

Kapitel III.2

☞ Lösung Aufgabe 7:

Hier sollte eine leistungsbezogene Abschreibung angestrebt werden.

$$\frac{\text{Anschaffungskosten}}{\text{Leistungsvorrat}} \cdot \text{Leistungsverbrauch der Periode} =$$

$$\frac{15.000 \text{ EURO}}{60.000 \text{ Stück}} \cdot 11.450 \text{ Stück} = 2.862{,}50 \text{ EURO}$$

Kapitel III.3

☞ Lösung Aufgabe 7a:

Da hier ein simultaner Leistungsaustausch der Hilfskostenstellen vorliegt, sollte das simultane Gleichungsverfahren angewendet werden.

Leistung	Verrechnungs-preis	Input = Output Primäre GK + Sekundäre GK = Leistung
Strom	p_1	44.000 EURO + 300t · p_2 = 800.000 · p_1
Dampf	p_2	34.400EURO + 160.000kWh · p_1 = 600t · p_2

$$300 \cdot p_2 = 800.000 \cdot p_1 - 44.000 \Leftrightarrow p_2 = \frac{800.000}{300} p_1 - \frac{44.000}{300}$$

$$\Rightarrow 34.400 + 160.000 \cdot p_1 = 600 \cdot \left(\frac{800.000}{300} p_1 - \frac{44.000}{300}\right)$$

$$\Leftrightarrow p_1 = 0{,}085 \frac{\text{EURO}}{\text{kWh}} \Rightarrow p_2 = \frac{800.000}{300} 0{,}085 - \frac{44.000}{300} = 80 \frac{\text{EURO}}{\text{t}}$$

Der interne Verrechnungspreis für eine Tonne Dampf beträgt 80 EURO, der Verrechnungssatz für den Strom lautet 0,0085 EURO.

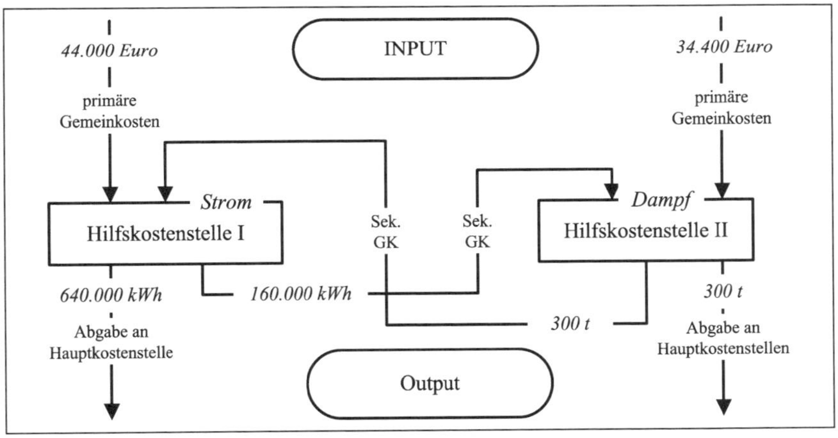

☞ Lösung Aufgabe 7b:

	Materialstelle	Fertigungsstelle	Verwaltungsstelle
Primäre Gemeinkosten	36.600 €	433.500 €	91.500 €
+ Umlage Strom	0,085 · 40.000 = 3.400 €	0,085 · 500.000 = 42,500 €	0,085 · 100.000 = 8.500 €
+ Umlage Dampf	·	300 · 80 = 24.000 €	
= Summe Gemeinkosten	40.000	500.000	100.000
Zuschlagssatz	$\frac{40.000}{80.000} \cdot 100 =$ 50 %	$\frac{500.000}{100.000} \cdot 100 =$ 500 %	$\frac{100.000}{720.000} \cdot 100 =$ 13,9 %

Kapitel III.3

☞ Lösung Aufgabe 8:

Der BAB hat nach der innerbetrieblichen Leistungsverrechnung folgendes Aussehen:

Kostenstelle	Gebäude	Werkstatt	Fertigung I	Fertigung II	Meister-büro	Verwal-tung	Vertrieb	Summe GK
primäre GK	5.000,-	12.000,-	42.000,-	16.000,-	4.000,-	25.000,-	8.000,-	112.000
Umlage Gebäude		2.000 · 0,5 = 1.000 €	4.000 · 0,5 = 2.000 €	2.000 · 0,5 = 1.000 €	1.000 · 0,5 = 500 €	500 · 0,5 = 250 €	500 · 0,5 = 250 €	5.000 €
Summe GK nach Umlage		13.000 €	44.000 €	17.000 €	4.500 €	25.250 €	8.250 €	112.000 €
Umlage Werkstatt			2.00 · 50 = 10.000 €	50 · 50 = 1.000 €			10 · 50 = 500 €	13.000 €
Summe GK nach Umlage			54.000 €	19.500 €	4.500 €	25.250 €	8.250 €	112.000 €
Umlage Meisterbüro			1.500 · 2 = 3.000 €	1.500 · 1 = 1.500 €				4.500
Summe GK			57.000 €	21.000 €		25.250 €	8.750 €	112.000 €
Bezugsgröße			114.000,-	700 Std.		170.000,-		
Kalkulations-satz			57.000 / 114.000 = 0,50 €	21.000 / 700 = 30 €		34.000 / 170.000 = 10%		
Umlage Gebäude (m²)		2000	4.000	2.000	1.000	500	500	10.000
Umlage Werkstatt (Std.)		-	200	50	-	-	10	260
Umlage Mei.-Büro (2:1 auf I und II)			2	1				3
Art der Bezugsgröße			EURO Akkordlohn	Masch.-Std.		EURO Herstellkosten des Umsatzes		

Kapitel III.4

☞ Lösung Aufgabe 6:

Es handelt sich hier um eine Zuschlagskalkulation bei einem mehrstufigen Produktionsprozess.

Kostenart	Zuschlagssatz	Betrag
Materialeinzelkosten		15,00
Materialgemeinkosten	5,29 %	0,79
= Materialkosten		**15,79**
Einzellöhne I		8,00
Fertigungsgemeinkosten	110 %	8,80
=Fertigungskosten I		**16,80**
Einzellöhne II		6,00
Fertigungsgemeinkosten	330 %	19,80
= Fertigungskosten II		**25,80**
Einzellöhne III		25,00
Fertigungsgemeinkosten	82,60 %	20,65
= Fertigungskosten III		**45,65**
= Gesamte Fertigungskosten		**88,25**
= Herstellkosten		**104,04**
Verwaltungs- & Vertriebsgemeinkosten	10,14 %	10,55
= Selbstkosten		**114,59**

Kapitel III.4

☞ Lösung Aufgabe 7:

Sorte	hergestellte Menge	Äquivalenzz. Kostenstelle I	Einheitsmenge	Fert.-GK pro Stück
Sorte A	1240	1,0	1240	3,81
Sorte B	860	1,3	1118	4,953
Sorte C	520	1,1	572	4,191
			2930	

$$\frac{11.168\ \text{EURO}}{2.930\ \text{Stück}} = 3{,}81\ \frac{\text{EURO}}{\text{Stück}}$$

Sorte	hergestellte Menge	Äquivalenzz. Kostenstelle II	Einheitsmenge	Fert.-GK pro Stück
Sorte A	1240	0,9	1116	4,95
Sorte B	860	1,2	1032	6,6
Sorte C	520	1,0	520	5,5
			2668	

$$\frac{14.674\ \text{EURO}}{2.668\ \text{Stück}} = 5{,}5\ \frac{\text{EURO}}{\text{Stück}}$$

	Sorte A	Sorte B	Sorte C
Material EK	5,50	6,50	7,80
Material GK (8 %)	0,44	0,52	0,624
Materialkosten	**5,94**	**7,02**	**8,424**
Fertigungskosten I + II	8,76	11,553	9,691
Herstellkosten	**14,70**	**18,573**	**18,115**
Verwaltungs-GK (10%)	1,47	1,8573	1,8115
Selbstkosten	**16,17**	**20,43**	**19,93**

Kapitel III.4

☞ Lösung Aufgabe 8

Kostenart	Zuschlagssatz	Betrag
Fertigungsmaterial		7800,00
Materialgemeinkosten	6,25 %	487,50
= **Materialkosten**	**8.287,50**	
Fertigungskosten Dreherei	4350,- + 2455,- = 6.805,-	
Fertigungskosten Fräserei	3870,- + 1860,- = 5.730,-	
Fertigungskosten Schlosserei	4430,- + 1456,- = 5.886,-	
= **Fertigungskosten**	**18.421,-**	
= **Herstellkosten**	**26.708,50**	
Verwaltungsgemeinkosten (2,8 %)	747,84	
= **Herstellungskosten**	**27.456,34**	
Vertriebsgemeinkosten (3,4%)	933,52	
= Selbstkosten	**28.389,86**	
Skonto 2% (in Hundert)	579,38	
= **Rechnungsbetrag**	**28.969,24**	
Rabatt 10% (in Hundert)	3218,804	
= **Mindestpreis**	**32.188,04**	

zu Kapitel IV: Produktion

Kapitel IV.2

☞ Lösung Aufgabe 5 a)

variable Duchschnittskosten: $k_v(x) = x^2 - 12x + 100$

totale Durchschnittskosten: $k(x) = x^2 - 12x + 100 + \frac{800}{x}$

Grenzkosten: $\frac{\partial K}{\partial x} = 3x^2 - 24x + 100$

Kapitel IV.2

☞ Lösung Aufgabe 6:

$$x = \text{Min}\left(\frac{\text{Reifen}}{4}; \frac{\text{Karosserien}}{1}; \frac{\text{Schrauben}}{600}\right)$$

Kapitel IV.2

☞ Lösung Aufgabe 7:

Ein Tischfußballspiel besitzt insgesamt 20 Spieler und 2 Torhüter.

Produktionsfunktion: $x = \text{Min}\left(\frac{r_1}{20}; \frac{r_2}{2}\right)$

$$x = \text{Min}\left(\frac{2000}{20}; \frac{17}{2}\right) = 8{,}5$$

Es können noch acht Spiele geliefert werden.

Kapitel IV.3

☞ Lösung Aufgabe 5:

Produkt	m	p	k_v	abs.DSP	E	rel.DSP
x	300	100	60	**40**	8	**5**
y	100	122	90	**32**	4	**8**
z	200	140	112	**28**	3	**9,333**

Engpasskapazität	Menge · Zeit im Engpass	2000 [ZE]
Produkt z	200 · 3 = 600 [ZE]	- 600 [ZE]
Produkt y	100 · 4 = 400 [ZE]	- 400 [ZE]
Produkt x	125 · 8 = 1000 [ZE]	- 1000 [ZE]

$$G = (200 \cdot 28 + 100 \cdot 32 + 125 \cdot 40) - 4300 = 9.500 \text{ EURO}$$

Kapitel IV.3

☞ Lösung Aufgabe 6:

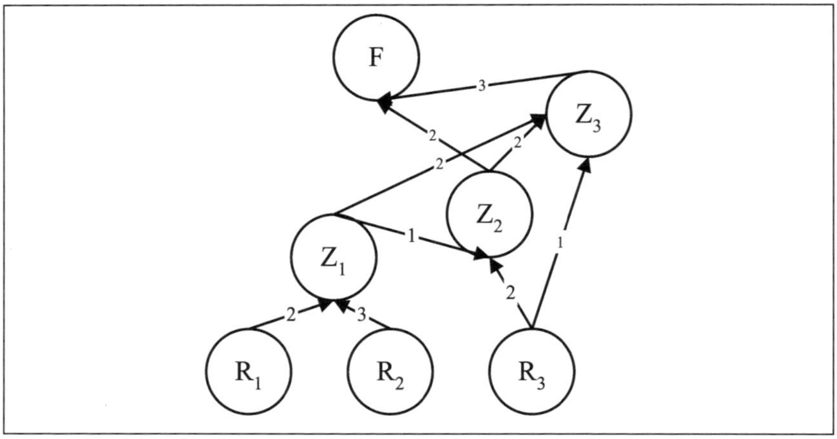

$X_F = 1$		$X_F = 50$
$X_{Z_1} = 2 \cdot X_{Z3} + X_{Z2}$		$X_{Z_1} = 2 \cdot 150 + 400 = 700$
$X_{Z_2} = 2 \cdot X_{Z3} + 2 \cdot X_F$		$X_{Z_2} = 2 \cdot 150 + 2 \cdot 50 = 400$
$X_{Z_3} = 3 \cdot X_F$	⇨	$X_{Z_3} = 3 \cdot 50 = 150$
$X_{R_1} = 2 \cdot X_{Z_1}$		$X_{R_1} = 2 \cdot 700 = 1.400$
$X_{R_2} = 3 \cdot X_{Z_1}$		$X_{R_2} = 3 \cdot 700 = 2.100$
$X_{R_3} = 2 \cdot X_{Z_2} + 1 \cdot X_{Z_3}$		$X_{R_3} = 2 \cdot 400 + 150 = 950$

zu Kapitel V: Finanzierung

Kapitel V.2

☞ Lösung Aufgabe 7:

Barbetrag = 2.450 - (0,03 · 2.450,00) = 2.450,00 - 73,50 = 2.376,50 EURO

$$\text{Jahreszins} = \frac{0{,}03}{30 - 0} \cdot 360 = 36\ \%$$

zu Kapitel VI: Investitionsrechnungen

Kapitel VI.2

☞ Lösung Aufgabe 2:

Vom durchschnittlichen Gewinnüberschuss sind alle auszahlungswirksamen Aufwendungen (hier Abschreibungen und kalkulatorische Zinsen) abzuziehen um zum durchschnittlichen Gewinn zu kommen. Dieser ist dann durch das durchschnittlich gebundenen Kapital zu dividieren.

$$\text{Rendite} = \frac{100.000 - \frac{500.000 - 50.000}{8} - \frac{500.000 + 50.000}{2} \cdot 0{,}1}{\frac{500.000 + 50.000}{2}} \cdot 100 = 5{,}9\ \%$$

Möglich ist auch folgender Ansatz: In der Lösung oben wurde mit dem durchschnittlichen Gewinn gerechnet. Dabei handelt es sich um die Größe, in der die kalkulierten Zinsen gewinnmindernd enthalten sind. Da diese aber auch eine Kapitalverzinsung darstellen, muss eigentlich die Summe aus Gewinn und kalkulatorischen Zinsen durch das durchschnittlich gebundene Kapital geteilt werden. In diesem Fall erreichen Sie die durchschnittliche Gesamtkapitalrentabilität des Investitionsobjektes (auch Bruttorendite genannt), die eigentlich präferierte Größe im Rahmen der Rentabilitätsrechnung der Inverstitionsrechnung darstellt.

$$\text{Rendite} = \frac{100.000 - \frac{500.000 - 50.000}{8}}{\frac{500.000 + 50.000}{2}} \cdot 100 = 15{,}9\ \%$$

Kapitel VI.2

☞ Lösung Aufgabe 3:

	A	B
Anschaffungspreis	1.000.000	600.000
Rückkaufswert	100.000	0
Nutzungsdauer	8	8
Abschreibungsbetrag	112.500	75.000
Zins	0,08	0,08
Durchschnittliches Kapital	550.000	300.000
Kapitalkosten	44.000	24.000
Fixkosten pro Jahr	25.000	30.000
Gesamte Fixkosten	181.500	129.000
Variable Kosten	2,2	6
Menge	10.000	10.000
Gesamtkosten	**203.500**	**189.000**

Ermittlung der Kritischen Menge:

A: $K = 181.500 + 2{,}2 \cdot x$ B: $K = 129.000 + 6 \cdot x$

$181.500 + 2{,}2 \cdot x = 129.000 + 6 \cdot x$

$52.500 = 3{,}8\,x$ Kritische Menge = 13.816 Fässer

A: $K = 181.500 + 2{,}2 \cdot 10.000$ (Absatzkapazität)

$K = 203.500$

B: $K = 129.000 + 6 \cdot 10.000$ (Absatzkapazität)

$K = 189.000$

Kapitel VI.2

☞ Lösung Aufgabe 4:

$K^B = 129.000 + 6 \cdot x$ $\quad$ $E = 10x$

$E = K \quad \Leftrightarrow 10x = 129.000 + 6x \quad \Leftrightarrow 10x - 6x = 129.000$

$\Leftrightarrow x\,(10\text{-}6) = 129.000 \quad \Leftrightarrow x = \frac{129.000}{(10 - 6)} = 32.250$

Die Break-Even-Menge beträgt 32.250 Stück.

Kapitel VI.2

☞ Lösung Aufgabe 5:

	Typ A	Typ B
Anschaffungskosten	35.000 EURO	40.000 EURO
Fixe Betriebskosten pro Jahr (ohne Zinsen und Abschreibungen)	23.000 EURO	23.500 EURO
Variable Betriebskosten pro km	0,20	0,24 EURO
Voraussichtliche Fahrleistung pro Jahr	30.000 km	33.000 km
Geplante Nutzungsdauer (ND)	3 Jahre	4 Jahre
Restverkaufserlös am Ende der geplanten ND	14.000 EURO	11.000 EURO
Beförderungspreis pro km	1,70 EURO	1,70 EURO
Zinssatz	10 %	10 %
Abschreibungen	7.000 EURO	7.250 EURO
Kapitalkosten	2.450 EURO	2.550 EURO
Summe der Fixkosten pro Jahr	32.450 EURO	33.300 EURO
Variable Kosten	6.000 EURO	7.920 EURO
Gesamtkosten pro Jahr	**38.450 EURO**	**41.220 EURO**
Erlöse pro Jahr	**51.000 EURO**	**56.100 EURO**
Gewinn pro Jahr	**12.550 EURO**	**14.900 EURO**
Rendite A	$\frac{12.550}{\frac{35.000+14.000}{2}} \cdot 100 = 51{,}22\ \%$	
Rendite B	$\frac{14.880}{\frac{40.000+11.000}{2}} \cdot 100 = 58{,}35\ \%$	
Bruttorendite A	$\frac{12.550 + \frac{35.000+14.000}{2} \cdot 0{,}1}{\frac{35.000+14.000}{2}} \cdot 100 = 61{,}22\ \%$	
Bruttorendite B	$\frac{14.880 + \frac{40.000+11.000}{2} \cdot 0{,}1}{\frac{40.000+11.000}{2}} \cdot 100 = 68{,}35\ \%$	

Kapitel VI.3

☞ Lösung Aufgabe 3:

Kapitalwert: $K_0 = -10.000 + \frac{5.000}{1{,}06^1} + \frac{7.000}{1{,}06^2} + \frac{8.000}{1{,}06^3}$

$= -10.000 + 4.716{,}98 + 6.229{,}98 + 6.716{,}95 = 7.663{,}91$

Annuität: $A = \frac{7.663{,}91}{{}^{-}RBF_3^{0,06}} = \frac{7.663{,}91}{\frac{(1+0{,}06)^3 - 1}{0{,}06 \cdot (1+0{,}06)^3}} = \frac{7.663{,}91}{2{,}673} = 2.867{,}14$

Kapitel VI.3

☞ Lösung Aufgabe 4:

a) Als Zinssatz sollte der Zinssatz von 6% gewählt werden, da er die absolut sichere Kapitalanlage in Rentenpapiere repräsentiert. Ein Investitionsobjekt mit einem größeren Risiko sollte daher einen positiven Kapitalwert aufweisen.

b) Für jedes Investitionsobjekt muss zunächst der Kapitalwert berechnet werden.

1) $K_0 = -\frac{10.000}{1{,}06^0} + \frac{10.000 \cdot 1{,}06}{1{,}06^3} = 0$

2) $K_0 = -\frac{10.000}{1{,}06^0} + \frac{11.500}{1{,}06^1} = 849{,}06$

3) $K_0 = -\frac{10.000}{1{,}06^0} + \frac{1.000}{1{,}06^1} + \frac{1.000}{1{,}06^2} + \frac{11.000}{1{,}06^3}$

$= -10.000 + 943{,}40 + 890 + 9.235{,}81 = 1.069{,}20$

Rangfolge: 3) 2) 1)

zu Kapitel VII: Marketing

Kapitel VII.3.2

☞ Lösung Aufgabe 7: Lösungen: r, r, f, r, f

Kapitel VII.3.3

☞ Lösung Aufgabe 3:

$K^R = 2.400 + 0{,}02 \cdot U$ $K^{HV} = 800 + 0{,}05 \cdot U$

$K^R = K^{HV} \Leftrightarrow 2.400 + 0{,}02 \cdot U = 800 + 0{,}05 \cdot U \Leftrightarrow 1.600 = 0{,}03\, U$

$\Leftrightarrow U = 53.333\, \tfrac{1}{3}$

Kapitel VII.3.3

☞ Lösung Aufgabe 5:

Es ist die kritische Menge zu ermitteln, bei der die Kosten der Transportmittel gleich sind:

$$K_I = K_{II} \Leftrightarrow 100 + 10x = 160 + 4x \Leftrightarrow 6x = 60 \Leftrightarrow x = \frac{60}{6} = 10$$

Wenn die Transportmenge kleiner als 10 ist, wählt man die Alternative I, da sie geringere Kosten verursacht. Ist die Transportmenge größer, dann wird Alternative II gewählt.

Kapitel VII.3.3

☞ Lösung Aufgabe 7b:

$K^R = 700 + 0{,}25 \cdot 12.000 = 3.700$

$K^{HV} = 200 + 0{,}40 \cdot 12.000 = 5.000$

Der Handelsreisende ist kostengünstiger.

Kapitel VII.3.3

☞ Lösung Aufgabe 9:

$K^{LKW} = 250.000 + 15x$

$K^{Bahn} = 500.000 + 5x$

$K^{Spedition} = 35x$

$K^{Spedition} = K^{LKW} \Leftrightarrow x = 12.500$

$K^{Bahn} = K^{LKW} \Leftrightarrow x = 25.000$

Bis zu einer Transportmenge von 12.500 Paletten ist die Spedition günstiger. Von 12.500 bis 25.000 Paletten lohnt sich der eigene Lkw. Ab einer Transportleistung von 25.000 Paletten ist der Bahnanschluss kostengünstiger.

Kapitel VII.3.5

☞ Lösung Aufgabe 7:

Das Unternehmen hat einen konstanten Marktpreis vor sich. Da dieser nicht verändert wird, handelt sich hier um die gleiche Verhaltensweise wie im Polypol. Der Unternehmen agiert als Mengenanpasser. Bei positiver Deckungsspanne maximiert er seinen Gewinn, wenn er an der Kapazitätsgrenze produziert.

a) Er bietet 100 ME an. b) Er bietet 150 ME an.

Kapitel VII.3.5

☞ Lösung Aufgabe 9:

a) f

b) r

c) r

d) f, nur richtig, wenn keine Kosten vorhanden sind

Kapitel VII.3.5

☞ Lösung Aufgabe 10:

$$E_{x,p} = \left| \frac{p}{x} \cdot \frac{\partial x}{\partial p} \right| = \left| \frac{\frac{\partial x}{x}}{\frac{\partial p}{p}} \right|$$

$p = 10 - 0{,}5x \Leftrightarrow x = 20 - 2p \quad \Rightarrow \quad \frac{\partial x}{\partial p} = (-2)$

$p = 2 \Rightarrow x = 20 - 4 = 16 \quad \Rightarrow \quad E_{16,2} = \left| \frac{2}{16} \cdot (-2) \right| = \left| -0{,}25 \right| = 0{,}25$

$p = 5 \Rightarrow x = 20\,(-2) \cdot 5 = 10$

$\Rightarrow \quad E_{10,5} = \left| \frac{5}{10} \cdot (-2) \right| = \left| -1 \right| = 1$

Eine Elastizität von 1 deutet darauf hin, dass der Punkt p=5, x=10 genau die Mitte der Preis-Absatz-Funktion darstellt.

Kapitel VII.3.5

☞ Lösung Aufgabe 11:

a) Der Cournotsche Punkt muss ausgerechnet werden. Dabei gilt:

$$\frac{\partial E(x)}{\partial x} = \frac{\partial K(x)}{\partial x}$$

$E(x) = p(x) \cdot x = (10 - 0{,}5 \cdot x) \cdot x = 10 \cdot x - 0{,}5 \cdot x^2 \Rightarrow \frac{\partial E(x)}{\partial x} = 10 - x$

$K(x) = 10 + 2 \cdot x \Rightarrow \frac{\partial K(x)}{\partial x}$

$\frac{\partial E(x)}{\partial x} = \frac{\partial K(x)}{\partial x} \quad \Leftrightarrow \quad 10 - x = 2 \Leftrightarrow x = 8 \Leftrightarrow p = 6$

b) Eine Erhöhung der Fixkosten hat keine Auswirkung auf die gewinnmaximale Preisforderung. Lediglich die Höhe des Gewinns wird gemindert.

c) Ein Senkung der variablen Stückkosten hat eine Verschiebung der Grenzkostenkurve zur Folge.

$\frac{\partial E(x)}{\partial x} = \frac{\partial K(x)}{\partial x} \quad \Leftrightarrow \quad 10 - x = 1 \Leftrightarrow x = 9 \Leftrightarrow p = 5{,}5$

IX. Sachregister